南海西科1井碳酸盐岩生物礁储层沉积学

层序地层与沉积演化

解习农 谢玉洪 李绪深 陆永潮 编著

中国地质大学出版社

内容提要

本书以西科1井全井段高分辨率岩芯扫描和薄片微相的精细岩石学分析为基础,结合测井及相关分析测试资料以及区域资料,划分西科1井高频层序地层单元,揭示生物礁高频生长单元构成,分析碳酸盐岩-生物礁滩沉积微相类型及其特征,建立西科1井生物礁滩垂向动态沉积模式及其演化模式。

图书在版编目(CIP)数据

南海西科1井碳酸盐岩生物礁储层沉积学·层序地层与沉积演化/朱伟林,谢玉洪主编;解习农,谢玉洪,李绪深,陆永潮编著. —武汉:中国地质大学出版社,2016.12

ISBN 978-7-5625-3974-2

Ⅰ.①南…
Ⅱ.①朱… ②谢… ③解… ④李… ⑤陆…
Ⅲ.①南海-生物礁-碳酸盐岩-储集层-沉积学 ②南海-生物礁-地层层序
Ⅳ.①P618.130.2

中国版本图书馆CIP数据核字(2016)第327093号

南海西科1井碳酸盐岩生物礁储层沉积学·层序地层与沉积演化	解习农 谢玉洪 李绪深 陆永潮	编著
责任编辑:王凤林 舒立霞	**选题策划**:毕克成 王凤林	**责任校对**:徐蕾蕾
出版发行:中国地质大学出版社(武汉市洪山区鲁磨路388号)		邮编:430074
电 话:(027)67883511 传 真:(027)67883580		E-mail:cbb@cug.edu.cn
经 销:全国新华书店		Http://cugp.cug.edu.cn
开本:880毫米×1230毫米 1/16	字数:290千字	印张:9.5 插页:1
版次:2016年12月第1版	印次:2016年12月第1次印刷	
印刷:武汉市籍缘印刷厂	印数:1—1000册	
ISBN 978-7-5625-3974-2		定价:168.00元

如有印装质量问题请与印刷厂联系调换

《南海西科 1 井碳酸盐岩生物礁储层沉积学》
编 辑 委 员 会

丛书主编：朱伟林　谢玉洪

执行主编：王振峰　张道军

委　　员（按拼音顺序排序）：

邓成龙　高阳东　郭书生　姜　平　李绪深

廖　晋　刘　立　刘新宇　陆永潮　罗　威

米立军　裴健翔　邵　磊　时志强　孙志鹏

童传新　肖安涛　解习农　杨红君　杨计海

杨希冰　易　亮　尤　丽　翟世奎　张迎朝

祝幼华

序

随着全球油气勘探开发的发展，海域和海相已成为当前我国油气勘探的两大重要领域，其中碳酸盐岩储层无疑成为科学研究和油气勘探的热点。生物礁滩体系是南海最具诱惑力、最具价值的勘探领域。尽管国土资源部等单位先后在西沙岛礁已钻探了4口井，但这些钻孔由于取芯率低及受当时研究技术手段的局限而缺乏系统的分析，研究未能取得理想的成果。中国海洋石油总公司在南海西沙群岛生物礁上组织实施了1口全取芯的科学探索井——"南海西科1井"，并由中海石油（中国）有限公司湛江分公司牵头，汇聚了中国地质大学（武汉）、同济大学、中国海洋大学、成都理工大学、吉林大学、中国科学院南京地质古生物研究所及地质与地球物理研究所等多家科研院所，联合组成多学科的研究团队，经过3年联合攻关形成了一系列的研究成果。

西科1井为南海区域揭示生物礁地层最全、取芯最为完整的钻井，高密度的采样分析、多学科的综合研究使之成为我国生物礁滩体系研究的经典范例。该书取得如下重要进展：①系统开展了西科1井6个门类生物化石的鉴定及多门类高精度的生物地层、沉积环境与古生态演变综合研究；②系统开展了生物礁的岩石磁学研究，首次获取了南海西沙岛礁中新世以来的磁极性倒转序列和高分辨率环境磁学序列；③首次采用有机分子化合物分析并结合无机地球化学方法恢复了西沙地区中新世以来的海平面变化过程；④综合运用古生物、古地磁、岩石学、元素地球化学、同位素测年等多种方法，首次全面系统地建立了早中新世以来的南海碳酸盐岩-生物礁地层标准剖面；⑤首次利用高分辨率X射线岩芯扫描资料建立了西科1井高频旋回单元划分方案及生物礁滩垂向动态沉积模式和演化模式；⑥应用古流体恢复技术阐明了西科1井储层特征、成岩演化特征及岛礁潟湖环境下的白云岩化模式。

本专著汇集了该科研团队对南海生物礁滩体系的综合研究成果，通过西沙地区科学探索1号井的精细解剖，全面揭示了南海西沙海域新生代生物礁滩体系发育演化及古海洋演变历程，查明了碳酸盐岩储层非均质性及其特点。研究成果为南海生物礁滩体系研究提供一个极佳的范例，对广大油气勘探工作者具有很大参考价值和实用价值，也是高等院校师生一部很好的参考书。相信本书的出版会进一步深化生物礁滩体系理论研究，对我国海域碳酸盐岩油气勘探将起到重要的推动作用。

中国工程院院士：马永生

2016年12月17日

丛书前言

碳酸盐岩油气藏是近年来油气勘探最重要的领域之一。纵观世界油气勘探历史,新近发现中大型油气藏的2/3为碳酸盐岩油气藏,碳酸盐岩储层虽然只占沉积岩的20%,油气探明储量却占50%以上,油气产量约占世界油气总产量的60%(Michael,2011)。2006年巴西在BM-S-11区块发现的碳酸盐岩油气藏,最大水深2126m,油田面积900km², 可采储量$65×10^8$bbl(1bbl=159L),是巴西近几年的最大油气突破(吴时国,2011);中东地区石油产量约占全世界产量的2/3,其中80%的含油层产于碳酸盐岩(Klaas Verwer,2011),沙特阿拉伯的石油储量占世界总储量的26%,而其储层均属碳酸盐岩储层;北美的碳酸盐岩中油气产量约占北美整个石油产量的一半(Wilson,1980;Mazzullo,2009);鉴于碳酸盐岩储层的地位和重要性,碳酸盐岩油气藏成为各大石油公司多年来主要的勘探目标(Roehl & Choquette,1985;Andrel et al,2003;Klett,2010)。

生物礁是碳酸盐岩储层中的核心部分(Paola Ronchi,2010)。世界上一些礁相大气田的总储量达到了$4×10^8$t,在碳酸盐岩大油气田中占据着重要的地位。加拿大的油气产量约有60%产自生物礁油气藏;墨西哥全国石油产量的70%产自生物礁油气藏(卫平生,2006);哈萨克斯坦的最大油田卡沙甘油田就是生物礁相的优质碳酸盐岩储层(Paola Ronchi et al,2002,2010;Zempolich,2005);此外,美国二叠盆地的石炭纪—二叠纪马蹄形礁油田(Vest E L,1970;Arthur H Saller,2007),伊拉克基尔库克古近纪到新近纪生物礁油田(Majid A H,1986;Sadooni,2003),阿联酋布哈萨生物礁油田(Alsharhan A S,1987)等均为大型生物礁油田;我国陆地勘探近年来在塔里木盆地(塔中奥陶系)、川东盆地(普光及龙岗)等也发现多个大型碳酸盐岩生物礁油气藏。

近年来,生物礁滩体系沉积机制及储层条件的研究有赖于与现代环境的比较沉积学分析,国际上最为系统的研究实例就是巴哈马滩,以迈阿密大学比较沉积学实验室的Robert N Ginsburg教授为代表的团队,坚持了数十年的专门研究,已建立了多种背景下的沉积相模式,包括台地内部、碳酸盐砂、生物礁、潮坪以及边缘斜坡沉积(Eberli & Ginsburg,1987;Grammer et al,1993;Grammer et al,2004)。这些研究成果不仅加深了对"孤立"碳酸盐岩台地内部结构及其空间分布的认识,而且大大深化了碳酸盐岩成岩作用及其机理的理解,为碳酸盐岩储层侧向非均质性类比提供了极佳的范例。

生物礁滩体系是南海最具诱惑力、最具价值的勘探领域。然而,到目前为止,南海生物礁的研究总体还基于地震资料和为数不多的钻孔,尽管20世纪70年代石油部和国土资源部先后在西沙群岛针对生物礁钻探了西永1井和西琛1井,但这些钻孔由于取芯率低及受当时技术手段的局限而缺乏系统的分析,研究未能取得理想的成果。为了强化生物礁的研究,并为南海北部深水区及南海中南部勘探潜力评价与生物礁储层研究等提供依据,中国海洋石油总公司在南海西沙群岛生物礁上组织实施了1口全取芯的科学探索井——"南海西科1井"。因此,本次研究聚焦于"南海西科1井碳酸盐岩生物礁储层沉积学",由中海石油(中国)有限公司湛江分公司、中国地质大学(武汉)、同济大学、中国海洋大学、成都理工大学、吉林大学、中国科学院南京地质古生物研究所及地质与地球物理研究所联合组成多学科的研究团队,开展了多学科的综合研究,经过3年联合攻关取得了如下重要进展。

1. 古生物地层

以西科1井的岩芯为研究材料,通过岩芯宏观标本观察与鉴定、样品分析与鉴定、薄片分析与鉴定等多种方法，开展了该井古生物化石的系统研究与描述，取得的主要进展如下。

(1) 通过有孔虫、钙藻、珊瑚、钙质超微、腹足、双壳共 6 个门类化石的系统研究与鉴定，明确了西科 1 井生物礁主要造礁生物与附礁生物的属种类型，并进行了系统描述。

(2) 通过主要生物门类生物带或化石组合的划分及与其他地区的对比，划分了该井年代地层单元，在此基础上通过对周边已钻井生物地层的厘定与系统总结，建立了该井所在区域的生物地层与年代地层格架。

(3) 通过组成生物礁的生物种类、数量、分布规律和生态特征的分析，揭示了西沙地区中新世以来的沉积环境及古生态演变过程，明确该井揭示了礁前滩、礁骨架、礁后滩及潟湖等多种沉积环境类型。

2. 年代地层与古海洋环境

通过西科 1 井岩芯样品的岩石磁学、沉积学、沉积地球化学、古生态学、同位素年代学及稳定同位素地层学等方法的系统性分析，开展了该井年代地层的精细研究，恢复了西沙地区海平面变化过程，取得的主要成果如下。

(1) 首次在南海地区开展了生物礁的岩石磁学研究，确定了从海水中捕获的磁铁矿为西沙生物礁中的磁性矿物，阐明了生物礁的剩磁获得机制；结合生物年代地层学研究成果，建立了 20.44Ma 以来的南海地区中新世磁性地层时间序列。

(2) 首次采用碳同位素地层学方法对西科 1 井上部 50m 进行了精细的地层学划分，并采用珊瑚 U-Th 定年方法进行了准确标定。

(3) 首次采用有机分子化合物及无机地球化学方法对西沙地区珊瑚礁发育生长环境进行了系统分析，建立了中新世以来的西沙地区海平面变化曲线，揭示了生物礁生长发育具有高海平面以潟湖相为主、低海平面以礁相为主的演变规律。

(4) 应用反映陆源的 Si、K、Ti 等与反映海源的 Na、P、B 等元素指标的比值进行了全井段古海洋环境的分析，揭示了南极冰盖扩大及北极冰盖形成等古海洋学事件在西沙碳酸盐岩台地中的记录，恢复了中新世以来的相对温度变化曲线。

3. 层序地层与沉积演化

基于西科 1 井岩芯及岩石薄片宏观与微观特征的定性和定量分析、全井段岩芯高分辨率 X 射线扫描(Itrax)成像及岩样的高精度测试，精细划分了西科 1 井高频层序地层单元，揭示了生物礁高频生长单元的构成、沉积微相的类型特征，建立了西科 1 井生物礁、滩垂向动态沉积演化模式。主要进展包括以下几方面。

(1) 基于详细岩芯观察和薄片鉴定，将礁岩和粒屑岩两大类岩性划分为 16 种宏观岩性相类型及 21 种微观岩性相类型。在此基础上查明了生物礁滩体系中生物礁、生屑滩和潟湖相沉积的特征，进而总结了相应的沉积模式。

(2) 首次利用高分辨率 X 射线岩芯扫描仪(Itrax 多功能扫描仪)对西科 1 井全井段(1268m)岩芯进行了扫描，获得了 26 种元素含量计数点，组成了 325 个元素比值，通过观察各元素比值随深度的变化趋势，从层序和成岩角度对其进行了规律性总结及高频单元的划分。基于受控层序和成岩两者共同作用元素的变化规律，很好地进行了五级层序单元甚至六级层序单元的划分。

(3) 阐明了西沙地区生物礁主要生长单元样式和动态演化模式。以海泛面和暴露面为标志，将礁体归纳为淹没型生长单元和暴露型生长单元两大类。暴露型又进一步细分为硬基底和软基底两类，淹没型可细分为快速淹没和缓慢淹没两类。垂向上形成了极具特色的礁体组合，即慢步礁(或淹没礁)、同步礁(加积礁)、快步礁(暴露礁)，进而总结了生物礁滩体系的动态演化模式。

4. 储层特征与成岩演化

运用储层物性测试资料、岩石薄片鉴定成果以及扫描电镜、阴极发光、碳氧同位素、微量元素、稀土元素、包裹体均一温度等多种测试资料,详细总结了西科1井储层特征、成岩演化特征,特别是白云岩化机理。对西沙地区礁滩相碳酸盐岩储层研究取得了如下进展。

(1)西科1井钻遇的碳酸盐岩主要为原地石灰岩、异地石灰岩、碳酸盐砂、白云岩化灰岩和混积岩。碳酸盐岩的成岩作用主要受成岩环境和成岩阶段制约。其中,大气水成岩环境的影响深度范围为0～169m,见新月形、悬垂状、等厚栉状或粒间晶簇状胶结物;海水成岩环境的影响深度范围为169～579m,含泥晶套、纤维状—针状文石胶结物,具偏重的$\delta^{13}C$和$\delta^{18}O$值。埋藏成岩环境的影响深度范围为579～1257.52m,以粗晶镶嵌状方解石及相对偏轻的$\delta^{13}C$和$\delta^{18}O$值为识别标志。乐东组、莺歌海组和黄流组处于同生成岩阶段,梅山组和三亚组处于早成岩阶段。

(2)在白云岩层段,白云石的形成晚于海水成岩作用。白云岩中白云石多呈粉晶-中晶结构,随深度的增加较大晶粒白云石在岩石中的比例增加,在三亚组碳酸盐岩中鞍形白云石含量显著增加。白云岩样品的碳、氧同位素则完全缺乏相关性,反映了大气水、岩浆来源流体、有机酸等流体等成岩流体并没有参与白云石化过程,白云石形成流体的盐度稍高于正常海水。中等盐度渗透回流模式适用于西沙地区大部分白云岩的形成解释。

(3)西科1井碳酸盐岩总体较为疏松,孔隙发育。钻遇地层的所有岩石类型中均发育铸模孔隙和溶解孔隙等次生孔隙。其粒内孔隙分布于几乎所有的岩石类型,粒间孔隙主要发育于颗粒支撑的岩石类型,格架孔隙主要发育于骨架灰岩、黏结灰岩以及原岩为原地灰岩的白云质灰岩和灰质白云岩中,晶间孔隙分布于白云岩中。孔隙度和储集质量明显受岩性制约,孔隙度随埋深变化呈分段式。白云岩、灰质白云岩和白云质灰岩的储集条件优于泥粒灰岩和粒泥灰岩。孔隙演化的主控因素为成岩环境、机械压实作用和白云化作用。

编写这套《南海西科1井碳酸盐岩生物礁储层沉积学》专著的目的,不仅是要全面展示南海西科1井精细的研究成果,更重要的是为南海生物礁研究提供一个经典的"铁柱子",可作为油气勘探生产的不同生物礁微相标准化及示范化规范的宏观、微观特征图版和数据库。客观地总结我国近年来在生物礁研究领域的成果经验,为广大海洋地质工作者及油气勘探专家提供一部实用的参考书。

本专著共分4册。第一册为《古生物地层》,系统介绍了西科1井主要造礁生物及附礁生物的类型和组合特征,明确了该井地质年代及地层单元的划分,建立西科1井及西沙地区的生物地层格架,分析了早中新世以来的沉积环境及古生态演变过程。第二册为《年代地层与古海洋环境》,介绍了年代地层格架的建立及古海洋学的研究成果,确立了20.44Ma以来的南海地区中新世磁性地层时间序列,建立了中新世以来的西沙地区海平面变化曲线及相对温度变化曲线,揭示了南极冰盖扩大及北极冰盖形成等古海洋学事件在西沙碳酸盐岩台地中的记录。第三册为《层序地层与沉积演化》,介绍了西科1井岩石学特征,完成西科1井岩性相类型识别与沉积相分析,建立了以三级层序为单元的西科1井层序地层格架;分析了西科1井生物礁发育过程及阶段,并建立了相关的沉积模式。第四册为《储层特征与成岩演化》,介绍了西科1井礁滩相碳酸盐岩储层岩性、成岩演化及物性特征,深刻认识了碳酸盐岩储层岩石组构与岩石类型,描述了储集空间和孔隙演化特征,综合评价了储层的储集性,总结了孔隙发育的影响因素及白云岩化机理。

本专著是"南海西科1井"课题组全体科技人员集体劳动成果的结晶。中国海洋石油总公司朱伟林和谢玉洪对全书进行了统编与审定。前言由朱伟林执笔。各册主要执笔人员分别是:《古生物地层》由中国科学院南京地质古生物研究所祝幼华、中国海洋石油总公司朱伟林,中海石油(中国)有限公司湛江分公司王振峰、罗威、刘新宇执笔;《年代地层与古海洋环境》由同济大学邵磊、中国海洋石油总公司朱伟林、中国科学院地质与地球物理研究所邓成龙、中海石油(中国)有限公司湛江分公司张迎朝、中国海洋大学翟世奎执笔;《层序地层与沉积演化》由中国地质大学(武汉)解习农、中国海洋石油总公司谢玉洪、中海石油（中国）有限公司湛江分公司李绪深、中国地质大学（武汉）陆永潮执笔；《储层特征与成岩演化》由成都理工大学时志强，中国海洋石油总公司谢玉洪，吉林大学刘立和中海石油（中国）有限公司湛江分公司张道军、尤丽执笔。

  这些成果的取得得到了国内一系列单位及领导、专家和学者的大力支持，主要包括中国海洋石油总公司科技发展部，中海石油（中国）有限公司勘探部、湛江分公司，中海油服油技事业部，海油发展工程技术分公司湛江实验中心，中国地质大学（武汉），同济大学，成都理工大学，中国海洋大学，吉林大学，中国科学院南京古生物研究所、地质与地球物理研究所，国土资源部青岛海洋地质研究所，海南省地质基础工程院。

  汪品先院士、龚再升教授参加了多次讨论会，并提出了宝贵的修改意见。马永生院士参与了成果交流讨论并为本书作序，在此一并表示衷心感谢！鉴于本专著涉及多个方向领域，难免有不足或错误之处，敬请广大读者批评与指正。

2016 年 12 月 18 日

前 言

生物礁在碳酸盐岩大油气田中占据着重要的地位，尤其是在南海油气勘探中起着非常重要的作用。到目前为止，南海生物礁研究总体还基于地震资料和少量为数不多的钻孔，尽管20世纪70年代中国石油总公司和国土资源部在西沙地区针对生物礁钻探了西琛1井、西永1井等钻孔，但这些钻孔由于取芯率低且研究技术手段局限，缺乏系统的分析，研究成果未能取得理想的成果。为此，中国海洋石油总公司实施了针对生物礁的科学钻探井，在南海南沙永兴岛钻探了一口全取芯的钻井——"南海西科1井"，是目前我国取芯最全、钻探最深的生物礁探井。该井为南海北部陆缘生物礁滩体系研究提供了有利的条件。

在中国海洋石油总公司课题"南海西沙隆起区生物礁沉积与古海洋学研究及其在南海深水区油气储层预测中的应用"和国家自然科学基金"南海深海过程演变"重大研究计划集成项目(91528301)的共同资助下，对西科1井生物礁层序地层及沉积演化开展了深入细致的研究。基于密集的岩芯薄片鉴定（各类薄片3248片）和大量地球化学分析测试（主微量元素、电子探针、X射线衍射、阴极发光、扫描电镜、锆石测年）以及全井段高分辨率X射线岩芯扫描资料，揭示了生物礁滩体系岩性相类型及其成因相特征，提出了淹没型、淹没暴露交互型和暴露型3种生物礁生长单元样式，建立了孤立台地区生物礁滩体系沉积模式及动态演化模式，首次构建了最为完整的中新世以来生物礁滩体系高频单元沉积演化序列，为南海北部陆缘甚至整个南海生物礁滩体系发育演化对比提供了可用于精细对比的范例。

本专著是中国海洋石油总公司与中国地质大学（武汉）研究团队合作完成的成果，主要执笔人为解习农、谢玉洪、李绪深、陆永潮。中海石油（中国）有限公司湛江分公司张道军、尤丽、刘新宇、刘景环、罗威，中国地质大学（武汉）王永标、杜学斌、何云龙、陈慧以及同期的研究生商志垒、吴峰、郭来源、黄莉、焦祥艳、冯琳、朱昀等参加了本研究工作。中国地质大学（武汉）黄俊华、周炼为样品测试提供了帮助。作者在此一并致以最诚挚的感谢。由于作者水平所限，书中不妥之处在所难免，恳请各位专家批评指正。

目 录

1 西沙地区区域地质 ··· (1)
   1.1 南海碳酸盐岩发育背景 ·· (1)
   1.2 西沙地区生物礁概况 ··· (11)
   1.3 西沙地区已有钻井层序地层格架特征 ···························· (13)

2 生物礁滩体系岩石类型及特征 ··· (17)
   2.1 岩石定名依据及划分 ··· (17)
   2.2 宏观岩性类型及特征 ··· (20)
   2.3 微观岩性类型及特征 ··· (26)

3 生物礁滩体系成因相类型及其组合特征 ···························· (33)
   3.1 生物礁滩体系成因相带概述 ······································ (33)
   3.2 生物礁成因相沉积特征 ·· (34)
   3.3 生屑滩成因相沉积特征 ·· (37)
   3.4 潟湖成因相沉积特征 ··· (38)
   3.5 成因相组合序列特征 ··· (40)
   3.6 生物礁滩体系静态沉积模式 ······································ (42)

4 生物礁滩体系高频层序地层划分及特征 ···························· (45)
   4.1 三级层序单元划分及基本特征 ··································· (45)
   4.2 四级层序划分 ··· (56)
   4.3 高频层序单元识别及类型划分 ··································· (57)

5 基于岩芯扫描的地球化学特征及高频单元划分 ··················· (63)
   5.1 基于岩芯扫描的地球化学特征 ··································· (65)
   5.2 基于地球化学特征的高频层序单元划分 ························ (68)
   5.3 不同类型生长单元的地化特征差异 ······························ (85)

6 生物礁滩体系沉积演化及动态沉积模式 ···························· (93)
   6.1 西沙隆起生物礁滩体系发育演化阶段 ···························· (93)
   6.2 生物礁滩体系沉积演化控制因素 ································· (94)
   6.3 西科 1 井礁滩体系演化区域对比 ································· (104)
   6.4 生物礁滩体系沉积演化动态模式 ································· (107)

7 主要结论 ··· (109)

参考文献 ··· (112)

图版 ··· (116)

1 西沙地区区域地质

南海海域是中国油气勘探的重点地区之一,也是生物礁和碳酸盐岩广泛发育的区域。目前已发现为数不少的生物礁油气藏,如南海北部的流花11-1、流花4-1、陆丰15-1等油田;西南部万安盆地的万安滩,曾母盆地L、F6、F23等18个大中型气田;东南部巴拉望盆地的尼多礁、盖洛克、奔拉等8个油气田,以及马来西亚在南康台地开发的生物礁型油气田群(大约200个碳酸盐岩建造,天然气探明储量约$1.1×10^{12} m^3$)(金庆焕,1989;Kusumastuti et al,2002;Zampetti et al,2004;Heldt et al,2010;Harris,2010)。

1.1 南海碳酸盐岩发育背景

晚渐新世—中新世,南海海域因其特定的古构造、古地理、古气候和古海平面变化条件营造出了良好的生物礁形成的背景条件,其陆缘盆地广泛发育碳酸盐岩和生物礁(图1-1)。

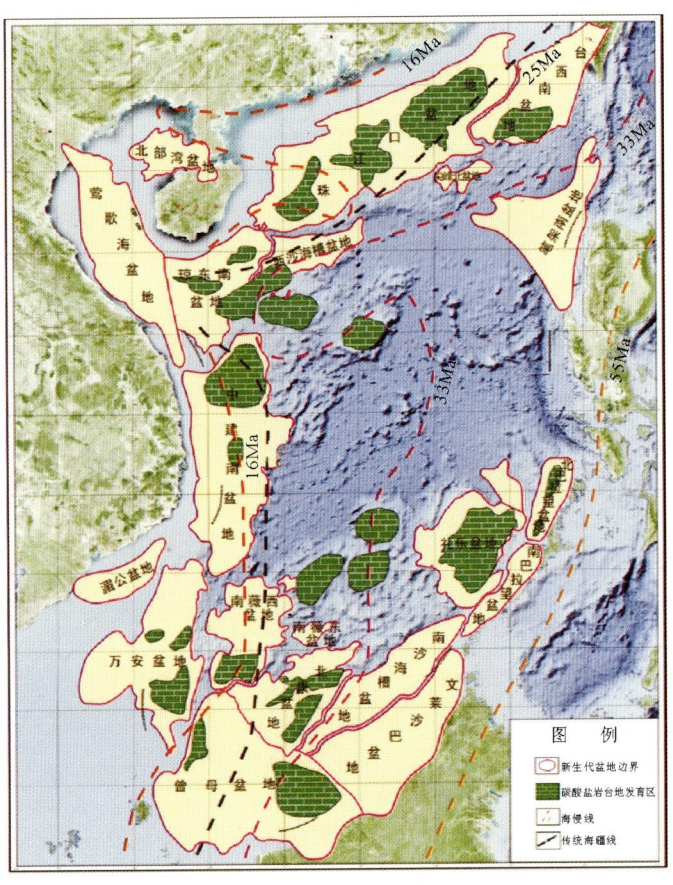

图1-1 南海陆缘盆地生物礁及碳酸盐岩分布示意图(许红,2014)

1.1.1 古构造特征

南海是东南亚陆缘最大的边缘海之一,也是中国大陆边缘唯一发育了洋壳的海盆(汪品先,2012)。它位于特提斯洋和环太平洋两大超级汇聚带的交会处,具有极其独特的大地构造背景,受欧亚、印澳和太平洋三大板块相互作用的控制(Hall,2002;Hutchison,2004)。其构造演化特点是前新生代各陆块或地块由冈瓦纳古陆向北漂移过程中拼合、增生构成东南亚主陆,新生代以来在邻近板块作用下碎裂、滑移并重新组合,从而形成现今的南海构造面貌,并发育了10多个大型含油气大陆边缘盆地(金庆焕,1989;朱伟林,2007)。根据南海大陆边缘构造性质及断裂特征可分成4种不同大陆边缘,即北部离散型边缘、南部伸展-挠曲复合型边缘、西部走滑-伸展型边缘、东部俯冲边缘(李家彪,2008;解习农等,2011)(图1-2)。南海边缘海发育两大陆壳地块和海盆,即靠近南部边缘的南沙地块和靠近西北缘的西沙地块,海盆由中央次海盆、西北次海盆和西南次海盆组成(图1-2、图1-3)。南海西科1井所处的西沙群岛正好位于西沙地块的北翼、琼东南盆地的南翼。

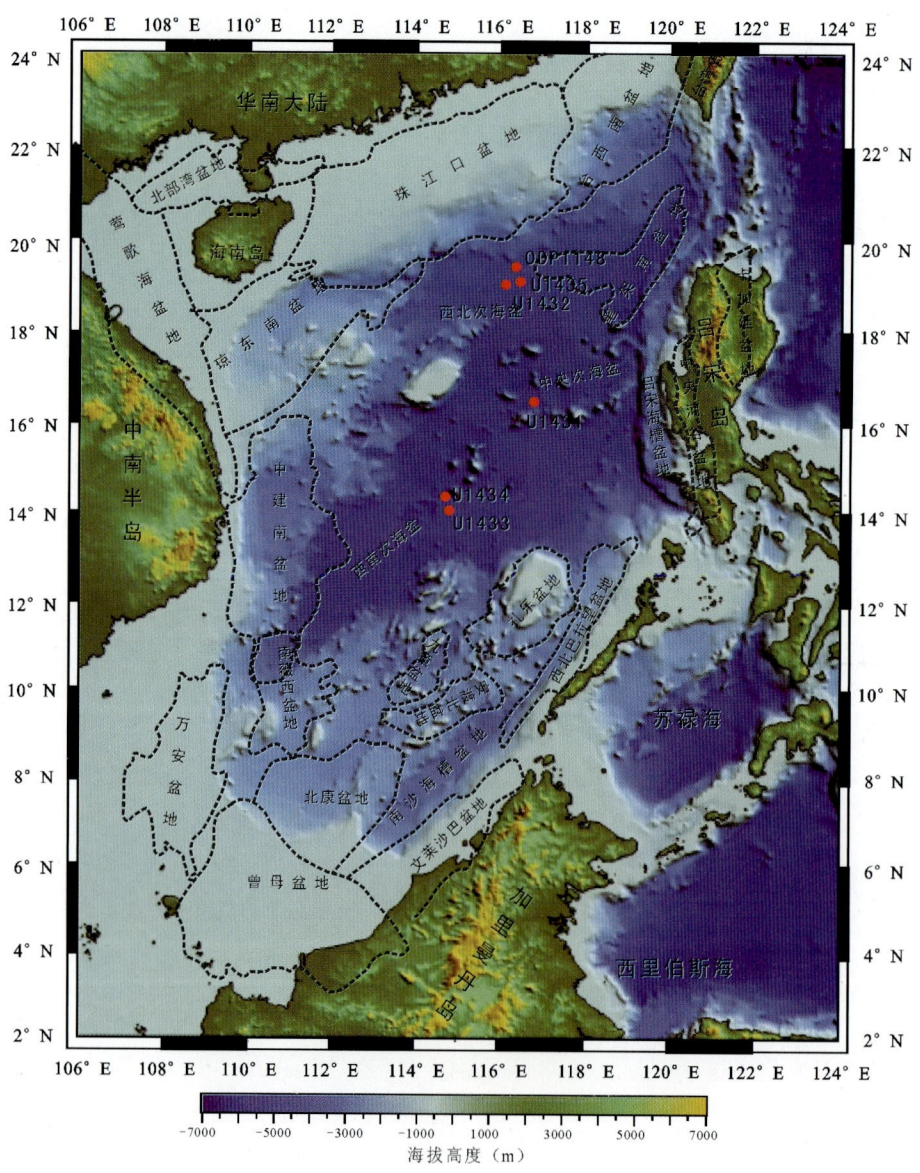

图1-2 南海海域基底构造图和主要含油气盆地分布图

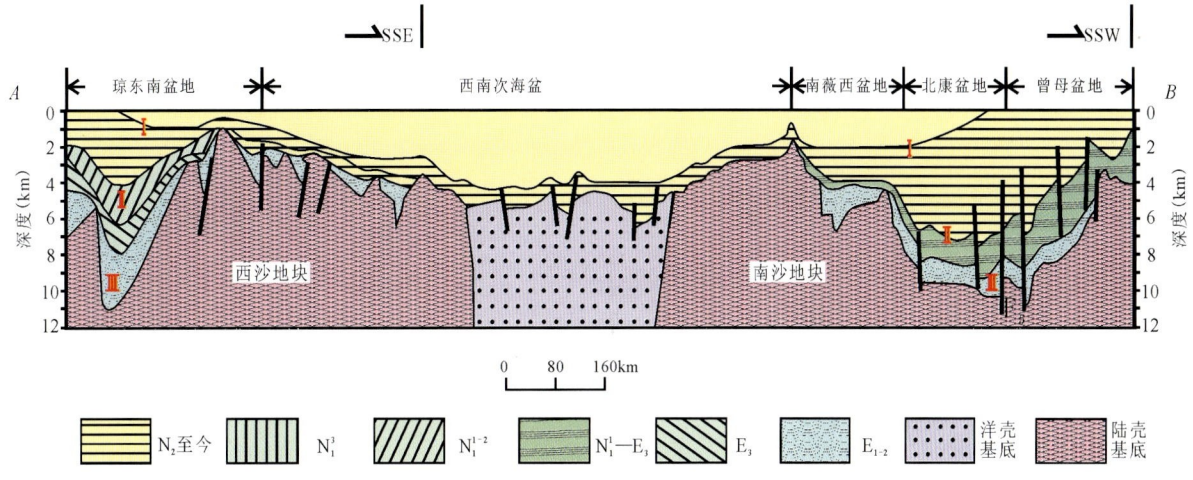

图 1-3 跨越南沙和西沙陆壳地块构造剖面图(张光学等,2002)

南海北部陆缘以隆坳相间的 NE 向构造带为特征。隆起带主要有珠江口盆地的北部断阶带和贯穿琼东南盆地与珠江口盆地的中央隆起带等正向构造带；坳陷带由大中型陆缘伸展型沉积盆地所组成，如珠江口盆地、琼东南盆地等。这些 NE 向构造带是中生代—新生代初期太平洋板块的 NW 向俯冲和印度板块北移并与欧亚板块碰撞，导致华南陆块东南缘形成一系列张性断裂带演化而成的。晚渐新世以来受南海海盆近 SN 向扩张的影响，该边缘逐渐形成 NEE 向构造，并叠加在早期 NE 向构造格局之上(夏斌等,2004；解习农等,2015)。

南海东部边缘主要是岛弧区，并以洋壳的俯冲活动为特征。菲律宾岛弧两侧均受到大洋板块的俯冲作用，岛弧以西发育 SN 走向的马尼拉海沟和吕宋-巴拉望海槽，岛弧以东发育菲律宾海沟。

南海南部陆缘系指加里曼丹与南沙群岛一带的区域，推测该区新生代以前存在古洋盆。由于南海扩张所引起的南沙地块等块体的南移和其他块体的逆时针旋转，导致这些块体在南缘聚敛、碰撞，造成古洋盆消亡、地壳抬升、地层高度变形，形成曾母、文莱-沙巴等周缘前陆盆地。蛇绿岩和混杂岩的存在证实了该边缘俯冲碰撞等构造事件。南沙地块上的巴拉望盆地、北康盆地是随着块体的南移而逐渐成为南海南部的沉积盆地。

南海西部陆缘毗邻印支块体，发育有 SN 向的深大断裂——南海西缘断裂。本区磁异常特征表明断裂带两侧发生过走滑活动。中新生代时期，印度洋的扩张和印-亚板块的碰撞导致印支块体旋转南移，印支块体与华南块体相互作用产生走滑拉张运动，使南海西部边缘形成一系列走滑盆地。位于西缘的莺歌海、万安等盆地的形成演化均受南海西缘 SN 向断裂的走滑、拉分、扭动等作用的影响(周蒂等,2002；任建业等,2011)。

南海盆地的形成整体上处于岩石圈伸展减薄的构造背景之下，经历了古新世—中始新世岩石圈伸展断陷、晚始新世—早渐新世断拗、晚渐新世—中中新世洋壳扩张和晚中新世—全新世区域热沉降等演化过程，其中中新世为裂后三大板块活动的相对稳定期，为生物礁持续生长提供了稳定的构造背景。

1.1.2 古海洋特征

古海温及海平面变化是控制生物礁发育演化的重要因素。Zachos(2001)综合了全球 40 多口DSDP 和 ODP 航站深水底栖有孔虫的 ^{18}O 指标，构成了新生代完整的 ^{18}O 变化曲线，恢复了 65Ma 以来全球变暖、变冷过程和冰盖增长、消亡过程(图 1-4)。新生代以来最显著的变暖过程发生在中古新世(59Ma)—早始新世(52Ma)；之后，连续出现了长达 17Ma(50~33Ma)的逐渐变冷过程；大约在 34Ma，氧同位素出现了快速升高,反映了南极冰盖大规模开始增长(Stott et al,1990;Barron et al,1991;Ditchfield et al,1994;Dingle et al,1998)。在此之后,全球一直保持较低温度,据估计,当时的冰盖面积大约是现今的50%(Kennett et al,1993)。显然,全球古气候变化也制约着区域海平面变化。

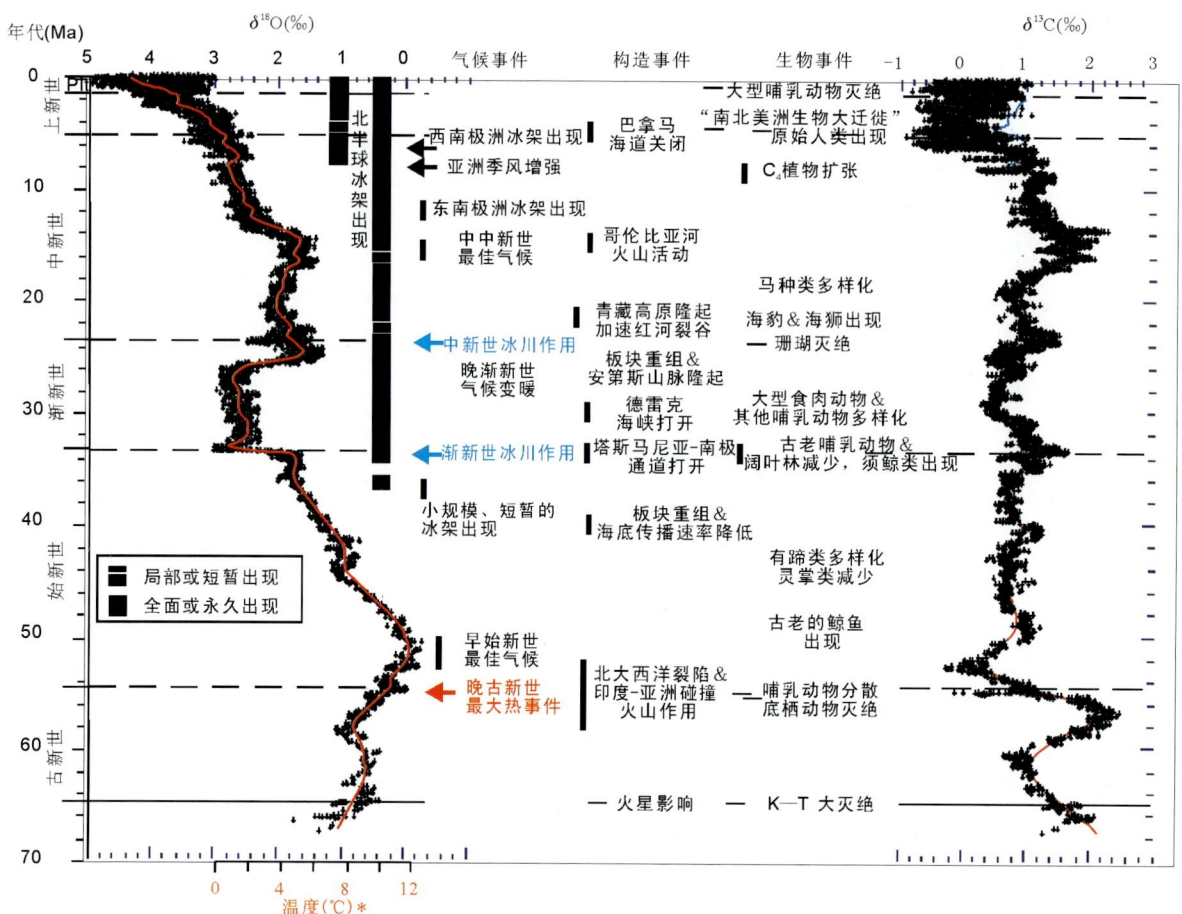

图1-4 新生代以来全球氧碳同位素的变化趋势及重要构造事件对比(引自 Zachoes et al,2001)

汪品先等(2009)依托ODP184航次资料对南海古海洋特征及古气候演变作了详尽的描述。许多学者也从浮游有孔虫含量计算、氧碳同位素变化、古植物-古地理变迁以及钻井沉积序列等方面对南海40Ma以来的海平面变化进行了恢复(李杰等,1999;郝诒纯等,2000;庞雄等,2005)。总体而言,自40Ma以来,南海相对海平面变化经历了4个二级旋回变化(图1-5)。

大多数学者的研究表明,南海海平面自始新世(40Ma)以来整体呈现出上升的趋势,与 Haq(1987,1988)和 Miller(2005)提出的全球海平面整体下降趋势相反,体现出区域构造运动差异性导致了相对海平面变化。南海上述4个二级海平面变化旋回与 Haq 提出的全球海平面变化曲线吻合较好。秦国权(1996,2002)、庞雄(2005,2008)利用浮游有孔虫分异度和百分含量识别出最大海泛面、层序界面,进而恢复了珠江口盆地30Ma以来的相对海平面变化。划分结果显示,除了中中新世—晚中新世阶段,珠江口盆地三级海平面变化与全球海平面变化均较为同步。将IODP1148氧同位素曲线与Zachos(2001)整理的全球氧同位素曲线对比可发现,南海北部的气候变化与全球气候变化具有较好的可对比性。南海海平面上升与晚渐新世气候变暖期(Late Oligocene Warming,27~25Ma)和中中新世气候适宜期(Middle Miocene Climatic Optimum,17~15Ma)有关(Zachos,2001)(图1-5)。南海晚中新世以来海平面上升幕可能与南海新构造运动密切相关。

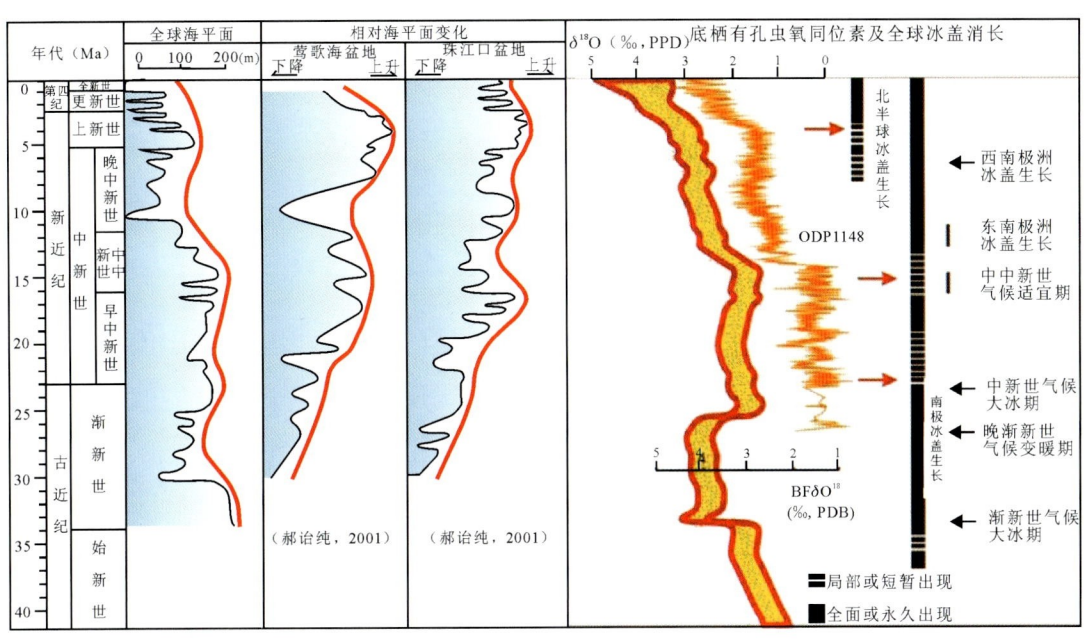

图 1-5 南海相对海平面变化与全球综合氧同位素变化、ODP1148 站氧同位素变化、冰盖生长阶段对比

1.1.3 古气候特征

生物礁是造礁生物体在生长过程中不断堆积而成的。南海边缘海的形成演化过程深刻影响了生物生长环境，从而制约了生物礁碳酸盐岩的形成、发育和演化过程。影响生物生长的因素主要包括以下几点。

(1)海水温度、盐度和透明度。西沙海域地处热带，年平均气温为 26.5℃，表层海水年平均温度也在 26℃ 左右，全年平均海水盐度为 33.69‰，海水透明度高，非常适合造礁珊瑚的生长。

(2)海水深度。只有在适宜的深度之下，造礁生物才能获得足够多的阳光和养分，满足生物生长需求，同时适宜的深度有利于产生足够的水动力条件，冲刷生物周围的水体，改善生物生长环境，使得生物茂盛生长，而西沙海域大部分台地区域都遭受了不同程度的淹没，只有处于构造高部位的西沙群岛附近少数区域得以幸免。

(3)成礁区的风力、风向、海流、潮汐和太阳辐射等。研究区海域属于热带季风气候，每年 10 月至次年 3 月盛行频率高、风力大的东北风，每年 5~8 月盛行频率低、风力小的西南风，海域海浪的周期性交替和盛行期基本上与季风交替的周期相同，且风浪较多；潮汐主要来源于太平洋潮波，以不正规的日潮为主；表层海流以风生海流为主，流向、流速随季风而变；此外，西沙群岛海域在夏季还盛行风暴潮。

据许红等(1992)研究，南海海域在晚渐新世—中中新世期间具有良好的成礁的古气候和古海洋环境，其古盐度条件属于正常的海水含盐度，是生物礁生长的正常范围；渐新世—中中新世期间的全球气候处于冰期—间冰期之间(图 1-6)，古海洋演化中动物群-植物群的气候证据表明(表 1-1)，在早中新世，古气候经历了温暖—寒冷两次旋回变化，中中新世古气候则由寒冷变为温暖气候，在末期又变为寒冷气候，但整个中新世，西沙仍以生物礁灰岩和生物礁白云岩沉积为主，浮游动物群丰富，说明气候的变化造成了礁生长期次的变化，整体环境对生物礁的生长仍然比较有利。对于西琛1井的研究发现，西琛1井礁灰岩碳酸盐岩含量为 99.68%~99.88%，这说明南海海域当时的古海水中酸不溶物的含量很低，整体为碳酸盐岩沉积环境。

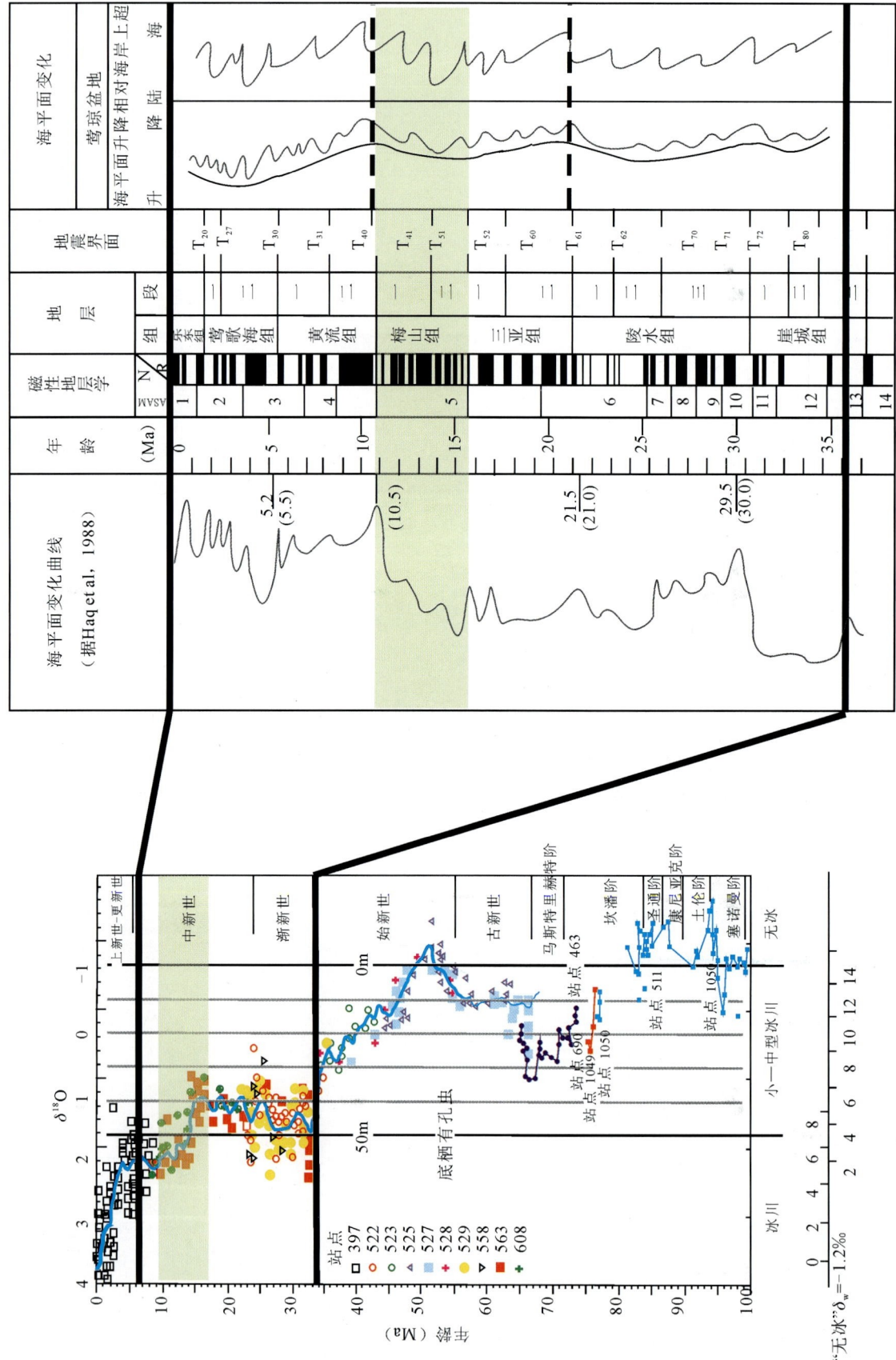

图 1-6 全球古气候与南海环境对比

表 1-1 中新世全球古海洋变化与南海事件对比（许红等，1992）

地质年代 (Ma)	地磁极性年代	地磁极性世	沉积间断	钙质超微化石	地质年代单位 世 / 期	动物群-植物群气候证据	动物群-植物群的响应	地质年代	西琛1井中新世生物群化石带 井深(m) / 岩性	壳状珊瑚藻化石带	大有孔虫化石带	介形虫化石组合	沉积分布变化	主要构造事件	主要海洋学事件
4				aa-16 aa-13 aa-12	上新世 Tablealea	寒冷-温暖	分区性增强——硅藻	晚中新世	319.5 生物礁白云岩				世界属代沉积分布方式确立	地中海西端海峡变浅	地中海孤立
5	5		Nh7			寒冷				未	未		高生产力地区沉积速度增大		¹³C-西南极洲冰盖形成?
6						寒冷-温暖							印度洋西部硅质分布进一步局限化		太平洋碳酸盐补偿深度变得浅于大西洋
7	6		Nh6			寒冷-温暖			353.4 生物礁白云岩组	建	建			澳大利亚与印度尼西亚碰撞；蒙德洛克岛上升——法罗海脊沉降	西南极洲冰盖开始生长
8	7		Nh5	aa-11	Tortonian	寒冷	分区性增强——全部浮游生物群	中中新世		带	带	Cyclolypens带	北大西洋大西洋北部硅质消失	中美进一步上升	热带与中纬度之间稳定热梯度确定
9	8 9					寒冷	古近纪底动物灭绝；浮游动物群高度更新							中美上升	挪威溢流水量剧增
10		中新世				寒冷-温暖					Kosohylium ragenae带	Miolepidocyclina Miogypsinoedes带	太平洋印度洋硅质大量富集；大西洋硅质大量减少		挪威溢流水开始产生横穿中美的中等水深通道关闭
11			Nh4			寒冷									
12						寒冷	大进化——放射虫								
13			Nh3			寒冷									
14						寒冷-温暖						Nephrolepidian-miogypsine带			
15			Nh2			寒冷			上西段生物礁灰岩		A.guatemalaenicum带		赤道太平洋硅质富集；加勒比硅质减少	非洲与欧洲碰撞	横穿中美的中等水深通道关闭
16						寒冷		早中新世	下 段		Aethosolithon nanhaiensis带				
17						温暖	分异性发展——颗石								
18			Nh1			寒冷			447.3						
19						寒冷	分异性增强——浮游有孔虫；新近纪动物演化								大洋中脊峭度确定
20						温暖									
21						寒冷									
22			PH											德克雷深水道张开	
23						温暖									
24															

海平面升降速度影响着生物礁的生长和类型。海平面缓慢上升,生物礁以加积和进积为主,形成补丁礁、台地边缘礁和块礁,在台地一侧常伴随生物滩相。如果海平面快速上升,仅在个别高地发育生物礁,以加积为主,形成塔礁和环礁。当相对海平面上升速度更快时,生物礁便被海水淹死,形成泥晶灰岩和泥岩致密段。达到最大海泛面后,相对海平面开始缓慢下降,生物礁以向海进积为主,形成水退岸礁,呈楔状,具下超结构。当相对海平面快速下降时,导致生物礁暴露水面而遭受风化剥蚀和淡水淋滤溶蚀,这种条件下,可以在礁前盆地形成低位扇。同时,海侵方向决定生物礁的生成顺序,如珠江口盆地东沙隆起从早中新世到中中新世末随着海水逐渐加深,生物礁从隆起的边缘到隆起的高部位逐层呈阶梯状分布。南海边缘海形成至今经历了礼乐、西卫、南海、南沙等构造运动,引起了多次相对的海平面升降,形成了丰富多彩的生物礁群系。

1.1.4 古地理特征及主成礁期

通过珠江口、琼东南、中建南、南薇西、北康、礼乐、西北巴拉望以及民都洛-帕奈等盆地大量的钻井揭示表明,南海海域主要成礁期是晚渐新世—中中新世(图1-7、图1-8)。从整体来看,南海海域碳酸盐岩及生物礁主要发育在稳定地块或古隆起带上(解习农等,2011)。生物礁的发育具有以下特点。

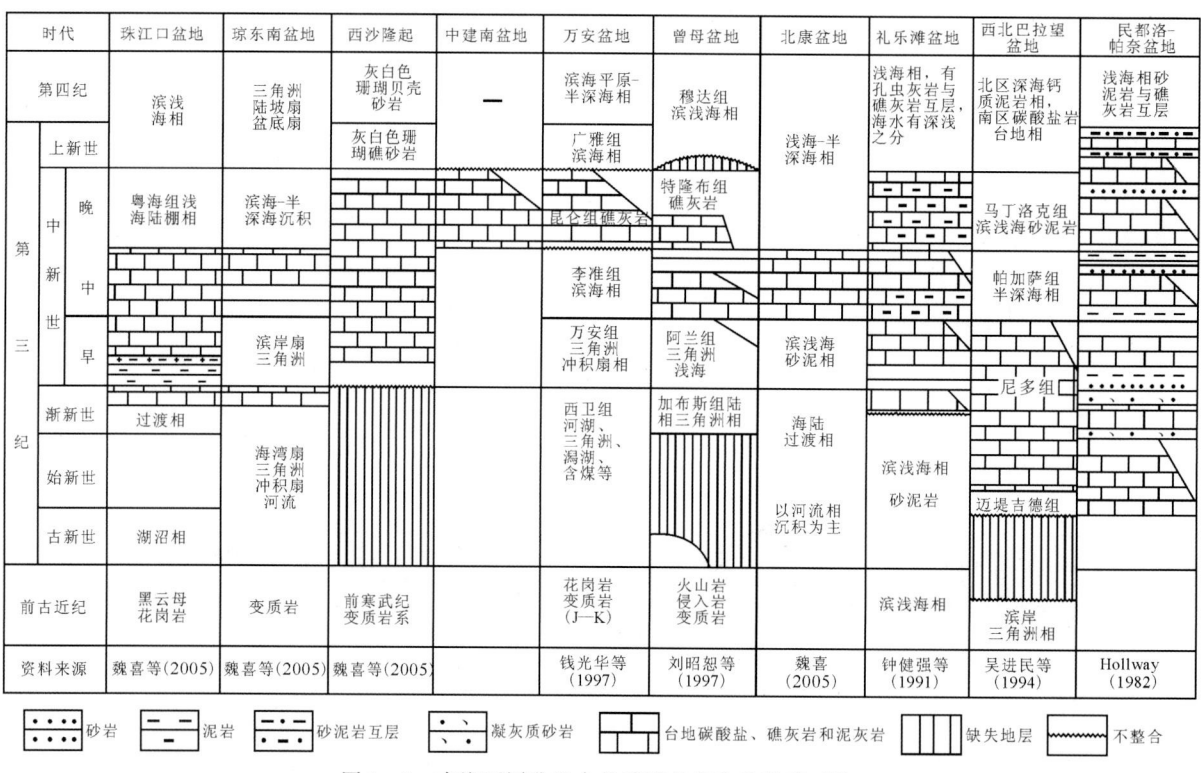

图1-7 南海不同盆地台地碳酸盐岩和生物礁对比

(1)具有南早北晚、东早西晚的发育规律。南海东南部的巴拉望盆地在晚始新世就有生物礁生成,而北部的珠江口-琼东南盆地直到晚渐新世—中新世以后才开始形成生物礁。这是由海侵的方向和时间不同造成的。

(2)南海盆地中新世以后为生物礁的繁盛期,类型有塔礁、补丁礁、块礁、台地边缘礁、岸礁和环礁(魏喜等,2005),且生物礁的发育具有期次性,一般为4~5期(图1-8)。如珠江口盆地东沙隆起从早中新世到中中新世经历了5个生物礁的发育阶段,分别是近岸海湾点礁成礁期、浅水斜坡丘状塔礁和点礁成礁期、台地边缘礁成礁期、孤立台地边缘礁成礁期和孤立礁体成礁期(魏喜等,2005)。曾母盆地的生物礁演化也经历了4期(陆永潮等,1999)。

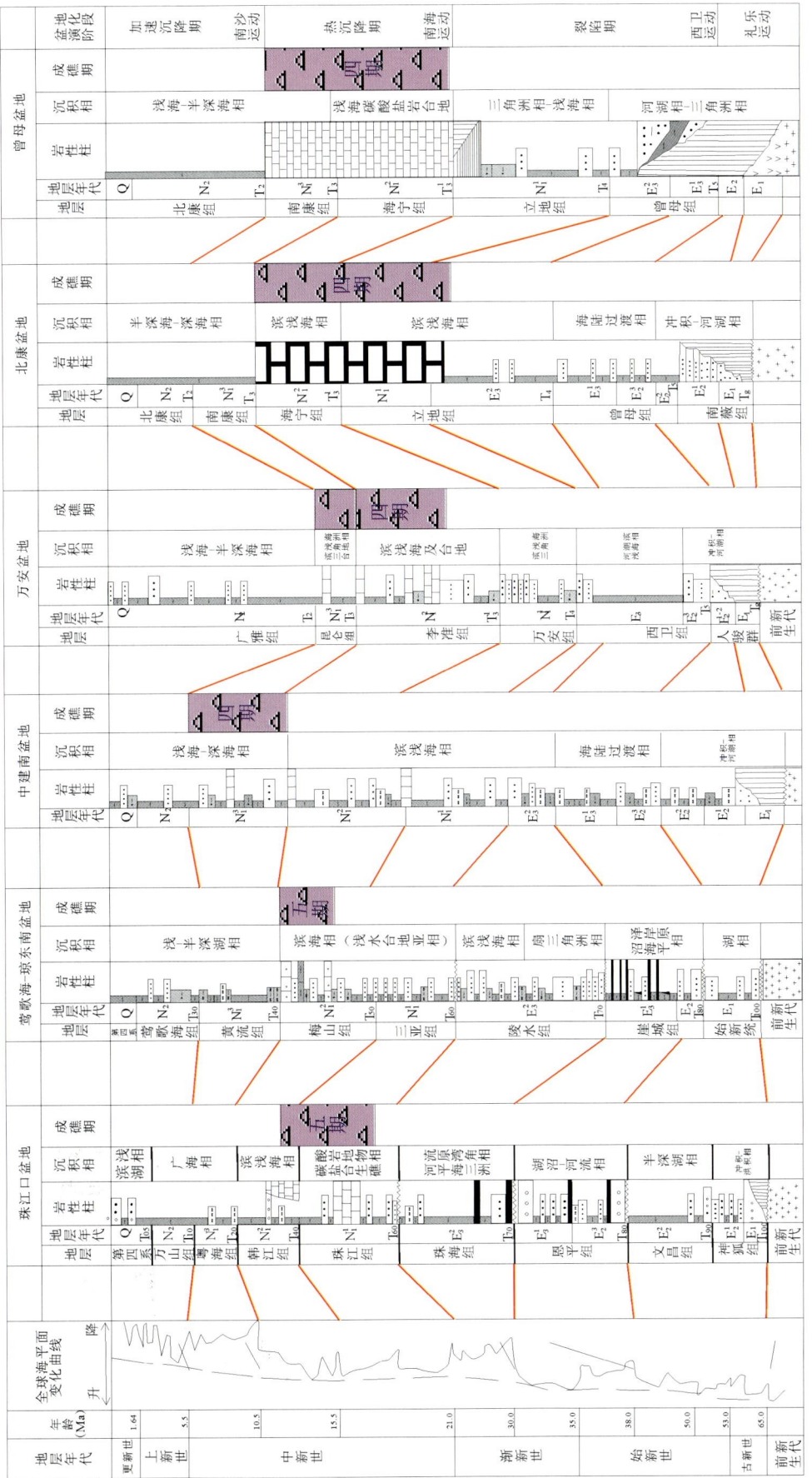

图1-8 南海不同盆地台地碳酸盐岩和生物礁对比

(3)南海南部地区生物礁体发育具有一定的规律性,表现为由西向东生物礁初始形成时代逐渐变老。曾母盆地生物礁形成于中中新世;礼乐盆地形成于晚渐新世—晚中新世;西北巴拉望盆地形成于晚始新世—早中新世;民都洛-帕奈盆地形成于中始新世—上新世(图1-7、图1-8)。

(4)南海海域新生代岩相古地理图显示碳酸盐岩发育总体背景。从陆缘断陷阶段(古新世—中渐新世)、缓慢热沉降阶段(晚渐新世—早中新世)、加速热沉降阶段(中中新世以来)的岩相古地理图(谢锦龙等,2008)可以看出:裂陷阶段盆地强分割和充裕的陆源物源供给,南海海域各盆地的充填沉积主要以碎屑沉积体系为主(图1-9);缓慢热沉降阶段(晚渐新世—早中新世)南海海域周缘物源极度萎缩,海平面持续上升,在古隆起上普遍发育碳酸盐岩台地沉积,并在台地上或台地边缘发育生物礁;加速热沉降阶段(中中新世以来)南海西部海域盆地的逐渐萎缩,南海总体进入热收缩与快速沉降阶段,陆架、陆坡、半深海-深海沉积的现代南海沉积格局逐渐成雏形。

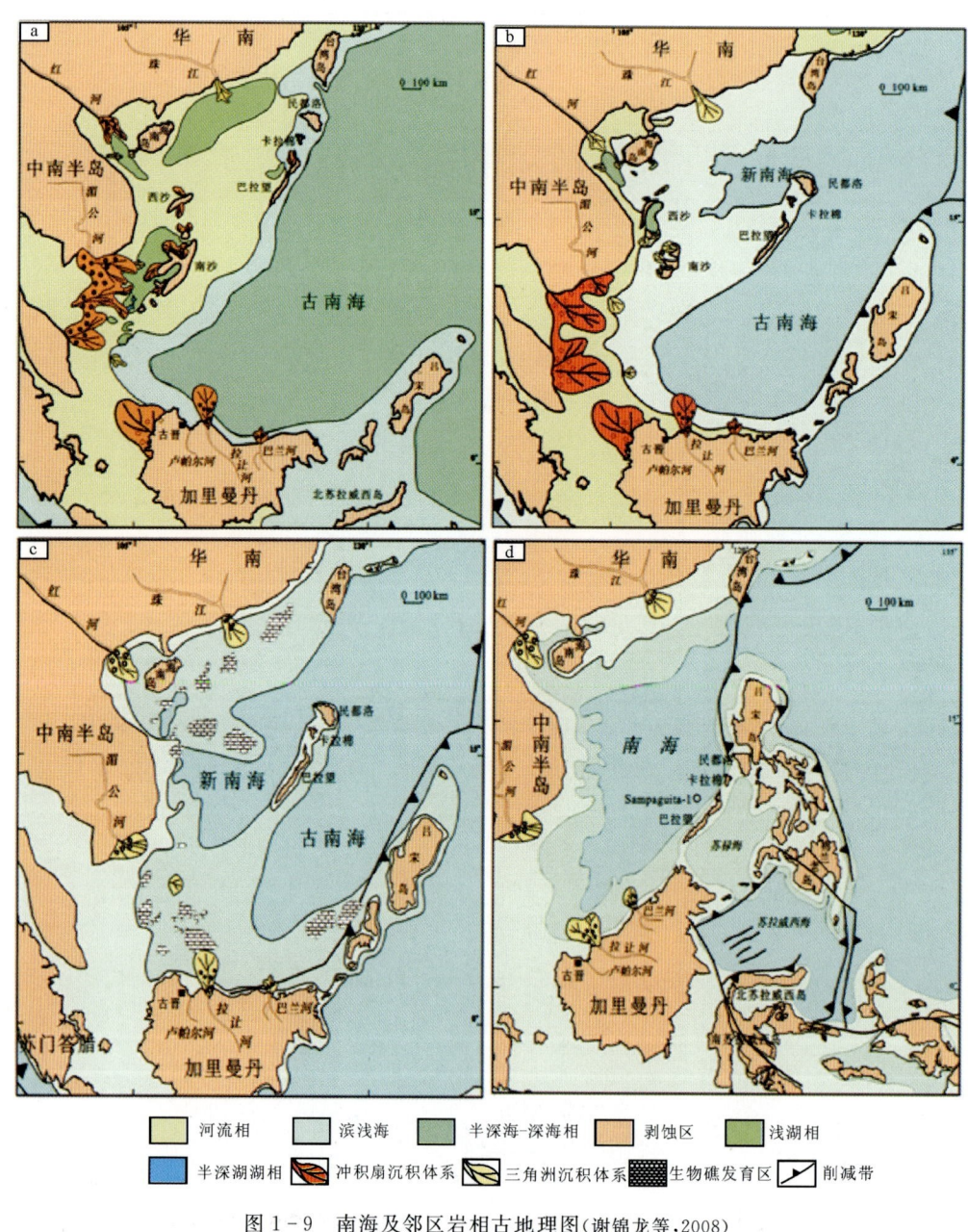

图1-9 南海及邻区岩相古地理图(谢锦龙等,2008)
a.古-始新世;b.渐新世;c.早中新世;d.中中新世—上新世

1.2 西沙地区生物礁概况

西沙群岛海域位于南海西部陆坡区,北纬 17°07′—15°43′,东经 111°11′—112°54′。该群岛海域西邻海南岛大陆架,北濒西沙海槽,东、南部与中沙海槽及南海西南次海盆相接,其海底地形表现为东部和西部较高,中间较低,最大水深 1500m。目前有 40 多个岛、洲、礁、滩分布在这个海域内,岛屿总面积 8km², 是我国南海四大群岛中陆地总面积最大的群岛。在这些礁、滩之上发育有 28 个礁岛(图 1-10,表 1-2),包括 4 个大型环礁、4 个中型环礁、2 个台礁、2 个滩和暗沙(表 1-3)。

西沙海域各岛、洲、礁、滩地貌特征受东北和西南方向季风及相应海流潮差的影响,风浪作用将珊瑚和贝壳碎屑等堆积成大小不等、形状各异的灰砂岛。一般高度不大或仅高于高潮面,海拔最高的石岛高度为 13.8m,其余高度均在 9m 以下,一般为 1~5m。灰砂岛地貌形态以沙堤、潟湖、沙平台、洼地、海滩岩等最为常见。由于年降雨日达 133 天,降雨量 1505mm,年平均相对湿度 82%,故有多个岛植被较为发育,包括永兴岛、东岛(现为自然保护区,面积 1.6km², 为第二大岛)、金银岛、甘泉岛、珊瑚岛、晋卿岛、琛航岛、广金岛、中建岛、南沙岛、赵述岛、中沙岛、北岛、中岛、南岛。另外,石岛有少量灌木,银屿岛有少量杂草生长。

按照基底构造和上覆沉积地层特征,西沙海域可分为东部岛礁区和西部盆地区(图 1-10)。东部岛礁区为西沙隆起的较高部位,海水较浅,基底之上直接覆盖礁相沉积地层,目前西沙海域出露的岛礁主要位于该区;西部盆地区处于西沙隆起的西斜坡向琼东南盆地延伸部位,海水较深,地质历史时期该区具有得天独厚的成礁背景,纬度低,具适宜的温度、盐度及水深,广泛发育着新近纪以来形成的生物礁,其发育期主要有晚渐新世、早中新世、中中新世、晚中新世和上新世至今(吕修祥,金之钧,2000;吕炳全等,2002;吕彩丽等,2011)。

图 1-10 南海西沙群岛和西科 1 井位置图(朱伟林等,2015)

表 1-2 西沙诸岛岛屿特征（王国忠，2001；张明书等，1987）

岛屿名称		纬度（N）	岛屿面积（km²）	岛屿海拔（m）	岛屿特征	海滩岩
金银台礁	金银岛	16°26′15″	0.36	8.2	复合灰砂岛，梨形，砂质底，产鸟粪，有淡水，生长灌、乔木	有
永乐环礁	珊瑚岛	16°32′6″	0.3	8.0	复合灰砂岛，椭圆形，砂质底，产鸟粪，有淡水，生长灌、乔木	有
	甘泉岛	16°31′41″	0.31	8.3	复合灰砂岛，卵圆形，砂砾底，产鸟粪，有淡水，生长灌、乔木	有
	全富岛	16°34′28″	0.02	1.4	灰砂洲，椭圆形，无植被、淡水	有
	鸭公岛	16°34′0″	0.01	3.6	潟湖灰砾岛，椭圆形，无淡水、植被	无
	银屿岛	16°34′44″	0.01	2.2	灰砂洲，生长草和灌木，无淡水	无
	咸舍屿	6°31′52″	0.003	3.3	潟湖灰砾岛，圆形，砾石底，无淡水、植被	无
	石屿	16°32′48″	0.002	1.3	灰砾岩屿，圆形，砾岩底，无淡水、植被	无
	晋卿岛	16°27′51″	0.21	6.0	复合灰砂岛，椭圆形，砂质底，产鸟粪，水苦，生长灌、乔木	有
	琛航岛	16°27′10″	0.28	5.0	复合灰砂砾岛，三角形，砾砂质，生长灌、乔木，产鸟粪，无淡水	有
	广金岛	16°27′8″	0.06	4.2	灰砂岛，三角形，砂质底生长灌、乔木，产鸟粪，无淡水	有
	盘石屿	16°03′33″	0.40	2.5	灰砂洲，长条形，砂质底，无植被、无淡水、鸟粪	无
	羚羊礁	16°26′50″	0.009	2.2	灰砂洲，椭圆形，砂质底，无植被、无淡水	无
宣德环礁	永兴岛	16°50′0″	1.10	8.2	复合灰砂岛，椭圆形，砂质底，生长灌、乔木，产鸟粪，有淡水	有
	石岛	16°50′45″	0.08	13.8	灰砂岩岛，不规则，风成砂屑灰岩，有灌木，产鸟粪，无淡水	有
	南岛	16°56′20″	0.17	6.3	灰砂岛，长条形，砂质底，生长草、灌木，产鸟粪，无淡水	无
	中岛	16°57′20″	0.13	6.0	灰砂岛，椭圆形，砂质底，生长灌、乔木，产鸟粪，无淡水	有
	北岛	16°57′50″	0.04	8.2	复合灰砂岛，长条形，砂质底，生长灌、乔木，产鸟粪，无淡水	有
	南沙洲	16°55′48″	0.06	4.1	灰砂岛，三角形，砂质底生长灌、乔木，产鸟粪，无淡水	有
	中沙洲	16°56′03″	0.05	2.6	灰砂洲，纺锤形，草稀疏，无淡水	无
	北沙洲	16°56′18″	0.02	3.1	灰砂岛，长条形，砂质底，长草，产鸟粪，无淡水	有
	西沙洲	16°58′42″	0.04	2.0	灰砂洲，椭圆形，砂质底，无植被，有水，味苦	有
	三峙仔	16°57′03″	0.003	1.5	灰砂洲，椭圆形，砂质底，无植被、无淡水	无
中建台礁	中建岛	15°46′3″	1.20	1.1	灰砂洲，圆形，砂质底，无植被、无淡水、鸟粪	无

表1-3 西沙海域珊瑚礁位置及基本特征（王国忠,2001）

类型	礁名	经度(E)	纬度(N)	走向/长(km)	宽(km)	礁湖水深(m)
大型环礁	宣德环礁	112°12′—112°23′	16°44′—16°59′	NNE16°/28.0	20.0	60.0
	永乐环礁	111°34′—111°48′	16°25′—16°36′	NEE57°/22.0	17.0	49.0
	东岛环礁	112°19′—112°47′	16°18′—16°43′	NE35°/55.0	28.0	60.0
	华光环礁	111°34′—111°49′	16°09′—16°17′	NEE69°/27.5	8.2	30.0
中型环礁	北礁环礁	111°27′—111°33′	17°03′—17°06′	NEE65°/12.0	4.4	20.0
	玉琢环礁	111°57′—112°06′	16°19′—16°22′	NEE76°/14.7	3.6	16.8
	浪花环礁	112°24′—112°35′	16°00′—16°04′	NEE70°/17.6	5.1	14.8
	盘石屿环礁	111°45′—111°50′	16°02′—16°05′	NEE64°/8.2	3.9	10.8
台礁	金银台礁	111°29′—111°33′	16°25′—16°26′	NEE77°/6.0	2.4	—
	中建台礁	111°11′—111°13′	15°45′—15°47′	NE54°/4.2	2.4	—

1.3 西沙地区已有钻井层序地层格架特征

西沙海域同属于永乐隆起大环带上,在西科1井钻探之前已打了4口钻井(图1-10),分别是:西永1井、西琛1井、西永2井、西石1井。西永1井位于西沙隆起宣德环礁永兴岛上,完钻井深1384.68m,钻遇了近1251m的生物礁地层,时代为中新世至今,基底为花岗片麻岩。西永2井位于宣德环礁永兴岛,井深600.02m。西琛1井位于永乐环礁琛航岛,全取芯,井深801.17m。西石1井位于宣德环礁石岛东南侧,井深200.63m,未钻穿生物礁。据取芯比较完整的西永1井和西琛1井的钻井资料、地球化学资料及古生物资料,可建立西沙群岛地质时期生物礁的发育演化及层序地层格架。

1.3.1 西琛1井层序地层及生物礁发育特征

西琛1井深801.17m,揭穿了中新统,自上而下依次为第四系更新统石岛组、琛航组、永兴组,新近系上新统永乐组,中新统宣德组和西沙组。基于钻孔岩芯矿物成分及元素等分析所确定的不整合面发育特征(图1-11),划分出4个三级层序,其中中新统2个层序为生物礁主要发育期,生物礁发育演化显示两次海进和海退过程(图1-11)。

中中新统西沙组层序(T_{60}—T_{50})和上中新统宣德组层序(T_{50}—T_{40})均代表1个三级层序(图1-12),由海侵体系域和高位体系域所构成,其内部还可进一步划分出若干个海平面次级旋回。

该井的西沙组主要为生物碎屑灰岩,为台缘滩相,从下往上沉积相依次为生物砂屑滩、滩间海、局限台地、生物砂屑滩、滩间海、生物砂屑滩。其间发育有壳状珊瑚藻 *Aethesolithon nanhaiensis - Aguatemalaensu* 带以及有孔虫 *Miolepidocyclina - Miogypsinoides* 亚带。宣德组主要为白色礁云岩和生物碎屑泥云岩,在该段内古生物化石丰富,介形类化石有24属44种,有孔虫化石异常丰富,包括底栖小有孔虫19属30种,大有孔虫类10属16种,由下至上沉积相依次为礁核(生长期)、礁核(发展期)、礁顶。

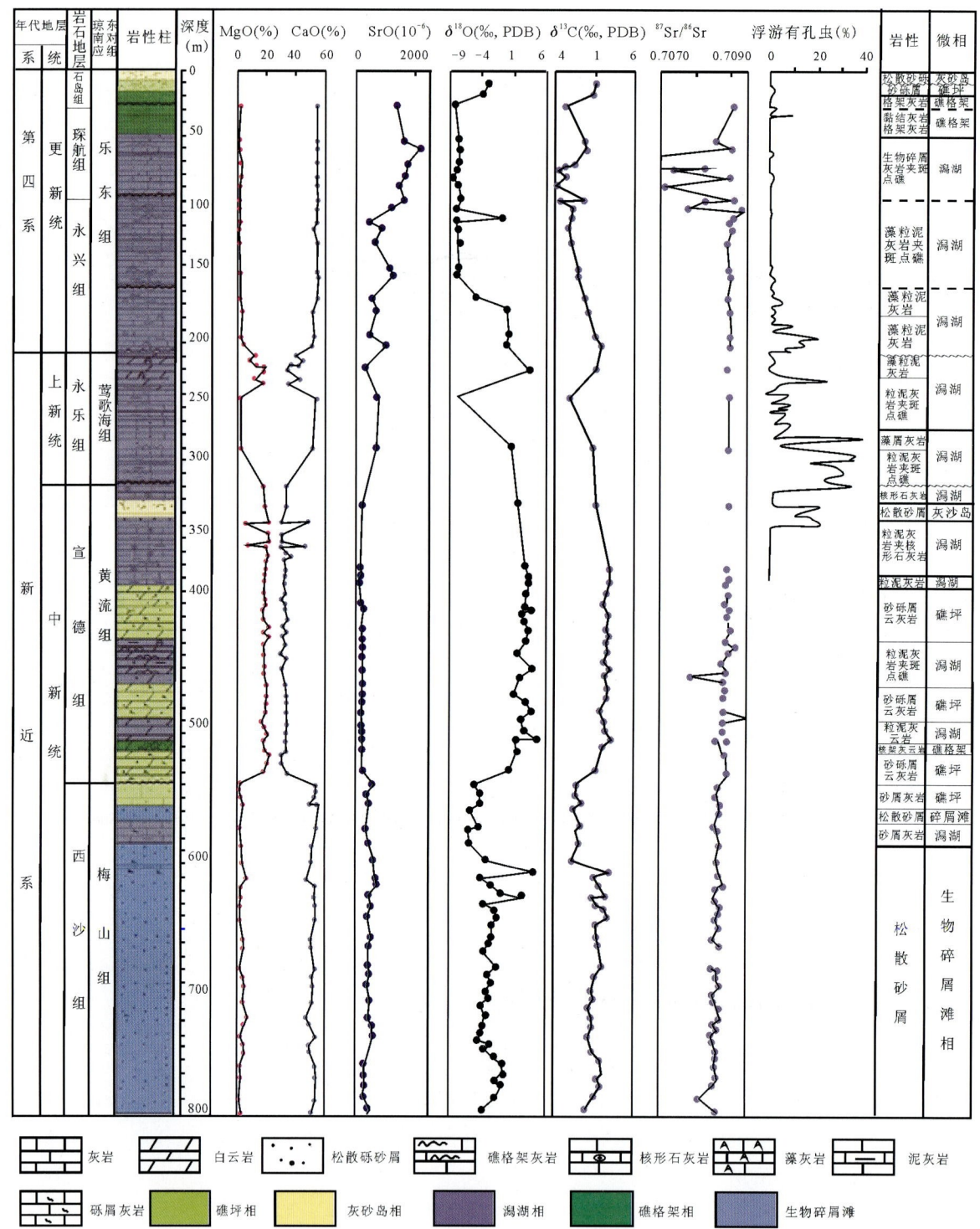

图1-11 西沙海域西琛1井单井岩矿成分和同位素分析图（赵强，2010）

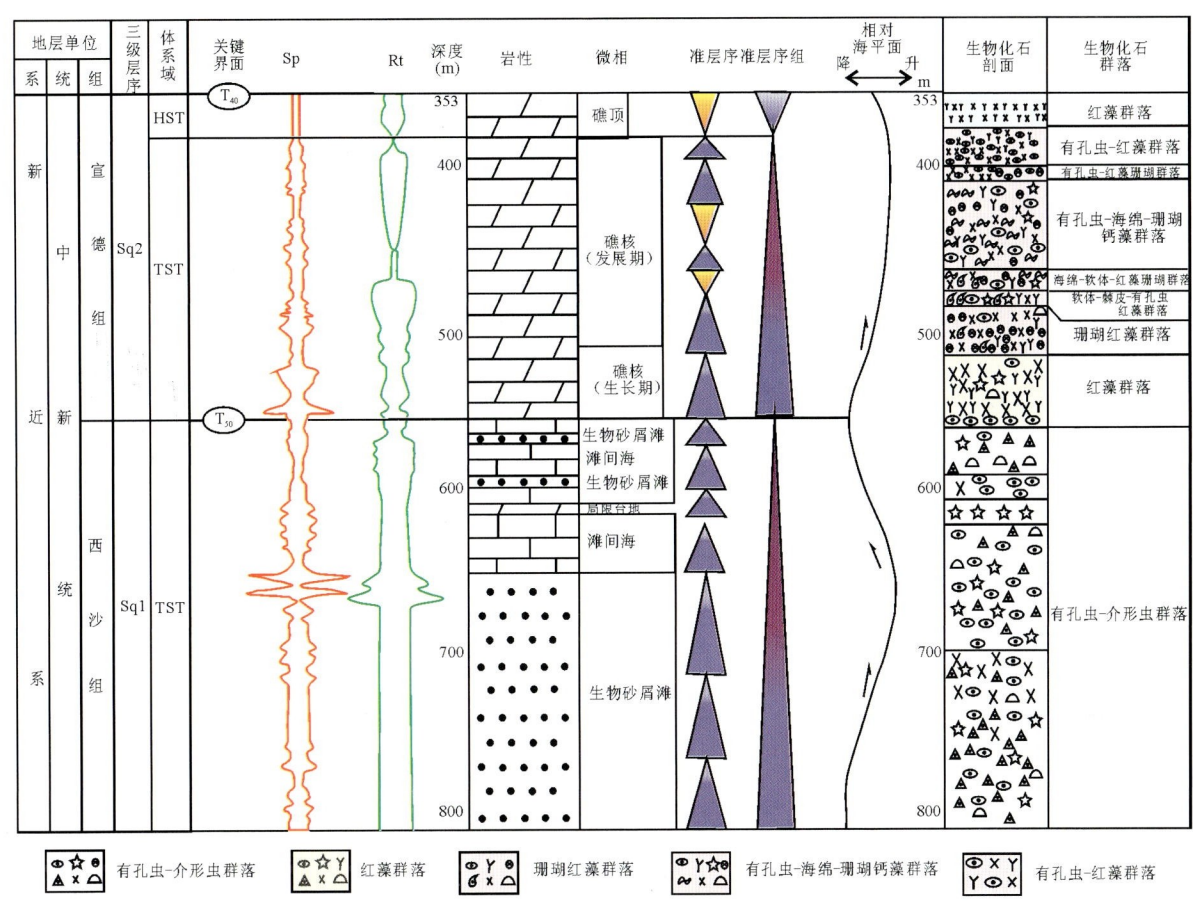

图 1-12 西沙海域西琛 1 井中新统成礁期层序和沉积相分析图

总体来看,西琛 1 井垂向上的生物相组合从下至上依次为介形虫+有孔虫组合、直立式枝状格架藻类+披覆式结壳藻类组合、钙藻类+珊瑚+海绵组合、生物碎屑(图 1-12)。其中该处生物礁的主要造礁生物为钙藻,其次为珊瑚、海绵、软体类等。沉积相从下往上依次为:礁基相(浅滩相)→黏结岩相→骨架岩相→礁滩共生相→生屑滩相。

1.3.2 西永 1 井层序地层及生物礁发育特征

西永 1 井深 1384.68m,揭穿了中新世地层,基底为花岗片麻岩。该井可划分出 6 个三级层序,其中西沙组 1 个三级层序、宣德组 1 个三级层序、永乐组 1 个三级层序、永兴组 2 个三级层序、第四系 1 个三级层序(图 1-13)。西永 1 井生物礁是在中新世的西沙组、宣德组、永乐组以及上新世永兴组时期形成的,主生礁期为中新世的西沙组和宣德组时期。

中新统西沙组、宣德组(T_{60}—T_{40})主要是珊瑚贝壳碎屑灰岩和白云质珊瑚贝壳灰岩。有孔虫含量稀少,其总体趋势是在下部含量不断增加,上部减少。1134.93~1137.35m 之间发现 170 粒孢粉颗粒,为台缘礁滩相,推测海水开始时不断上升,之后相对海平面趋于下降。该段可划分出 2 个三级层序,每个三级层序由海侵体系域和高位体系域组成,主体沉积相为台缘礁滩相的生屑滩,其中西沙组高位体系域发育生物礁,而宣德组高位体系域发育生屑滩。

中新统永乐组(T_{40}—T_{30})下部以灰白色珊瑚贝壳碎屑灰岩为主,上部主要为灰白色珊瑚礁灰岩。有孔虫含量变化较大,底部有孔虫较高,向上逐渐减少。该段为 1 个三级层序,可划分出海侵体系域和高位体系域。

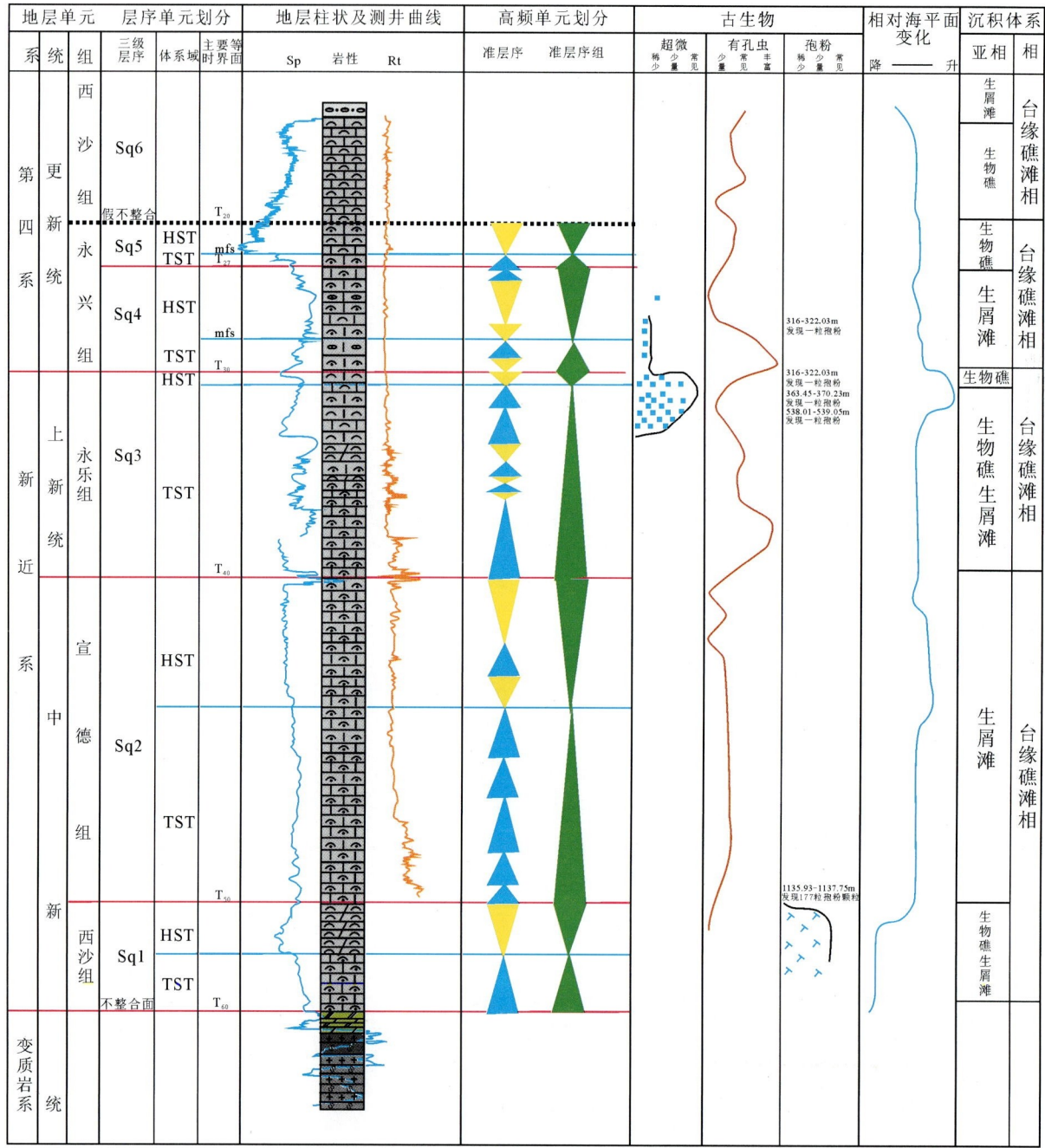

图1-13 西沙海域西永1井层序地层和沉积相分析简图

上新统永兴组（T_{30}—T_{20}）以灰白色珊瑚贝壳碎屑灰岩为主，永二段含有少量超微化石，有孔虫含量在下部较多，往上不断减少，在顶部基本不含有孔虫，推测水深不断变浅，沉积相为台缘生屑滩。永二段层序为台缘生物礁相，由海侵体系域和高位体系域组成。永一段层序也为台缘生物礁相，由海侵体系域和高位体系域组成。

岩石相以虫藻屑隐晶礁灰岩和藻屑隐晶-细晶礁白云岩为主；生物相组合从下至上依次为：介形虫为主→直立式枝状格架藻类和披覆式结壳藻类组合→钙藻类＋珊瑚组合、底栖有孔虫增多。其沉积相从下至上则大体发育为礁基相→礁核相→礁滩共生相→局限台地礁相。

2　生物礁滩体系岩石类型及特征

2.1　岩石定名依据及划分

碳酸盐岩定名和分类与硅质碎屑岩在很多方面具有相似之处，以成分和（或）结构作为分类基础。砂岩的成分分类通常依据 3 个端元的组分：石英＋燧石、长石和不稳定的岩屑（Blatt，1982）。砂岩的成分通常反映了盆地外源岩区的构造背景、源岩和气候条件。Folk（1968）在对碎屑岩进行分类时，也使用了 3 个端元组分——砂、泥、砾；或者砂、粉砂和黏土，缺少砾。根据这种以结构为依据的分类得到的岩石类型可以反映沉积场所能量的大小（Folk，1968）。因此，沉积物或岩石的结构和当时沉积场所能量的相互依赖性这一认识被广泛应用于碳酸盐岩分类中。

Folk 在 1959 年率先提出异化颗粒（allochem）概念。异化颗粒的提出，打破了旧有的“化学岩”概念，表明除正常化学沉淀作用之外，机械水动力作用也很重要。Folk 围绕两个方面进行分类：既考虑沉积结构特征，包括了颗粒大小、磨圆度、分选性和叠置样式，同时也考虑了颗粒成分（图 2－1）。随后，Folk（1962）为了描述碳酸盐岩的分选性和磨圆度特征，在术语中加入了组构要素，并与陆源沉积物进行对比，得到一组沉积能量逐渐增大的岩石类型。完整的 Folk 命名方案还包括岩石颗粒或晶体的平均大小。因此，采用 Folk 分类得到的碳酸盐岩命名可以含上述 3 级分类中的任一或全部，可根据使用者的

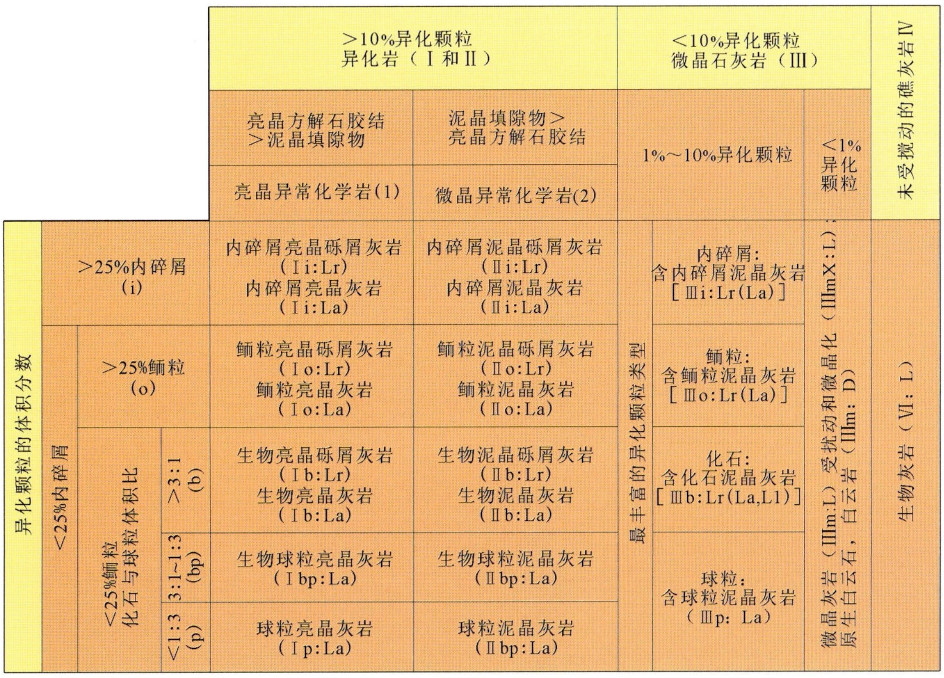

>10%异化颗粒
异化岩（Ⅰ和Ⅱ）
<10%异化颗粒
微晶石灰岩（Ⅲ）
未受搅动的礁灰岩Ⅳ
亮晶方解石胶结
>泥晶填隙物
泥晶填隙物>
亮晶方解石胶结
1%～10%异化颗粒
<1%
异化
颗粒
亮晶异常化学岩(1)
微晶异常化学岩(2)
异化颗粒的体积分数
>25%内碎屑
(i)
内碎屑亮晶砾屑灰岩
（Ⅰi:Lr）
内碎屑亮晶灰岩
（Ⅰi:La）
内碎屑泥晶砾屑灰岩
（Ⅱi:Lr）
内碎屑泥晶灰岩
（Ⅱi:La）
最丰富的异化颗粒类型
内碎屑:
含内碎屑泥晶灰岩
[Ⅲi:Lr(La)]
微晶灰岩（Ⅲm:L）受扰动和微晶化（ⅢmX:L）；
原生白云石，白云岩（Ⅲm:D）
生物灰岩（Ⅵ:L）
<25%内碎屑
>25%鲕粒
(o)
鲕粒亮晶砾屑灰岩
（Ⅰo:Lr）
鲕粒亮晶灰岩
（Ⅰo:La）
鲕粒泥晶砾屑灰岩
（Ⅱo:Lr）
鲕粒泥晶灰岩
（Ⅱo:La）
鲕粒:
含鲕粒泥晶灰岩
[Ⅲo:Lr(La)]
<25%鲕粒
化石与球粒体积比
>3:1
(b)
生物亮晶砾屑灰岩
（Ⅰb:Lr）
生物亮晶灰岩
（Ⅰb:La）
生物泥晶砾屑灰岩
（Ⅱb:Lr）
生物泥晶灰岩
（Ⅱb:La）
化石:
含化石泥晶灰岩
[Ⅲb:Lr(La,L1)]
3:1~1:3
(bp)
生物球粒亮晶灰岩
（Ⅰbp:La）
生物球粒泥晶灰岩
（Ⅱbp:La）
球粒:
含球粒泥晶灰岩
（Ⅲp: La）
<1:3
(p)
球粒亮晶灰岩
（Ⅰp:La）
球粒泥晶灰岩
（Ⅱbp:La）

图 2－1　Folk(1959)的碳酸盐岩分类

需要增加描述性术语。该分类方案的优点为量化的、描述性的术语,而且包含了重要的成因(环境)信息,另外术语具多选择性,可根据需要的细节程度命名。当然也存在一些缺点。比如岩石需要显微镜观察,特别是为了识别球粒及其他细小颗粒,或是确定颗粒、基质和胶结物的确切百分比;用于现代沉积物时有些不恰当(如称无胶结物的沉积物为亮晶);对礁灰岩没有进行足够细分。另外,区分真正的微晶基质和微生物或无机原地微晶质沉积物十分困难,这也是所有分类体系需要面对的问题。

Dunham(1962)的分类主要基于生物黏结作用的有无、灰泥的有无、颗粒与杂基之间的支撑关系(图2-2)。划分的泥灰岩(泥晶灰岩)、粒泥灰岩、泥粒灰岩和颗粒灰岩,代表了一个能量递变的过程。同时,岩石命名可以按其所含的组分及含量进行修饰(如鲕粒颗粒灰岩、球粒颗粒灰岩等),以进一步阐述沉积场所的生物和物理条件。可以看出,他采用了与Folk不同的思路,将颗粒含量放在次要位置而主要用碳酸盐岩结构特征尤其是支撑类型来进行划分,这样避免了必须统计含量才能进行岩石划分的不便。该方案不仅具有Folk划分方案的优点,而且简明扼要,至今仍被公认为是最好的碳酸盐岩结构分类,得到了工业界的认可。

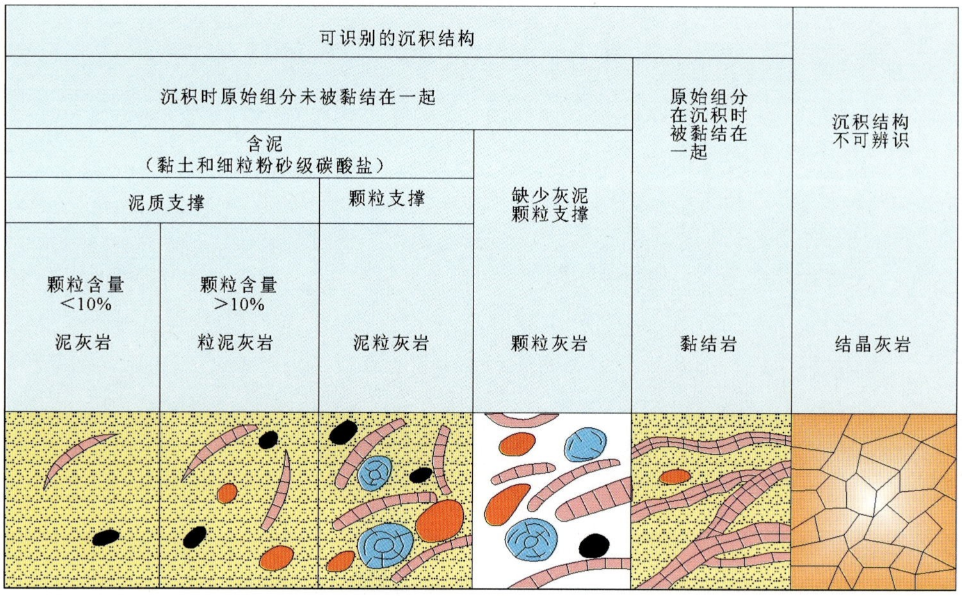

可识别的沉积结构					沉积结构不可辨识
沉积时原始组分未被黏结在一起				原始组分在沉积时被黏结在一起	
含泥(黏土和细粒粉砂级碳酸盐)			缺少灰泥颗粒支撑		
泥质支撑		颗粒支撑			
颗粒含量<10%	颗粒含量>10%				
泥灰岩	粒泥灰岩	泥粒灰岩	颗粒灰岩	黏结岩	结晶灰岩

图2-2 Dunham(1962)碳酸盐岩结构分类方案

Embry和Klovan(1971)在Dunham分类体系的基础上做了修改,进一步细分了粗粒骨架沉积物和有机成因或有机黏结碳酸盐岩(图2-3)。对于生物成因灰岩,以"漂浮岩(floatstone)"代替Dunham的"粒泥灰岩(wackstone)"。对于更粗大的颗粒支撑的生物成因灰岩,称为砾屑灰岩(rudstone)。另外,生物黏结的岩石根据其有机构架的性质分为障积岩(bafflestone)、黏结岩(bindstone)和格架岩(framestone)。后三者被广泛地应用于生物礁、生物丘及其他生物成因的碳酸盐岩研究中。

另外,Wright(1992)对前人分类体系做了进一步更基础的修改,突出了成岩作用,形成了一些新的术语,如Dunham的"泥岩"被改成"钙质泥岩"使其更清晰,同时增加了5个术语用于描述成岩组构。该分类平衡了石灰岩原生(沉积-生物)和次生(成岩)特征,虽然识别了微晶基质的复杂沉积和成岩起源,但是没有在其命名中完整体现出来,而且相对较新,目前仍没有被广泛使用。

本次研究中,考虑和吸收前人的优秀研究成果,首先根据泥质、白云石和方解石的相对含量将碳酸盐岩划分为灰岩、白云岩和泥岩类。进一步根据3种组分的实际含量进行细分,共划分出11种类型(图2-4)。目前来看,西科1井中基本不发育陆源泥质沉积物,因此成分上只包括灰岩、云质灰岩、云岩、灰质云岩、云灰岩(或灰云岩)五大类。

层序地层与沉积演化

原地石灰岩 在沉积作用过程中,原始组分未被有机地黏结						原地石灰岩 在沉积作用过程中,原始组分被有机地黏结		
>2mm组分含量<10%				>2mm组分含量>10%		被有机地黏结		
含灰泥(<0.03mm)		无灰泥						
泥支撑		颗粒支撑		基质支撑	颗粒支撑	生物起障积作用	生物起结壳和黏结作用	生物起建造坚固骨架作用
颗粒含量(0.03~2mm)		颗粒含量(0.03~2mm)						
<10%	>10%	25%~50%	>50%					
灰泥岩(灰泥石灰岩)	次灰泥岩(次灰泥石灰岩)	次颗粒岩(次颗粒石灰岩)	颗粒岩(颗粒石灰岩)	浮岩(浮岩状灰岩)	砾屑灰岩	障积岩(障积石灰岩)	黏结岩(黏结石灰岩)	骨架岩(骨架石灰岩)

图 2-3 Embry & Klovan(1971)碳酸盐岩分类方案

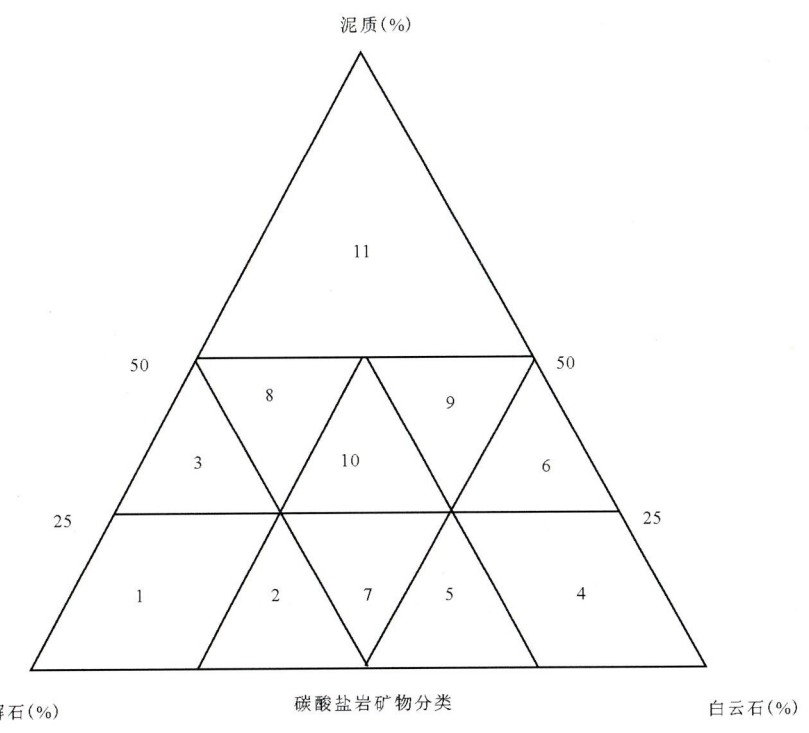

灰岩类:1.灰岩,2.云质灰岩,3.泥质灰岩;云岩类:4.云岩,5.灰质云岩,6.泥质云岩;
混合岩类:7.云灰岩或灰云岩,8.泥灰岩,9.泥云岩,10.泥质灰云岩或泥质云灰岩;
泥岩类:11.泥岩

图 2-4 碳酸盐岩矿物分类方案

根据粒屑、泥晶(钙质泥晶)和亮晶+粒间孔三端元组分相对含量划分为泥晶灰岩(云岩)、粒屑泥晶灰岩(云岩)、泥晶粒屑灰岩(云岩)和亮晶粒屑灰岩(云岩)(图 2-5)。

在综合考虑前人研究成果的基础上,总结了本次研究的综合命名方案,划分为粒屑岩和礁岩两大类。西科1井的粒屑类型目前包括内碎屑和生屑,局部可见球粒。礁岩可以细分为原地生长和异地堆积两大类(表 2-1)。

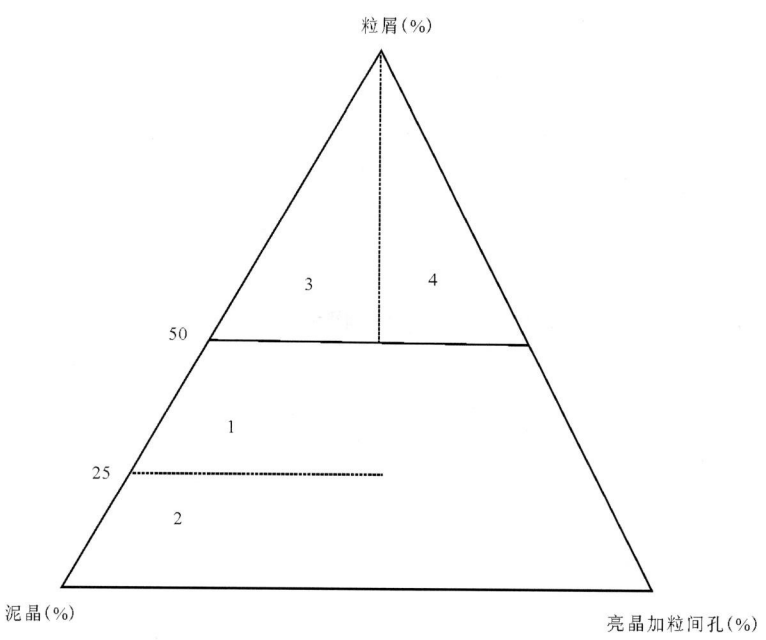

图 2-5　碳酸盐岩结构分类方案
1.泥晶灰岩或云岩；2.粒屑泥晶灰岩或云岩；3.泥晶粒屑灰岩或云岩；4.亮晶粒屑灰岩或云岩

表 2-1　碳酸盐岩综合分类方案

粒屑含量(%)	泥晶含量(%)	亮晶和粒间孔(%)	粒　屑　类　型								晶粒结构	礁岩结构				
			内碎屑	鲕粒	生屑	团粒	球粒	核形石	异形石	多种粒屑		原地生长			异地堆积	
												生长结构	黏结结构	障积结构	分散礁砾	接触礁砾
≥50	泥晶小于亮晶		亮　晶								晶粒大+小灰岩	生物骨架灰岩	黏结灰岩	障积灰岩	悬粒灰岩	粒屑灰岩
			内碎屑	鲕粒	生屑	团粒	球粒	核形石	异形石	粒屑						
			灰　岩													
	泥晶大于亮晶		泥　晶													
			内碎屑	鲕粒	生屑	团粒	球粒	核形石	异形石	粒屑						
			灰　岩													
25~50	50~75	—	内碎屑	鲕粒	生屑	团粒	球粒	核形石	异形石	粒屑						
			泥　晶　灰　岩													
<25	≥75		泥　晶　灰　岩													

注：若岩石矿物成分交代白云石含量大于或等于50%时，表中"灰岩"改为云化岩。

2.2　宏观岩性类型及特征

宏观岩芯观察识别出礁岩和粒屑岩两大类岩性，进一步识别出16种岩性相类型，包括珊瑚礁灰岩、生物藻礁灰岩、含藻珊瑚礁灰岩、白云质珊瑚礁灰岩、含藻生物礁云岩、含藻珊瑚礁云岩、灰质泥岩、含生物碎屑泥灰岩、生物碎屑灰岩、含灰泥生物碎屑灰岩、生物礁灰岩、白云质礁灰岩、珊瑚礁云岩、生物礁白云岩、生物碎屑白云岩、生物碎屑砂等。

根据前人研究成果以及岩性观察,认为西科1井造礁生物主要包括两种,即珊瑚和红藻。相应地识别出珊瑚骨架礁灰岩和藻类黏结礁灰岩(图2-6、图2-7,图版Ⅰ、图版Ⅱ)。珊瑚骨架礁灰岩加酸强烈起泡,证明其主要成分为方解石。由于珊瑚种属的不同,呈不同形态的格架状,通常显示灰白色(图2-6a),但有时可能因为大气淡水淋滤的影响,显示淡黄色(图2-6b)。造礁生物主要由珊瑚骨架构成,但也可见其他种类的生物碎屑夹杂其中,为附礁生物死亡之后就近堆积埋藏或者由高能量水流带来的异地沉积物进入珊瑚骨架或生长孔洞内沉积。另外经常可见细粒的灰泥沉积。固结程度相比于粒屑岩类型要好很多,主要是因为珊瑚虫紧密生长,生长隔壁通常可以快速钙化,并且经常直接接受海水冲洗,生长格架孔内富含海水,同沉积期格架孔就可以被胶结物充填。远离海水的礁体内部,海水虽然不能自由进入其中,但孔隙经常被内沉积物充填,在埋藏过程中对礁体起到保护作用。相应地,珊瑚骨架礁灰岩的孔隙大致存在3个单元,格架孔完全被胶结物充填(图2-6b)、格架孔完全被内沉积物充填、格架孔基本未被充填(图2-6a)。珊瑚骨架礁灰岩主要分布在第四系200m以上的地层中,第四系以下的地层中零星可见,但很难构成规模。珊瑚骨架礁灰岩构成了生物礁核相的骨架部分,起到支撑作用。

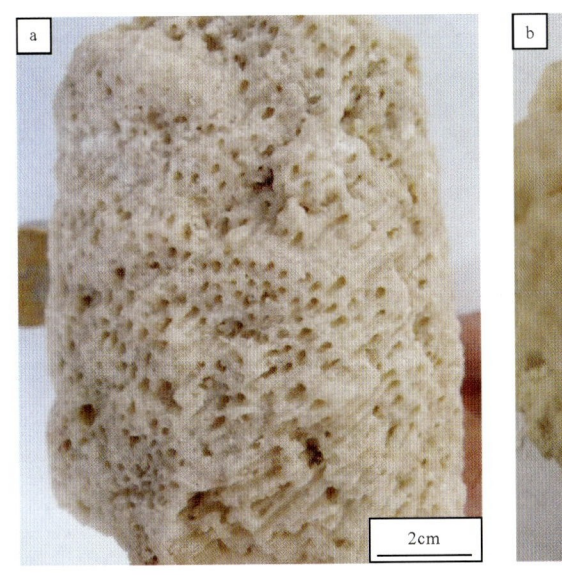 

图2-6 宏观珊瑚骨架礁灰岩特征
a.61.57m,蜂巢珊瑚骨架礁灰岩;b.161.7m,蜂巢珊瑚骨架灰岩

藻类黏结礁灰岩加盐酸强烈起泡,主要成分为方解石。根据镜下鉴定结果,藻类基本全为红藻。通常呈灰白色(图2-7b,c),靠近不整合面附近呈淡黄色—土黄色(图2-7a)。红藻在该类岩石内多呈白色条带以缠绕状分布,将其他生物碎屑以及泥晶黏结缠绕在一起,红藻所占比例总体来说不大,固结程度大多较好。孔隙大小与包裹缠绕的组分及所处层位有关。泥晶含量少,则表面见较多孔隙(图2-7b,c);若所含钙质泥晶过多,则孔隙较少。另外,如果处在暴露面之下附近,则发育较多溶蚀孔隙。该类岩性分布较广,是黄流组礁相的主要组成。

含藻珊瑚礁灰岩特征与珊瑚骨架礁灰岩类似,不同的是红藻缠结珊瑚表面,起到加固作用,使礁核具有更强的抗浪性。主要分布在第四纪的礁相地层中。

生物礁灰岩同为礁核相岩性,所含生物碎屑和(或)灰泥较多,可见双壳、腹足等大生物化石。造礁生物相对少,分布较广泛。主要发育在第四系和梅山组一段。

白云质生物礁灰岩通常呈灰白色,固结程度好,较完整,个别层段较为破碎(图2-8a)。滴酸微弱起泡,反映未被完全白云化,有方解石残余。原生的造礁构造一般难以见到。孔隙度较小,除了位于暴

图 2-7 宏观藻类黏结礁灰岩特征

a. 226.8m,藻礁灰岩;b.504.6m,藻礁灰岩;c.509m,生物藻黏结灰岩,白色条带状为红藻,呈缠绕状将生屑和泥晶等黏结,起到加固作用

露面之下附近的层段。珊瑚礁云岩呈灰白色,但偏黄色调(图2-8b,c)。加酸不起泡或极微弱起泡,可见珊瑚骨架残余。表面可见较大溶孔,孔隙度相对较大,可达15%～30%。个别层段较破碎。生物礁白云岩加酸不起泡或极微弱起泡,灰白色(图2-8d)。原生沉积构造大多被破坏,偶见造礁生物残余。岩芯固结程度很好,很致密,孔隙度较小,10%左右,局部发育裂隙。

白云质珊瑚礁灰岩与白云质生物礁灰岩类似,但可见珊瑚块体。含藻生物礁云岩、含藻珊瑚礁云岩等与珊瑚礁云岩类似,但分别可见藻类和珊瑚等造礁生物。

岩芯上粒屑灰岩包括生物碎屑砂、生物碎屑灰岩、含灰泥生物碎屑灰岩、含生物碎屑泥灰岩和灰质泥岩等,由前至后所含生物含量越来越少,反映的水体能量也越来越弱。

生物碎屑砂显灰白色,加酸强烈起泡,主要由生物碎屑组成,灰泥含量较少,松散状,尚未固结,有很强的砂感。主要分布在第四系中,偶见在第四系以下地层中发育(图2-9)。

灰泥岩含极少的生物碎屑,触摸有滑感;松散-微弱固结,为潟湖沉积物(图2-10)。

生物碎屑灰岩加酸强烈起泡,通常为灰白色(图2-11a,c,d),若在暴露面附近则显淡黄色甚至土黄色(图2-11b)。主要由生物碎屑构成,有时可见较大的生物化石,如双壳和腹足类化石。可含很少量灰泥沉积。固结程度不一,与其内胶结物含量有关;胶结物含量多,则固结程度好。触摸有很强的砂质感,所含生物碎屑颗粒大小较均匀时呈"白砂糖"构造(图2-11c,d)。孔隙度较大,可达20%左右。通常为礁后内侧滩沉积,沉积在水体能量较大的环境。分布很广泛,除了原始沉积构造被改造完全的白云岩段外均可见。

含灰泥生物碎屑灰岩与生物碎屑灰岩区别在于前者所含灰泥更多(图2-12)。因此其内较少见胶结物,在较浅埋藏成岩作用不强的层段,通常较松散,微弱固结。孔隙度相对较小,因为较为松散,所以不容易准确估计。通常为礁后外侧滩沉积物,分布范围较广,除了原始沉积构造被改造完全的白云岩段外均可见。

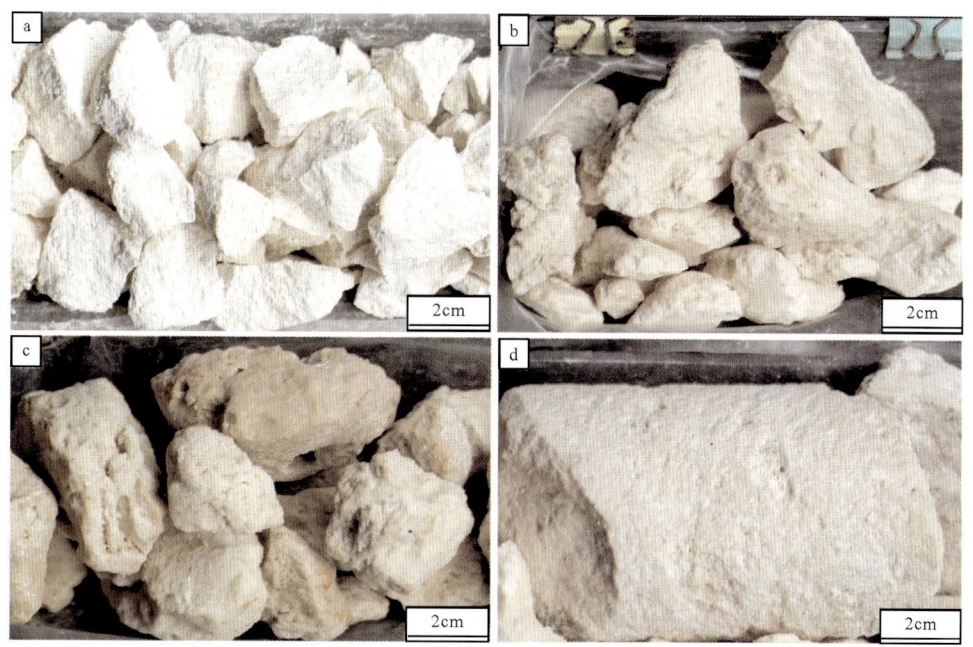

图2-8　与白云化有关的礁灰岩类型及特征
a.424.18m,白云质藻礁灰岩;b.492.79m,珊瑚礁云岩;c.519.31m,珊瑚礁云岩;d.495.70m,生物藻礁云岩

图2-9　生物碎屑砂岩芯特征
a.15.6m,生物碎屑砂;b.114m,生物碎屑砂

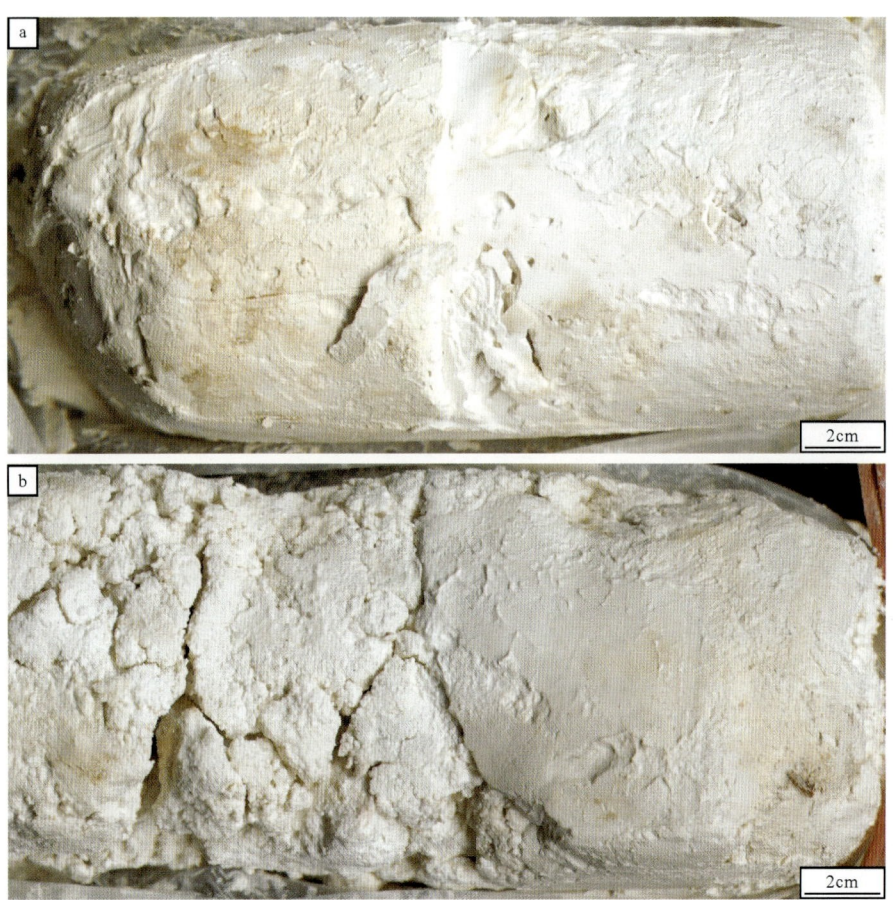

图 2-10 灰泥岩岩芯特征
a.292.32～292.47m,灰泥岩;b.444.29～444.44m,灰泥岩

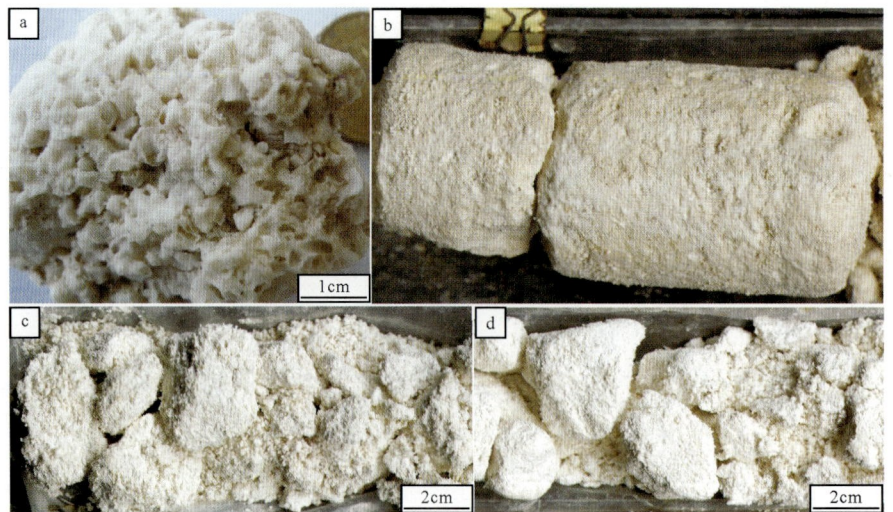

图 2-11 宏观生物碎屑灰岩特征
a.473.9m,生物碎屑灰岩;b.465.02m,生物碎屑灰岩;c.271.96m,生物碎屑灰岩;
d.286.14m,生物碎屑灰岩

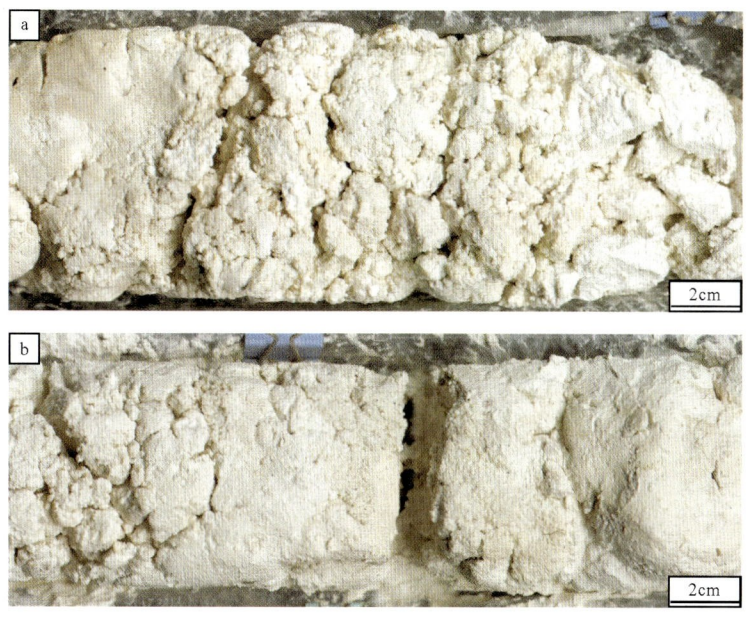

图 2-12 含灰泥生物碎屑灰岩
a. 155.06m,含灰泥生物碎屑灰岩;b. 207.66m,含灰泥生物碎屑灰岩

含生物碎屑泥灰岩含生屑更少,表面看起来与纯灰泥灰岩类似,但触摸时能感受到一定的砂感(图2-13a)。同样因为缺少胶结物,通常较松散,微弱固结。孔隙度较小,通常为礁后外侧滩或潟湖沉积物。

灰泥岩含极少的生物碎屑,触摸有滑感。松散-微弱固结。孔隙度小,为潟湖或背景沉积物(图2-13b)。

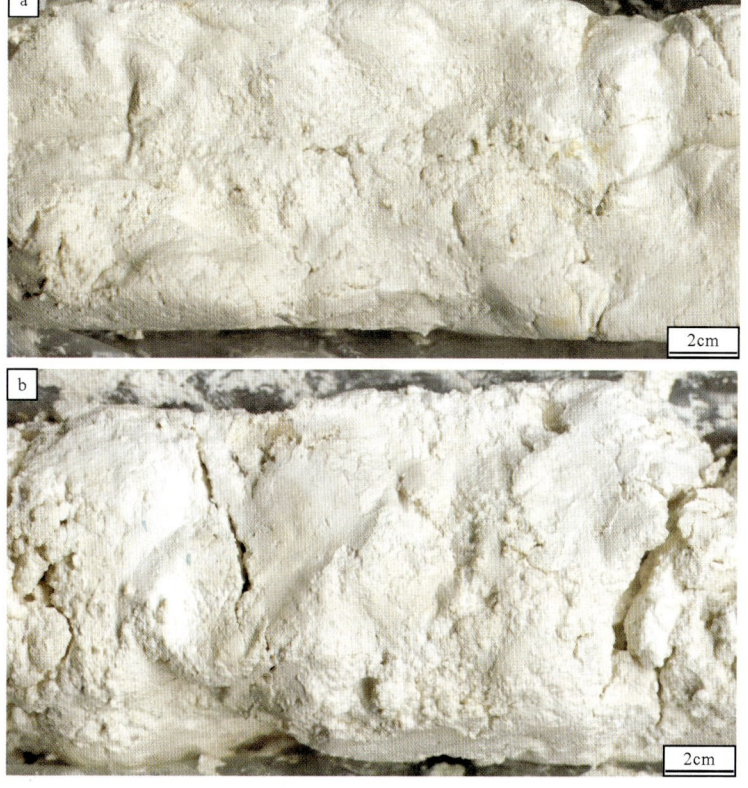

图 2-13 含生物碎屑泥灰岩
a. 154.76m,含灰泥生物碎屑灰岩;b. 176.33m,含灰泥生物碎屑灰岩

2.3 微观岩性类型及特征

根据全井段共 2970 片薄片描述，生物礁滩体系共识别出 21 种微观岩性相类型，其中礁灰岩类包括红藻珊瑚骨架灰岩、珊瑚骨架灰岩、红藻黏结灰岩 3 类；以及微异地堆积的砾屑灰岩和漂砾灰岩 2 类；礁云岩类包括红藻黏结云岩和残余红藻黏结云岩 2 类；粒屑岩类包括生屑灰岩、含泥晶生屑灰岩、含亮晶生屑灰岩、亮晶生屑灰岩、泥晶生屑灰岩、生屑泥晶灰岩、内碎屑泥晶灰岩、内碎屑生屑泥晶灰岩、含生屑泥晶灰岩、泥晶灰岩 10 类；白云岩类包括粉晶泥晶云岩、残余生屑粉晶云岩、细晶粉晶云岩和粉晶细晶云岩 4 类。

2.3.1 礁灰岩类岩性相特征

礁灰岩类包括原地堆积的红藻珊瑚骨架灰岩、珊瑚骨架灰岩、红藻黏结灰岩 3 类以及微异地堆积的砾屑灰岩和漂砾灰岩 2 类（图版Ⅰ~Ⅲ）。

珊瑚骨架灰岩主要由原地珊瑚骨架构成（图 2-14a,b）。有时可见隔壁发生溶蚀，致使彼此之间连通。格架孔存在几种情况，处在水动力较弱的环境时格架孔内多充填泥晶内沉积物；受波浪淘洗的处于水动力较强的区域经常充填亮晶，亮晶多呈粒状，增加礁体的抗浪性；有时格架孔未充填任何物质，可能处在前两者的过渡环境。

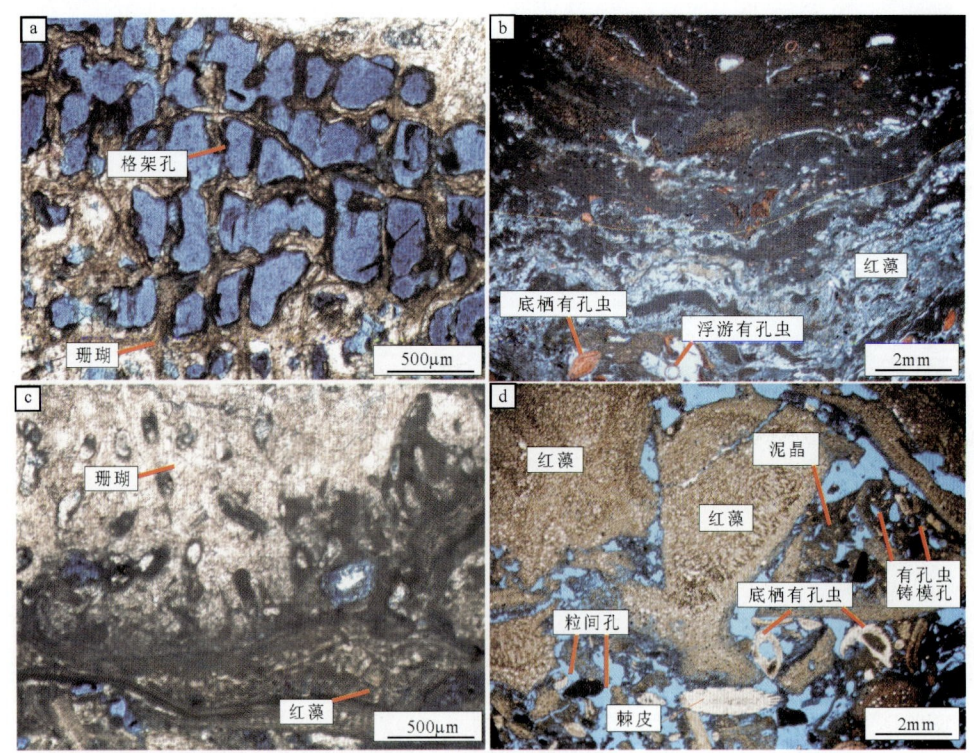

图 2-14 礁灰岩类型及特征

a. 第四系乐东组 Sq3,57.17m,为珊瑚骨架礁灰岩，珊瑚起骨架作用，有些珊瑚格壁在溶蚀作用下断开，具泥晶化趋势；b. 新近系莺歌海组一段 Sq7,285.97m,为红藻黏结礁灰岩，一方面红藻之间相互黏结，另一方面红藻黏结泥晶或生屑；c. 第四系乐东组 Sq3,61.64m,为红藻珊瑚骨架礁灰岩，珊瑚起骨架作用，红藻包裹黏结珊瑚增加了礁核的抗浪性，珊瑚和红藻接触面呈不规则的形态；d. 新近系莺歌海组一段 Sq6,236.40m,为悬粒灰岩，大于 2mm 的红藻碎片含量明显大于 10%。所有照片均为单偏光红藻黏结灰岩主要由原地红藻相互缠绕构成（图2-14b、图2-15c～e）。常见一类红藻包裹另一类红藻呈缠绕状生长，表面较常见一些生长缺陷，被诸如有孔虫、棘皮类等生屑及泥晶充填。这可解释为红藻生长时即把生屑和泥晶裹夹其中，体现了红藻造礁过程中捆扎、黏结的作用。

红藻珊瑚骨架灰岩主要由红藻和珊瑚骨架构成。显著特点是红藻包壳在珊瑚骨架外缘，无疑大幅增加礁体的抗浪性。红藻和珊瑚通常呈截然接触，但有时两者也呈过渡接触，界线模糊（图2-14c、图2-15a）。

砾屑灰岩（图版Ⅲ）主要由粒径大于2mm的红藻或珊瑚造礁生物碎片构成，含量大于10%，同时包含小于2mm的红藻及珊瑚碎片、有孔虫、棘皮类等生屑，含少量泥晶，有时含少许亮晶（图2-14d）。漂浮灰岩与砾屑灰岩区别在于前者所含泥晶很多，为基质支撑，一般不含胶结物（图2-15f），其他特征类似。砾屑灰岩和漂浮灰岩虽然不同于原地生长的前3类礁灰岩，但只发生短距离搬运，可能就沉积在原地造礁生物之间，因此归为礁灰岩。

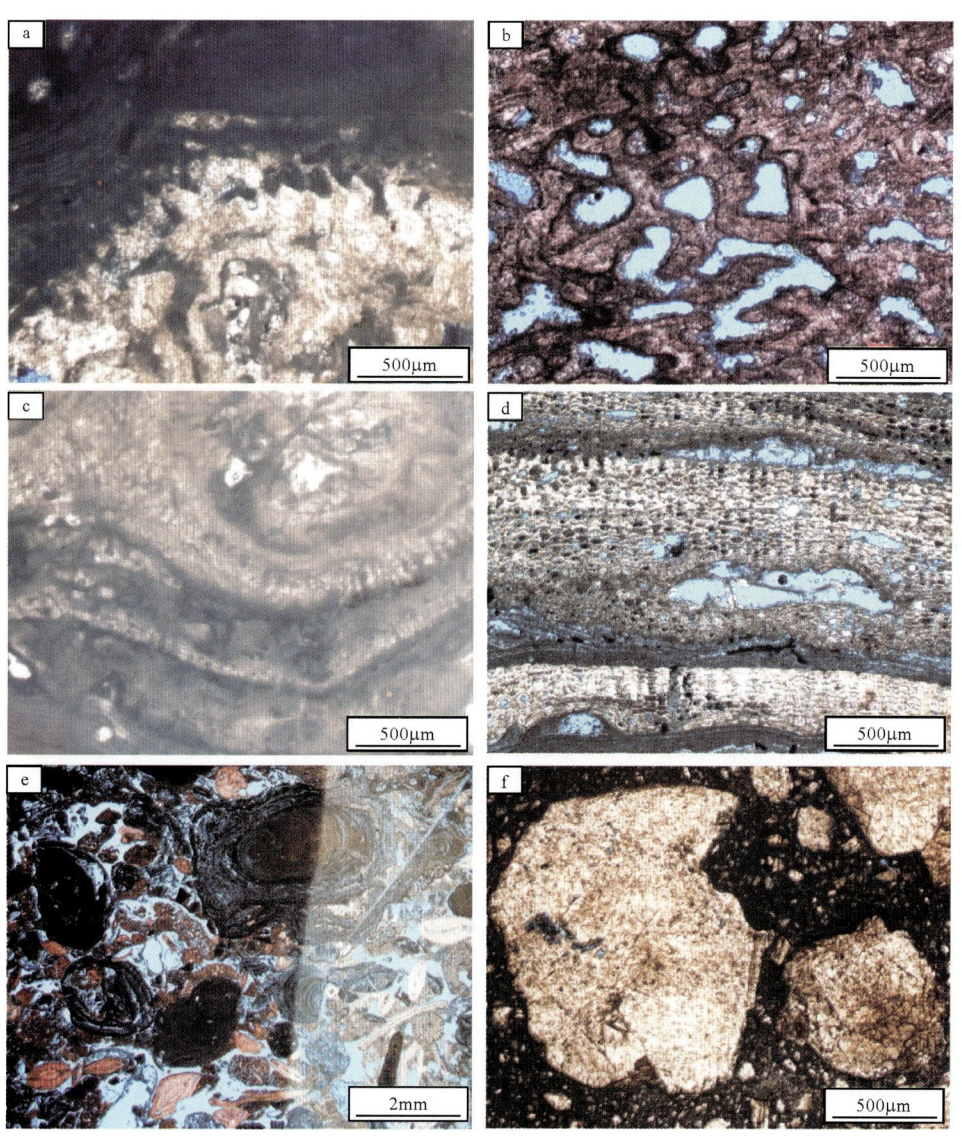

图2-15 礁灰岩类型及特征

a. 7.23m，红藻珊瑚骨礁灰岩；b. 170.61m，珊瑚骨架礁灰岩；c. 66.07m，红藻黏结礁灰岩；
d. 230.41m，红藻黏结礁灰岩；e. 243.2m，红藻黏结礁灰岩；f. 79.56m，漂砾灰岩

2.3.2 礁云岩类岩性相特征

礁云岩类岩性相包括红藻黏结云岩和残余红藻黏结云岩(图版Ⅳ～Ⅴ)。

红藻黏结云岩(图版Ⅳ、图版Ⅴ)由红藻黏结礁灰岩转变而来,镜下使用茜素红不能染色,表明矿物成分基本全为白云质。主要由红藻构成(图2-16a),有时可见残余生屑发育,如有孔虫,但往往已经被交代或溶蚀形成铸模孔(图2-16e)。同时红藻也由于白云石化改造,失去表面结构特征,呈泥晶或亮晶白云石化(图2-16a,b,e)。

残余红藻黏结云岩相比于红藻黏结云岩,白云石化程度进一步增强。现今薄片下仅剩残余红藻碎片。残余红藻碎片可呈条带状、缠绕状,轮廓圆滑,周围被亮晶白云石包围,呈孤岛状,与亮晶白云石以微晶白云石过渡(图2-16b～d)。这些现象表明残余红藻碎片系原地红藻白云石化而来,沉积时红藻规模应该很可观,因此将其归为礁岩类型。

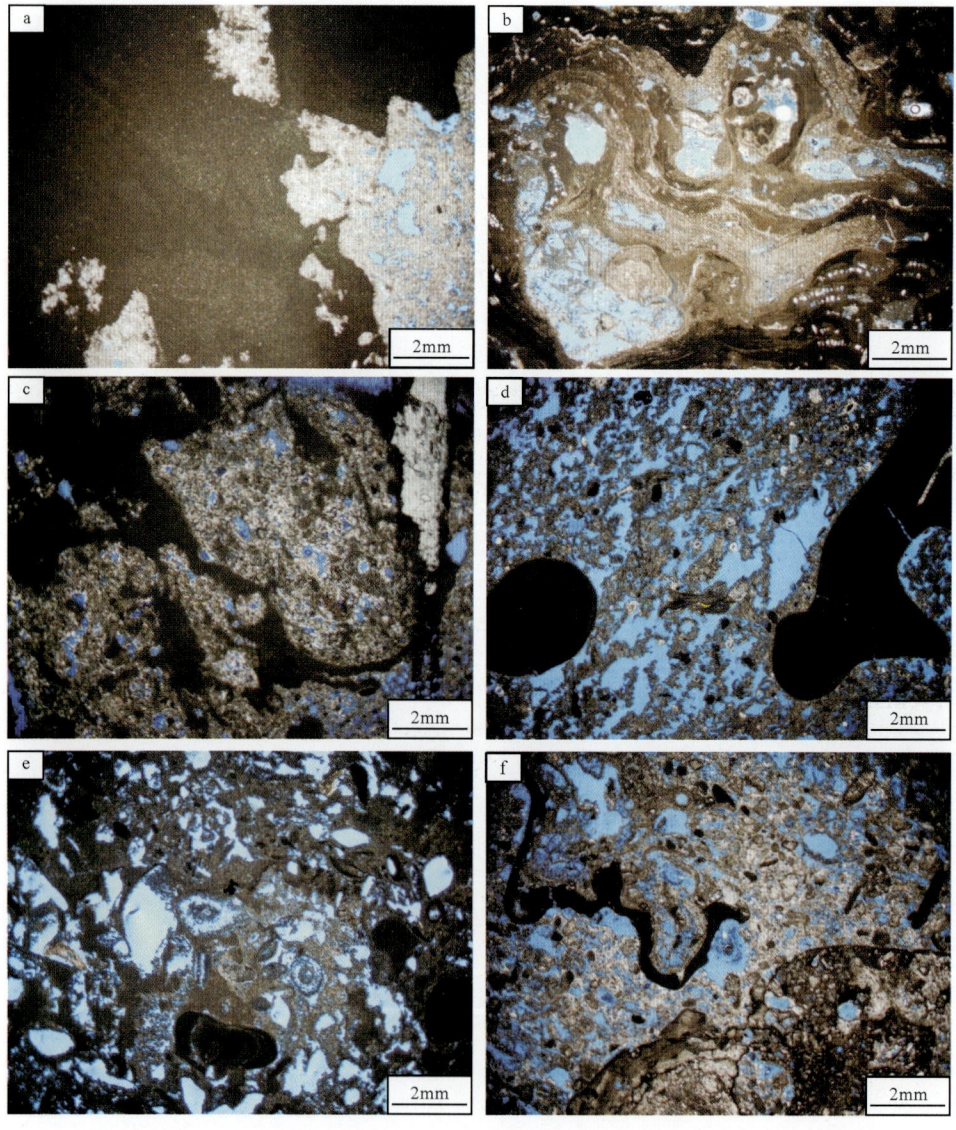

图2-16 镜下礁云岩类型及薄片特征

a.489.58m,红藻黏结礁灰岩;b.455.79m,红藻黏结礁灰岩;c.524.05m,残余红藻黏结礁灰岩;
d.542.55m,残余红藻黏结礁灰岩

2.3.3 粒屑岩类岩性相特征

粒屑岩类包括生屑灰岩、含泥晶生屑灰岩、含亮晶生屑灰岩、亮晶生屑灰岩泥晶生屑灰岩、生屑泥晶灰岩、内碎屑泥晶灰岩、内碎屑生屑泥晶灰岩、含生屑泥晶灰岩、泥晶灰岩10类(图版Ⅵ~Ⅸ)。

亮晶生屑灰岩主要由生屑、亮晶构成,生屑含量大于50%,通常会含少量泥晶,但亮晶含量大于泥晶,粒间孔较多(图2-17a,图2-18a)。生屑组合取决于所处的层段和沉积环境,常见的包括红藻、有孔虫、棘皮类。第四系层段中,常含珊瑚碎片。通常礁核上下的层段红藻和珊瑚碎片粒径较大,可达4mm以上。亮晶主要为方解石和文石胶结物。由于文石的不稳定性,主要分布在第四系上部层段。下部层段以方解石胶结物为主。胶结物形态多样,如呈针状或犬牙状围绕有孔虫体腔孔壁及外壳壁生长,水滴状生长在生屑下方,月牙状胶结相邻生屑,等厚环边状围绕红藻或棘皮类分布,粒状充填粒间孔。胶结物的不同形态反映沉积物或岩石经历了不同的成岩作用。亮晶含量一般不大于50%。该类灰岩为颗粒支撑,反映水体动力较强,泥晶较难沉积下来。当海平面下降亮晶生屑灰岩暴露或离地表较近时,大气淡水溶蚀作用使其内的生屑、泥晶甚至亮晶发生溶蚀,形成粒内溶孔、铸模孔等次生孔隙,并常伴随生屑的泥晶化(图2-17b)。

泥晶生屑灰岩主要由生屑、泥晶构成,生屑含量大于50%,通常会含少量亮晶,但泥晶含量大于亮晶,粒间孔较少(图2-17c,图2-18b)。生屑组合与亮晶生屑灰岩类似。泥晶主要为方解石质,含量大于25%但小于50%。大多分布于生屑之间,有时可见充填有孔虫体腔孔、珊瑚格架孔等。泥晶生屑灰岩可见颗粒支撑,也可见基质支撑,属于过渡类型,水体动力较强,但稍弱于亮晶生屑灰岩。

生屑泥晶灰岩主要由泥晶、生屑构成,泥晶含量大于50%,生屑大于25%,一般不含同沉积亮晶,粒间孔无或较小(图2-17d,图2-18c)。生屑组合与亮晶生屑灰岩类似,但相对来说生屑较为破碎。有时可见粒径较大的底栖有孔虫。该类岩石为基质支撑,反映水动力较弱,泥晶得以大量沉积。在暴露环境下,大气淡水溶蚀作用使生屑泥晶灰岩中的生屑和泥晶发生溶蚀,形成粒内溶孔、铸模孔以及泥晶内的溶孔等次生孔隙(图2-17e)。

内碎屑生屑泥晶灰岩主要由泥晶、内碎屑和生屑构成,泥晶含量大于50%,内碎屑和生屑的含量之和大于25%。内碎屑的构成与邻近上下层段沉积构成类似,或为泥屑,或为含生屑的灰岩屑,或为经历了早期成岩阶段的亮晶集合体岩屑,反映其为微异地搬运的产物。内碎屑粒径相差较大,从0.5mm至几毫米。该类岩性分布较少,只在个别层段可见,基质支撑,反映水动力较弱(图2-17f、图2-18e)。

内碎屑泥晶灰岩主要由泥晶和内碎屑构成,泥晶含量大于50%,内碎屑含量大于25%,与内碎屑生屑泥晶灰岩的区别在于其不含或含极少生屑。内碎屑的构成、粒径范围及分布与内碎屑生屑泥晶灰岩类似。该类岩石也为基质支撑,反映水动力较弱(图2-17g)。

泥晶灰岩主要由泥晶构成,含量大于75%,含少量生屑,含量小于25%。生屑较为破碎,通常粒径较小,小于1mm。偶尔可见2mm左右的底栖有孔虫。该类岩石为基质支撑,反映水动力很弱(图2-17h、图2-18f)。

另外,灰岩类的粒屑岩还可以细分为含亮晶生屑灰岩、含泥晶生屑灰岩及含生屑泥晶灰岩,与对应的亮晶生屑灰岩、泥晶生屑灰岩及生屑泥晶灰岩相比,亮晶、泥晶和生屑的含量均为10%~25%。这样细分的好处是有利于细分环境能量大小,但有时也显得有些冗余。

2.3.4 白云岩类岩性相特征

白云岩类岩性相包括粉晶泥晶云岩、残余生屑粉晶云岩、细晶粉晶云岩和粉晶细晶云岩(图版Ⅹ)。

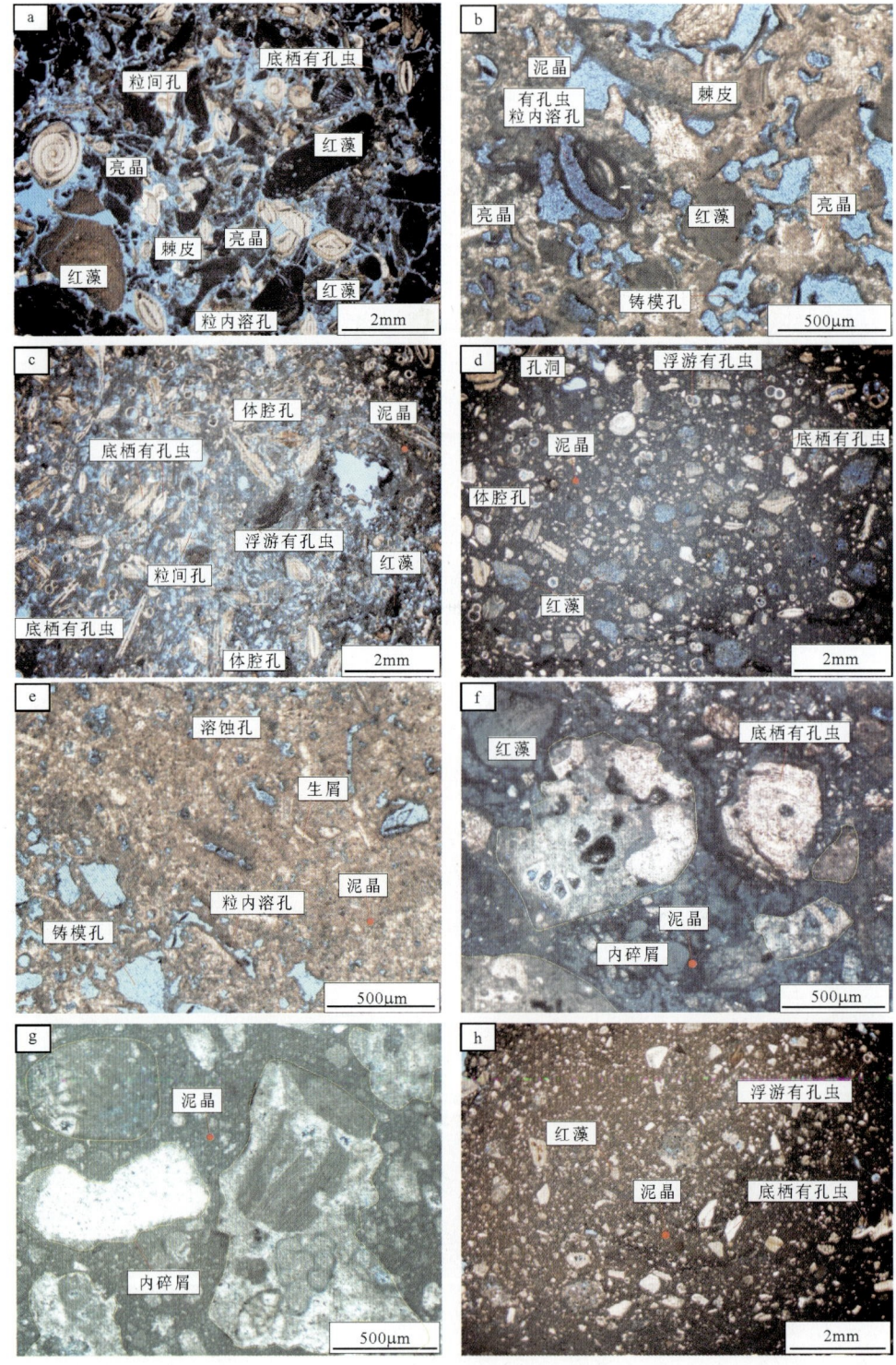

图 2-17 粒屑灰岩类型及特征

a. 新近系莺歌海组一段 Sq7,273.70m;b. 第四系乐东组 Sq3,57.47m;c. 新近系莺歌海组一段 Sq7,280.54m;d. 新近系莺歌海组一段 Sq6,252.23m;e. 第四系乐东组 Sq3,53.64m;f. 第四系乐东组 Sq3,52.79m;g. 第四系乐东组 Sq5,128.18m;h. 新近系莺歌海组一段 Sq6,218.36m。所有照片均为单偏光。图 a 与图 b 均为亮晶生屑灰岩,不同的是图 a 未遭受溶蚀作用,而图 b 发育较多的粒内溶孔和铸模孔,并且生屑具泥晶化趋势,如部分有孔虫壳壁,属礁盖成因相;图 c 为泥晶生屑灰岩,注意该层段有孔虫含量极丰富,尤其是浮游有孔虫;图 d 与图 e 均为生屑泥晶灰岩,同为泥晶支撑,不同的是图 d 无溶蚀作用,仅见少量孔洞、体腔孔等孔隙,而图 e 发育较多的铸模孔、粒内溶孔,另外泥晶中见许多微小溶蚀孔,属礁盖成因相;图 f 内碎屑生屑泥晶灰岩,泥晶支撑,内碎屑由有孔虫、珊瑚碎片和泥晶构成;图 g 为内碎屑泥晶灰岩,泥晶支撑,内碎屑由红藻碎片、珊瑚碎片、有孔虫及碎片、泥晶和亮晶构成;图 h 为泥晶灰岩,含大量灰泥,泥晶支撑

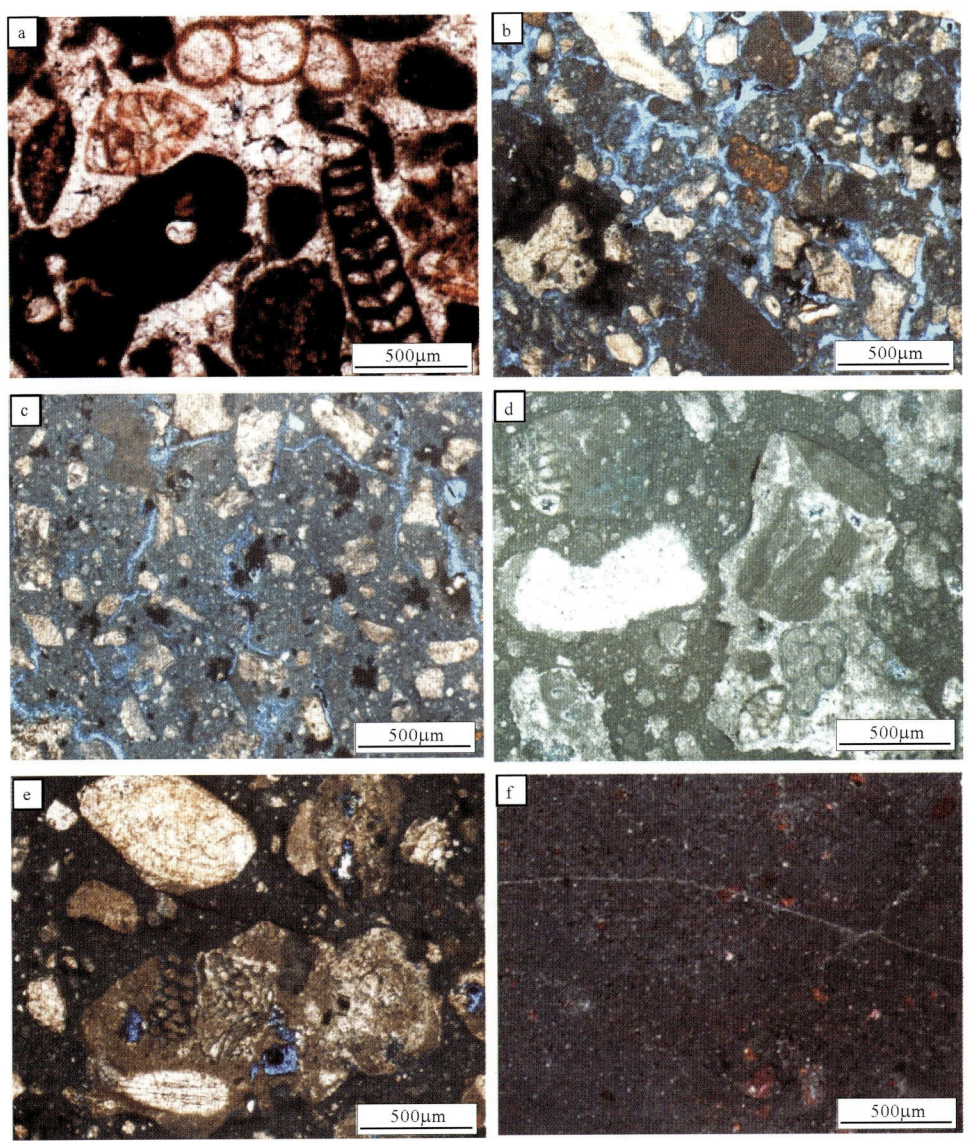

图 2-18 镜下粒屑灰岩类型及薄片特征

a.744.48m,亮晶生屑灰岩;b.23.02m,泥晶生屑灰岩;c.47.82m,生屑泥晶灰岩;d.128.18m,内碎屑泥晶灰岩;e.53.11m,内碎屑生屑泥晶灰岩;f.244.22m,泥晶灰岩

白云岩类包括生屑粉晶泥晶云岩、残余生屑粉晶云岩、细晶粉晶云岩和粉晶细晶云岩(图2-19),这4种类型岩石的白云化程度逐渐增强。生屑粉晶泥晶云岩结构变化不大,只是矿物成分从方解石转变为白云石。原始泥晶方解石转变为泥晶白云石过程中,可见形成粉晶白云石,彼此几乎不接触。生屑基本还保持原始结构(图2-19a)。残余生屑粉晶云岩中大部分生屑失去原始面貌,尚可见生屑溶蚀形成的铸模孔。基质和生屑都转变为粉晶白云石,但整体还可见较完整的原始沉积结构(图2-19b)。细晶粉晶云岩基本完全失去原始沉积结构,一般只含10%以下的残余生屑,并且生屑通常难以辨认。细晶粉晶白云岩以粉晶白云石占主体,白云石呈他形—半自形,相互之间较紧密接触,晶间孔较少,可见生屑溶蚀形成的铸模孔,总体孔隙度较小(图2-19c),且铸模孔相互之间难以沟通,造成渗透率较小。粉晶细晶云岩以细晶为主,白云石呈半自形—自形(图2-19d)。其内残余生物碎屑更少,甚至看不见生物碎屑,只隐约可见残余阴影。晶间孔较大,显著增加了储层的孔隙度和渗透率。

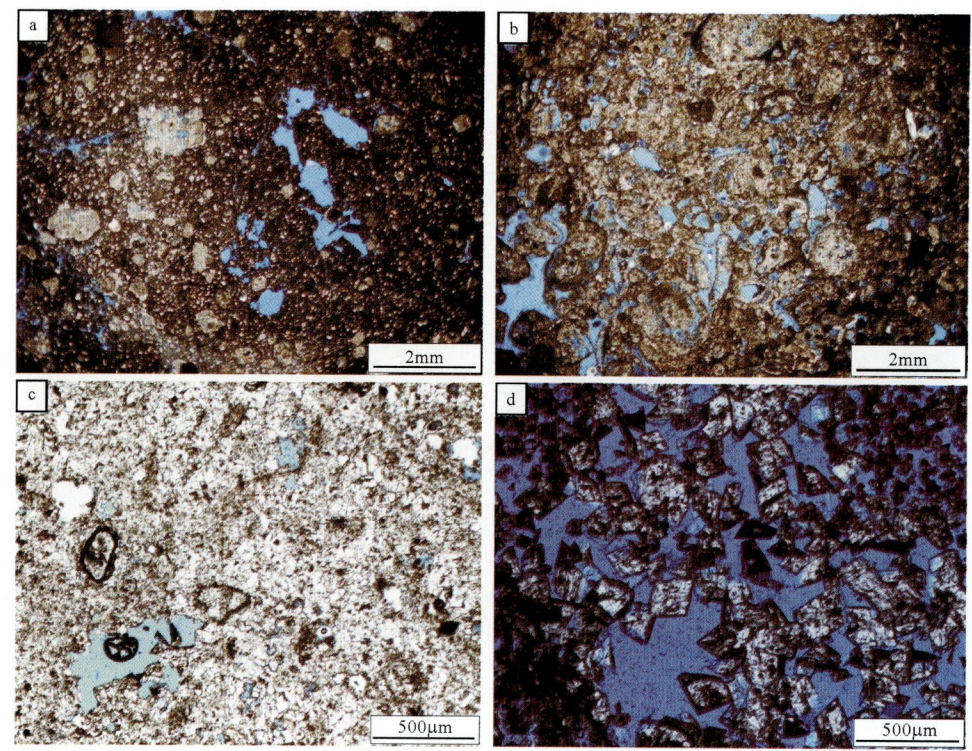

图 2-19 镜下白云岩类型及薄片特征

a.545.35m,生屑粉晶泥晶云岩;b.471.6m,残余生屑粉晶云岩;c.478.94m,细晶粉晶云岩;d.621.07m,粉晶细晶云岩

3 生物礁滩体系成因相类型及其组合特征

3.1 生物礁滩体系成因相带概述

生物礁滩体系中各类岩石和生物化石在礁及其附近呈现有规律的分布,从而造成了生物礁体岩相的明显分带性,反映了礁相带在空间上的分带性(马永生等,2007;郭峰,2011)。巴哈马滩现代沉积研究为碳酸盐岩台地,碳酸盐砂、礁、潮坪以及边缘斜坡沉积分析提供非常好的范例(Ginsburg,2001;Eberli et al,2002;Grammer et al,1992,1999),与这些现代沉积类比分析可大大加深对生物礁滩体系的空间分布的理解。一般线状礁剖面上由骨架相、礁顶相、礁坪相、礁后砂相、潟湖相、礁前斜坡以及塌积相组成(James,1979)(图3-1)。为了与企业使用的术语保持一致性,本文将生物礁滩体系的成因相划分为礁核相(骨架相)、礁盖相(礁顶相)、礁基相、礁后滩相、潟湖相、礁前滩相、礁前斜坡相。

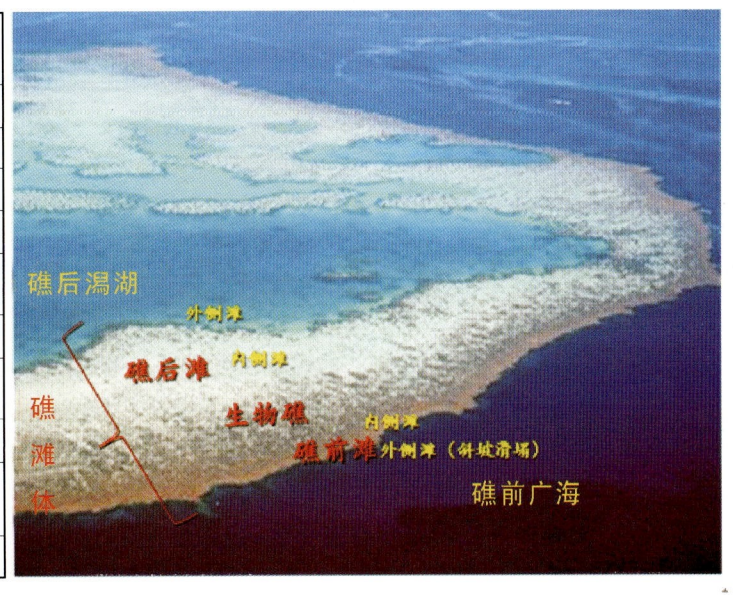

图3-1 西科1井生物礁滩体系成因相划分

礁核相或称礁骨架相,是造礁生物最适宜生长地带,同时遭受波浪改造最强烈。破碎的原生骨架碎屑被搬运到礁后或者在重力作用下堆积在礁前。因此,一方面骨架保存下来,另一方面骨架间和骨架内的原生孔隙可见大量的骨骼碎屑。再加上原生骨架形成后受物理、生物及成岩作用的影响,骨骼碎屑的体积可能超过原生骨架体积。原生骨架可能只有30%保存下来,有些甚至只保存10%(郭峰,2011)。

礁盖相或礁顶相(reef crest)是礁复合体中最高的相带,包括两种类型:第一种礁顶是由活着的珊瑚骨架构成,呈扁平状或枝状;第二种由珊瑚砾块和红藻石组成。珊瑚砾块一部分是由于周期性暴露导致珊瑚死亡的结果,一部分由骨架相撕裂而来。滞留在礁顶时,要与藻类、有孔虫等生物的碎屑一起形成结壳。

礁基相是指礁骨架形成的背景环境的产物,又可分为硬基底和软基底型,硬基底通常为古隆起,软基底通常为礁坪相。礁坪相是礁复合体中最宽的相带,除了零星散布的块状和枝状珊瑚外,更多的是珊瑚碎片。由于阳光充足,促进一些生物生长,包括仙掌藻、分枝状及节片状红藻以及非钙质藻。藻的发育又为有孔虫等生物提供了适宜的生长环境。礁坪内的沉积物多由珊瑚碎屑、红藻、软体动物、棘皮和有孔虫构成,泥晶含量少或无。有时也可见原生的块状珊瑚。

礁后滩相又称礁后砂相,礁后滩相与礁坪相渐变过渡,与礁坪相比,沉积物粒度变细和不稳定,不适宜固着的珊瑚繁殖。沉积物一方面来源于礁骨架破碎物的搬运,一部分来自原地生长的生物,如软体动物、仙掌藻以及有孔虫。所含灰泥较少。一般宽数十米,海平面长期稳定可造成几千米宽的礁后砂坪。通常发育淡水透镜体,对其内沉积物和岩石进行成岩改造。

潟湖相沉积物以灰泥为主,可以依附于礁复合体存在,也可以与礁复合体没有关系,视其沉积物来源是否与礁有关。水深只有几米,但由于礁骨架、礁顶相等的遮挡,水循环受到限制,沉积物一般为碳酸盐泥和细粒碳酸盐砂。来源包括来自礁骨架的极细粒的生屑,如软体动物、仙掌藻以及有孔虫碎屑,还包括掘穴生物,如棘皮、甲壳等。

礁斜坡相水深通常有几十米,可见零星的珊瑚发育,还可见仙掌藻、海绵以及硬海绵。大部分沉积物来自礁复合体的浅水部分,分选中等到差。

西科1井未发现礁前滑塌碎屑沉积物,推测井位更靠近礁核向礁后一侧。根据岩相类型反映的水动力条件等划分出生物礁、生屑滩和潟湖成因相组合。生物礁垂向上进一步划分为礁基、礁核和礁盖成因相;生屑滩划分为礁后内侧滩和礁后外侧滩成因相;潟湖只包括潟湖泥一种成因相。

3.2 生物礁成因相沉积特征

生物礁成因相组合包括礁盖相、礁核相和礁基相。

3.2.1 礁盖成因相沉积特征

礁盖成因相是生物礁滩体系在相对海平面下降时,礁体暴露后遭受改造形成。礁盖对应的常见岩性类型包括珊瑚骨架礁灰岩、红藻黏结礁灰岩、红藻珊瑚骨架礁灰岩、亮晶生屑灰岩、生屑泥晶灰岩和泥晶灰岩,有时也可为泥晶灰岩和对应的云岩类。直接与大气接触的表面改造尤为强烈,可呈土壤化,在岩芯上显淡黄色调(图版Ⅺ~Ⅻ)。暴露面以下的泥晶生屑灰岩特点是发育大量的溶蚀孔,形成粒内溶孔、铸模孔等次生孔隙。有时可见反映溶蚀作用更为强烈的非组构溶孔。有时镜下局部可见黑色的难溶残留物。溶蚀剩余的生屑大多发生泥晶化。另外一个显著特点是,原始粒间孔被大量的等轴粒状亮晶方解石充填,为大气淡水胶结物,发生强烈溶蚀作用的层段位于大气淡水渗流带,而具亮晶胶结特点的层段位于大气淡水潜流带内。

3.2.2 礁核成因相沉积特征

礁核成因相(图版ⅩⅣ~ⅩⅤ)对应珊瑚骨架礁灰岩、红藻黏结礁灰岩、红藻珊瑚骨架礁灰岩和悬粒灰岩4种灰岩相类型,另外与红藻黏结云岩和残余红藻黏结云岩相对应。礁核为生物礁的主体部分,以生物骨架岩为主,其他的成因相均是在此基础上衍生出来的。相对其他成因相,礁核处在较高的位置。

目前识别出两种造礁生物,分别为珊瑚和红藻,其他生物均为附礁生物。珊瑚礁核主要发育在第四系中,镜下经常见红藻包裹珊瑚,增加礁核抗浪性。珊瑚礁核的珊瑚含量通常较多,骨骼相互接触搭建成生长格架(图3-2)。格架孔可被亮晶胶结物充填,也可为开放状态。有时珊瑚含量较少,一方面由于有时珊瑚生长密度较小,珊瑚之间由附礁生物骨骼颗粒以及泥晶充填;另一方面珊瑚在生长过程中可能遭受沉积环境水体以及破坏性生物的侵蚀,有时这种作用很强。第四系以下地层主要为藻礁,红藻起到缠绕黏结作用,将有孔虫、棘皮类及红藻碎屑和泥晶等缠结在一起(图3-3、图3-4),形成地貌上的凸起。该类礁核中红藻含量总体不是很高,在岩芯上通常以条带、结核状形式出现,表明红藻的黏结能力较强。

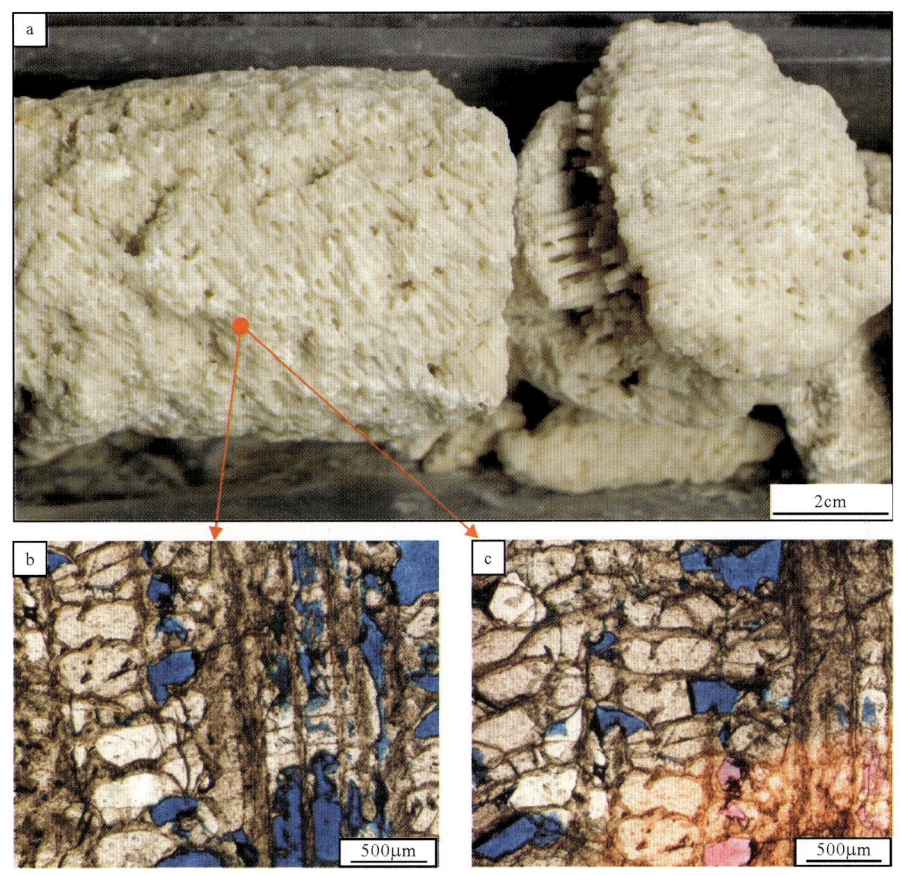

图3-2 礁核相岩芯和薄片特征(珊瑚骨架岩)
a.61.25～61.40m 珊瑚骨架礁灰岩礁核相;b.61.29m 珊瑚骨架灰岩;c.61.29m 珊瑚骨架灰岩

3.2.3 礁基成因相沉积特征

礁基成因相指礁核生长所附着的粒屑灰岩构成的基底。岩性范围较广,除礁核成因相对应的岩性外,其他粒屑灰岩均有可能。当相对海平面上升幅度较小,导致环境一时不适于造礁生物生长,开始沉积粒屑灰岩。经过短暂调整后,造礁生物重新繁盛,进入礁核发育期。夹杂在两个礁核之间较薄层段的粒屑灰岩即为礁基。礁基的岩性类型与生屑滩类似,但两者存在区别:生屑滩代表环境长期不适于造礁生物生长,而礁基则为环境短期调整的结果,因此生屑滩规模相比礁基要厚。

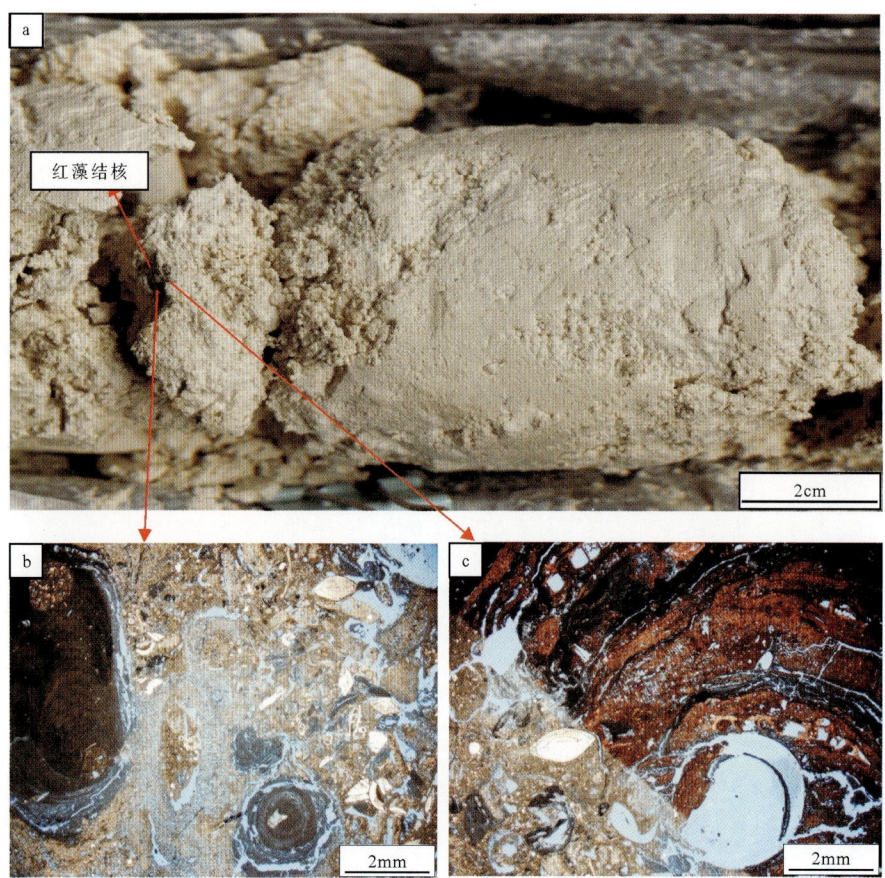

图 3-3 礁核相岩芯和薄片特征(红藻黏结岩)

a.220.33～220.45m 红藻黏结礁灰岩礁核相;b.220.37m 红藻黏结灰岩;c.220.37m 红藻黏结灰岩

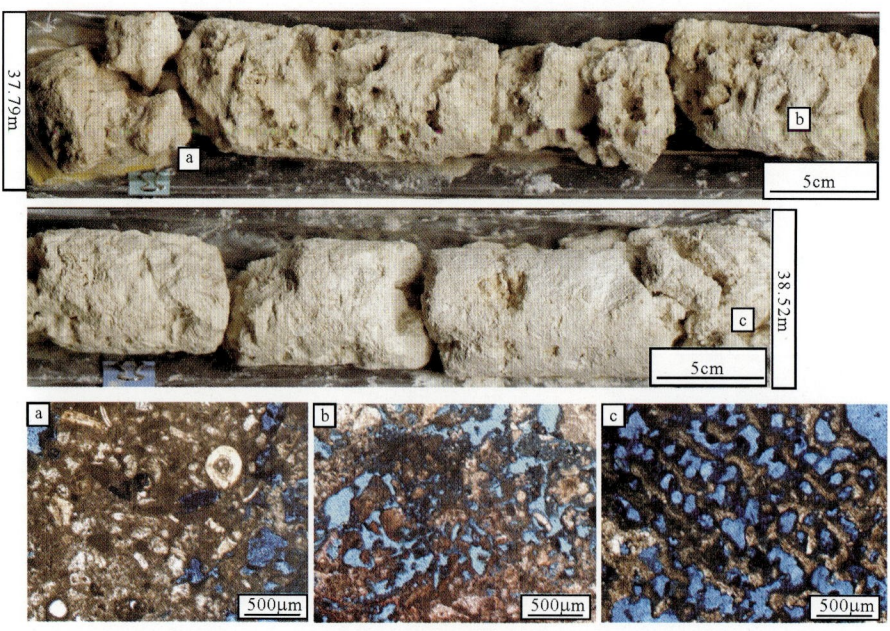

图 3-4 礁核相与礁基相叠置的岩芯和薄片特征

a.37.84m 泥晶生屑灰岩;b.38.14m 泥晶生屑灰岩;c.38.52m 珊瑚骨架灰岩

3.3 生屑滩成因相沉积特征

生屑滩成因相组合包括礁前滩、礁后滩。西科1井岩芯观察主要为礁后滩沉积。根据沉积物组构特征,礁后滩可进一步划分为礁后内侧滩和礁后外侧滩。

3.3.1 礁后内侧滩成因相沉积特征

礁后内侧滩(图版XIII)发育在紧靠礁核的内侧,由于礁核的遮挡,不受外海波浪影响,水动力不如礁前强,但受潮汐影响,经常处在动荡环境中,能量比礁后外侧滩强。因此对应于反映较强能量的生屑灰岩、亮晶生屑灰岩和泥晶生屑灰岩。主要由红藻碎片、有孔虫及碎片、棘皮类组成,在第四系中还可见珊瑚碎片。生屑粒径总体较大,大多在0.3~1mm之间,可见小于0.3mm的被打碎的细小生物碎片,也可见大于1mm的有孔虫、红藻、珊瑚碎片。岩芯上触摸时有明显颗粒感。典型的礁后内侧滩不含或含极少的泥晶,但在向礁后外侧滩过渡的位置泥晶含量会稍多,25%或稍多,但不超过50%。

在岩芯为固结块状或松散颗粒状,若固结程度好,表明粒间孔内的胶结物发育好,可能因为沉积时堆积速率较慢,沉积物有足够的时间跟海水接触,沉淀出针状—叶片状胶结物围绕生屑颗粒壳壁生长。之后进入埋藏后又有方解石胶结物从流体中析出沉淀在粒间孔内,对沉积物起到固结作用。西科1井中较多层段存在该种情况,根据碳酸盐岩成岩作用规律,推测这些流体为大气水流体。若沉积时堆积速率较快,沉积物较快达到较深位置,在随后暴露过程中该层段受大气水影响较小,则胶结物形成较少,造成岩芯较为松散(图3-5)。镜下也可以看出,生屑之间具有很多的粒间孔,几乎不发育胶结物,只在棘皮类生屑颗粒周围见等厚环边状胶结物。

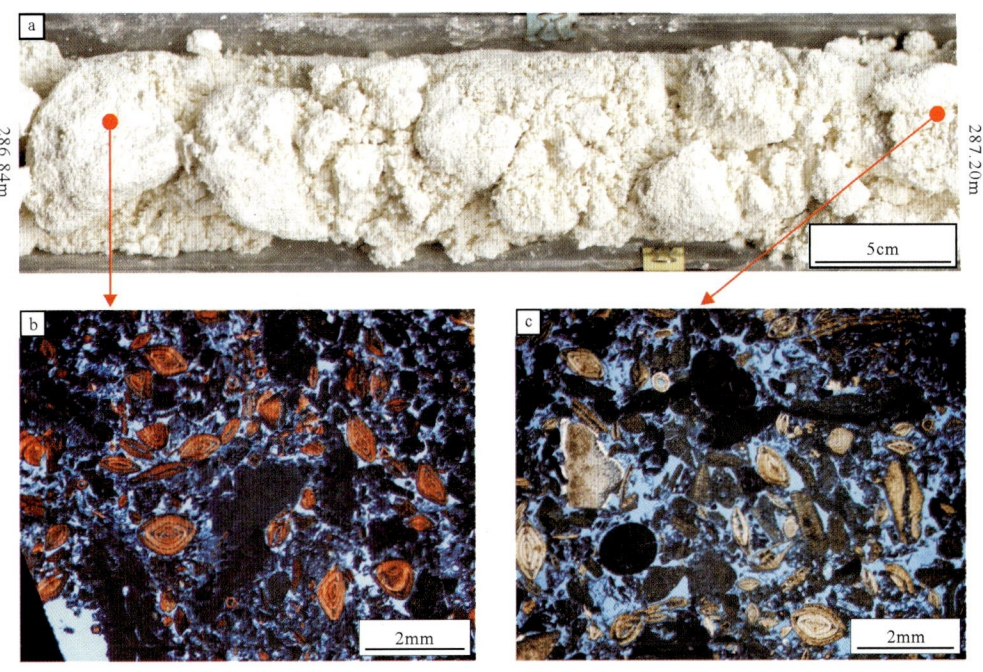

图3-5 礁后内侧滩生物碎屑灰岩岩芯及镜下特征

3.3.2 礁后外侧滩成因相沉积特征

礁后外侧滩(图版XIV~XIX)发育在礁后内侧滩靠近潟湖一侧,长期处于较深的水下环境,水动力比礁后内侧滩弱,对应于反映较弱能量的生屑泥晶灰岩、内碎屑生屑泥晶灰岩和内碎屑泥晶灰岩。生屑包括红藻、珊瑚、有孔虫和棘皮碎片,一般总含量在25%~50%之间。原地底栖有孔虫和浮游有孔虫均可见(图3-6)。礁后外侧滩中的内碎屑含量较少。岩芯上通常为灰白色(图3-6),靠近暴露面可呈淡黄色,或者其中可见黄褐色条带或结核。固结程度差—中等。触摸有较强烈砂感,薄片下发育较多有孔虫体腔孔(图3-6),位于暴露面以下不远时,可见铸模孔和粒内溶孔。外侧滩内泥晶有时发生微弱重结晶,直径可达10μm左右。整体而言,外侧滩厚度从几十厘米到数十米不等,与相对海平面上升速度和生物生长速率有关。

图 3-6 礁后外侧滩岩芯和镜下特征
a. 含灰泥生屑灰岩;b、c. 泥晶生屑灰岩

3.4 潟湖成因相沉积特征

潟湖泥对应泥晶灰岩、生屑泥晶灰岩和内碎屑泥晶灰岩等(图3-7、图版XX)。潟湖泥反映的水深最深,水动力最弱,泥晶得以大量沉积,被搬运至此的生屑大多粒径很小,极端天气条件下可沉积粒径较大的生屑,如红藻、珊瑚、有孔虫和棘皮类碎片。暴露面之上的潟湖环境,可含数量可观的内碎屑。内碎屑岩性多为亮晶生屑灰岩,内部生屑多发育铸模孔和粒内溶孔,见大量亮晶充填粒间孔。内碎屑粒径大小不等,最大可占满整个薄片,达到4cm左右,也可见0.1mm左右内碎屑碎片,形态通常不规则。这些内碎屑可能为海泛初期能量较大水体侵蚀先前暴露地层中的亮晶生屑灰岩形成并沉积下来的。另外,

有时可见喜安静水体的生物如某些底栖有孔虫在此栖息,死亡后沉积保存下来,还可见少量浮游有孔虫。生屑总含量一般不超过25%,最多30%～40%。岩性上,潟湖泥灰白色,表面细致,触摸滑感较强,有时有微弱砂感。岩性上固结程度较弱,质软(图3-7)。薄片下可见沉积时形成的孔洞,孔径最大可达4mm左右,多为1～2mm。处在高位体系域末期的潟湖泥,可能会发生陆上暴露,遭受大气淡水溶蚀,泥晶中的生屑形成铸模孔、粒内溶孔,有时泥晶本身也会遭受溶蚀,形成基质溶孔。含较多表面多孔红藻碎片时,见较多粒内孔保存下来。红藻随埋藏加深,有时可见微弱重结晶。潟湖泥厚度可大可小,几十厘米至数米不等,与海平面上升幅度和生物生长速率有关。

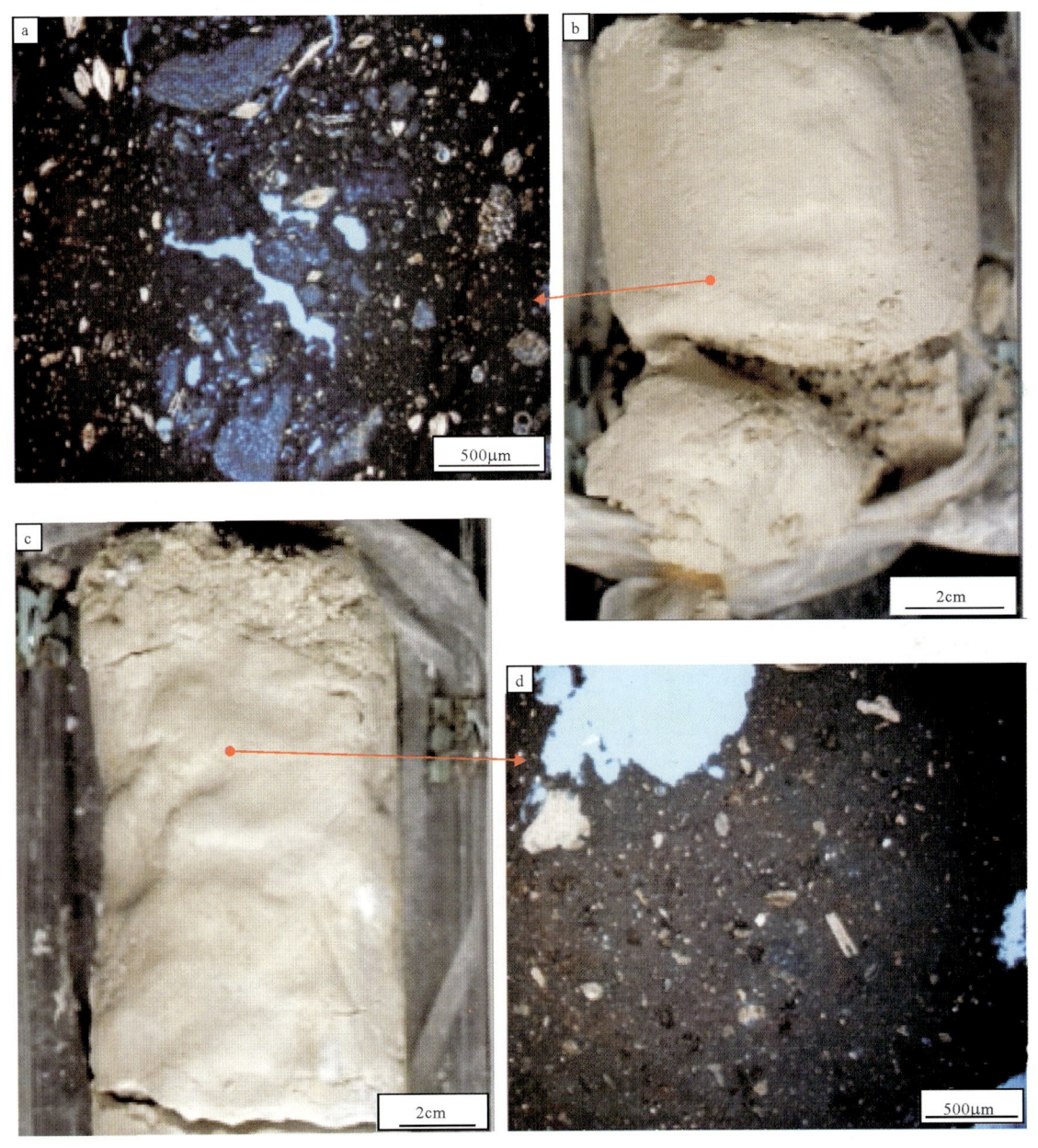

图3-7 潟湖相岩性和薄片特征

a.233.13m潟湖相薄片特征;b.233.08～233.17m潟湖相岩芯特征;c.384.06～384.20m潟湖相岩芯特征;d.387.35m潟湖相薄片特征

3.5 成因相组合序列特征

西科1井礁滩体系成因相组合序列包括两类,即进积型和退积型。

进积型主要发育在高位体系域。由于海平面上升速度较慢,造礁生物生长速度一般大于海平面上升速度,综合显示相对海平面下降。在一个生长单元结束时,多见礁体暴露,遭受大气淡水淋滤,形成大量溶蚀孔,并伴随土壤化现象。相对海平面下降进一步分为两种情况:一为相对海平面慢速下降;二为相对海平面快速下降。相对海平面慢速下降时,典型成因相组合序列为潟湖—礁后外侧滩—礁后内侧滩—礁核—礁盖、礁后外侧滩—礁后内侧滩—礁核、礁后外侧滩—礁后内侧滩—礁核—礁盖、礁后内侧滩—礁核—礁盖、礁基—礁核—礁盖及礁基—礁核等(图3-8、图3-9)。体现在岩石组构上,珊瑚和藻类的总量先期逐渐上升,后期由于溶蚀和土壤化作用有所减少;有孔虫和棘皮类总量无明显变化趋势,处于较为剧烈的变化中;泥晶含量视组合序列和大气淡水淋滤的程度而定。图3-10a组合序列为礁后内侧滩—礁核—礁盖,且礁盖淋滤强烈,骨架显著泥晶化,因此泥晶含量在礁盖处明显上升。相对海平面快速下降时,礁核骨架一般生长于泥晶含量高的潟湖或礁后外侧滩之上,快速以礁盖结束。典型成因相组合序列为潟湖—礁后外侧滩—礁核、潟湖—礁核—礁盖、礁后外侧滩—礁核—礁盖等。体现在岩石组构上,珊瑚和藻类的总含量初期快速上升,后期有所减少;有孔虫和棘皮类总量无明显变化趋势;泥晶含量总体呈快速减少趋势(图3-10b),但若淋滤作用导致的泥晶化强烈,则应为先降低后升高。

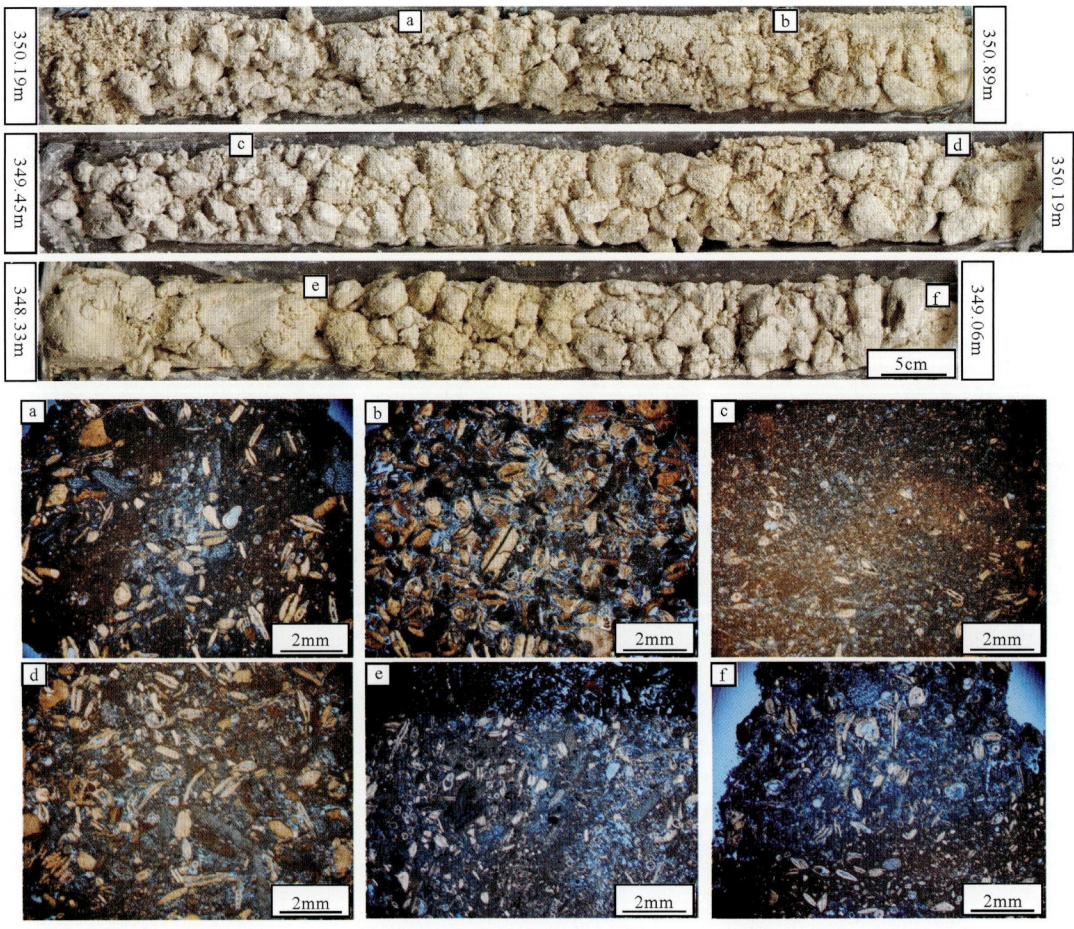

图3-8 46.77~48.67m 成因相序列组合特征
a. 350.46m;b. 350.76m;c. 349.56m;d. 349.86m;e. 350.16m;f. 348.55m;g. 349.05m

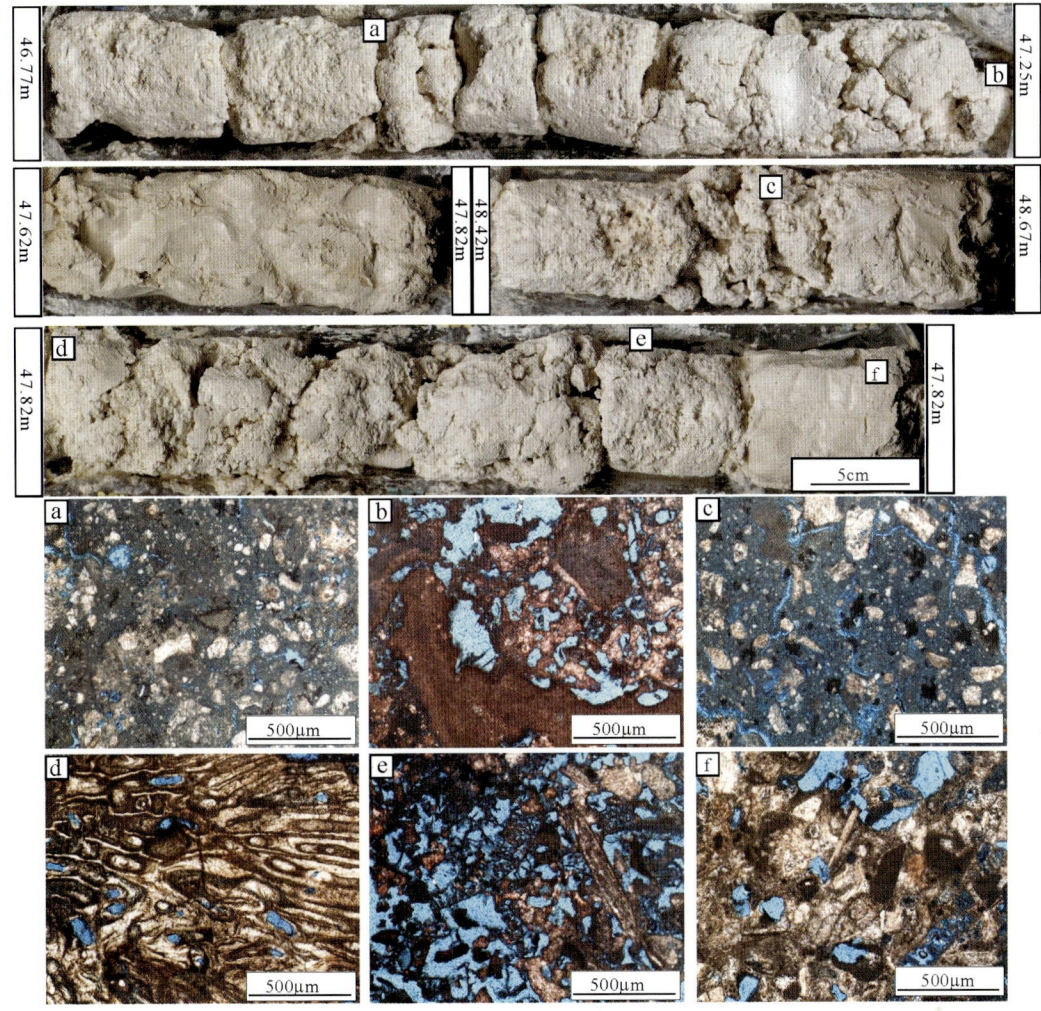

图 3-9 348.33~349.06m 成因相序列组合特征
a. 47.26m；b. 46.98m；c. 47.82m；d. 48.12m；e. 48.54m；f. 47.80m

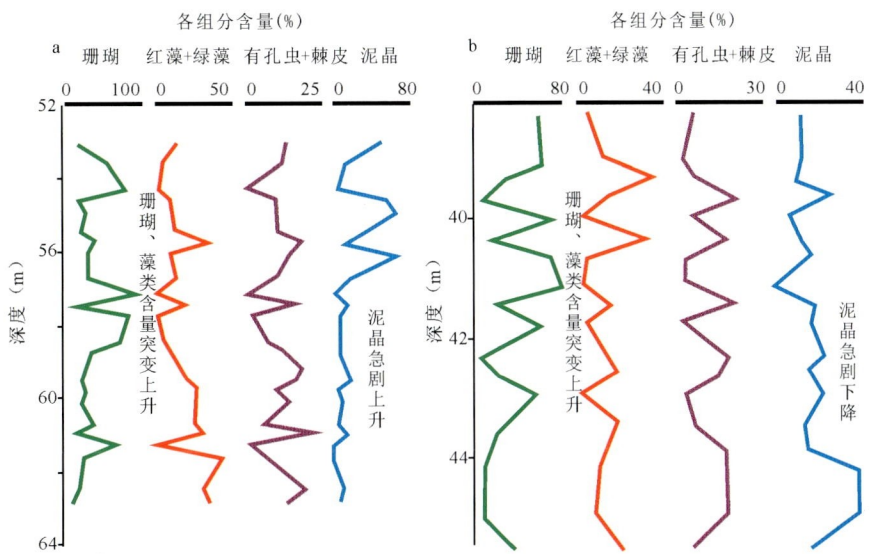

图 3-10 进积型成因相组合序列的两种情况
a. 表示海平面下降速度较慢；b. 表示海平面下降速度较快

退积型成因相组合序列主要发育在海进体系域。由于海平面上升速度较快,造礁生物生长速度一般小于海平面上升速度,综合显示相对海平面上升。因此在一个生长单元结束时,多见礁体淹没,泥晶含量高的潟湖、礁后外侧滩或礁基覆盖其上。相对海平面上升进一步分为两种情况:一为相对海平面慢速上升;二为相对海平面快速上升。相对海平面慢速上升时,典型成因相组合序列为礁核—礁后内侧滩—礁后外侧滩—潟湖、礁核—礁后内侧滩—礁后外侧滩和礁核—礁基(图3-8,图3-9)。体现在岩石组构上,珊瑚和藻类总量缓慢下降,有孔虫和棘皮类总量有缓慢且微弱上升趋势,泥晶含量逐渐上升(图3-11a)。相对海平面快速上升时,典型成因相组合序列为礁核—礁后外侧滩—潟湖、礁核—礁后外侧滩和礁核—潟湖。体现在岩石组构上,珊瑚和藻类生物的总含量突变下降,有孔虫和棘皮类总量一般有上升趋势,泥晶含量快速上升(图3-11)。

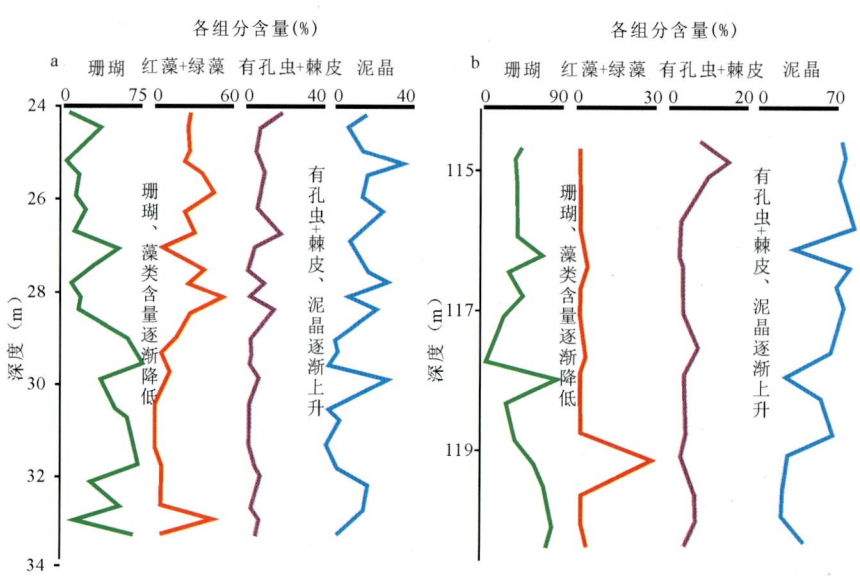

图3-11 退积型成因相组合序列的两种情况
a. 表示海平面上升速度较慢;b. 表示海平面上升速度较快

3.6 生物礁滩体系静态沉积模式

虽然西科1井只识别出潟湖、礁后外侧滩、礁后内侧滩、礁基、礁核和礁盖成因相,但根据区域地质背景及经典生物礁沉积模式,还应发育礁前内侧滩、礁前外侧滩和斜坡等成因相。事实上,已经在下部岩芯中发现了礁前滑塌相沉积物,有待进一步研究。根据现有宏观岩芯观察和微观薄片鉴定工作,总结了西科1井礁滩体系静态沉积模式(图3-12)。从目前的工作来看,梅山组为主要的成滩期,80%以上的地层均为生屑滩相,且主要以礁后内侧滩为主,只发育较薄层段的生物礁相。如717~637m长达80m的地层内,只发育2m左右的生物礁相,而且一个独立的礁后内侧滩可厚达20m左右。生屑滩相较少暴露,长期处于海进体系域内,因此退积型成因相组合序列在两个段内占主体。

黄流组造礁生物主要为红藻,珊瑚很少。相比于其他时期,生物礁更发育,是主要的造礁期。黄流组二段80%左右的层段均为生物礁相,相比之下,黄流组一段生物礁和生屑滩比例大致相当。两段对应于2个三级层序,每个三级层序的海进体系域都要比高位体系域厚。因此退积型成因相组合序列在两个段内占主要。

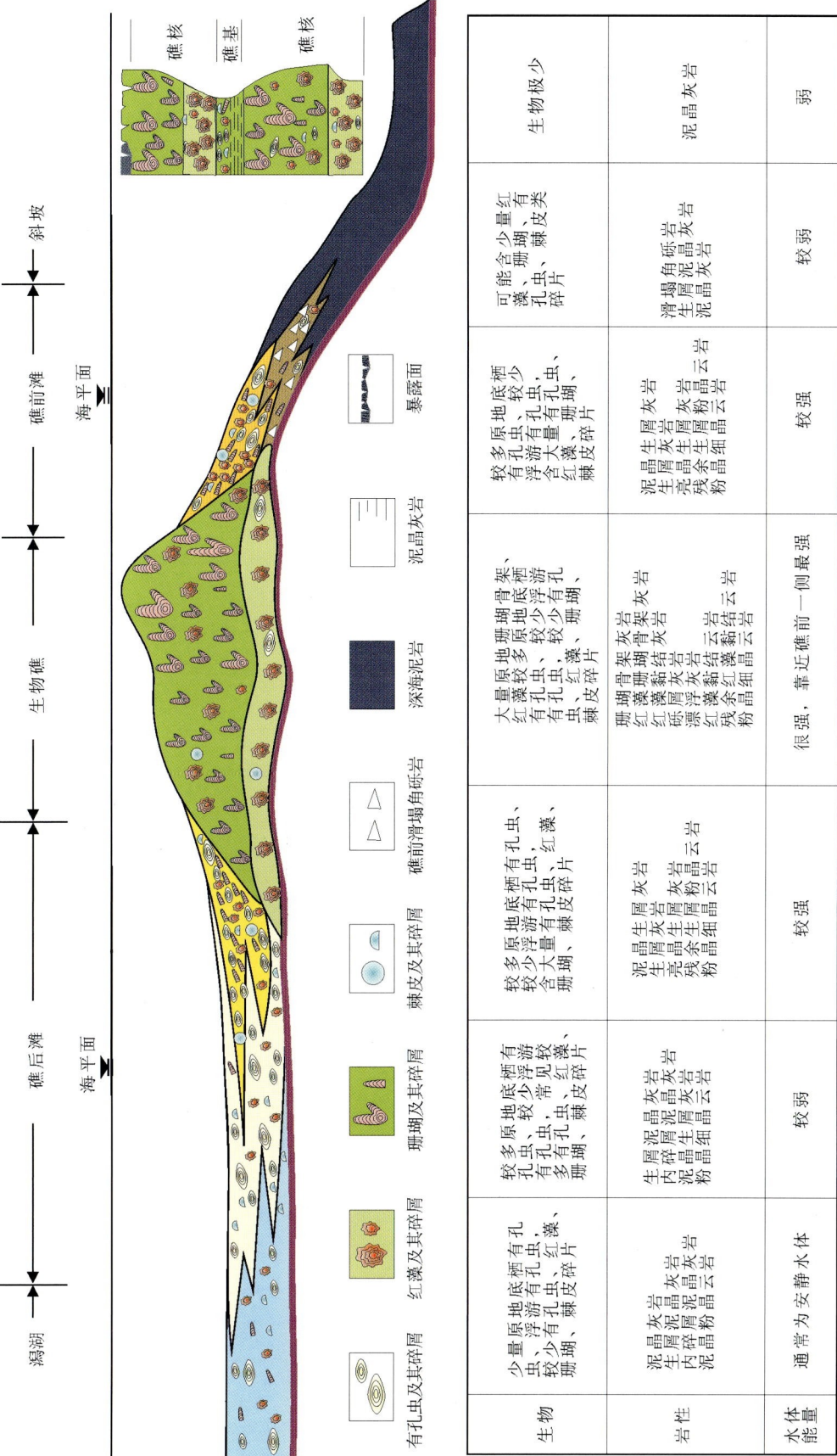

图 3-12 西科 1 井礁滩体系沉积模式图

莺歌海组造礁生物主要为红藻,珊瑚很少。相比于乐东组,生屑滩较发育。比如莺歌海组二段373~306m,发育达68m的礁后滩,礁后内侧滩和礁后外侧滩互层,两者总比例相仿。相应的,莺歌海组生物礁层段相对比较薄,且主要集中在莺歌海组一段。莺歌海组3个三级层序海进体系域均比高位体系域厚较多,因此退积型成因相组合序列占主要部分。

乐东组造礁生物包括珊瑚和红藻,礁核很发育,厚度较大。礁核之间为相对较薄的生屑滩,有时为更薄的礁基。相比莺歌海组,乐东组可见较多溶蚀层段,对应于礁盖成因相。乐东组除紧邻莺歌海组的三级层序(Sq5)之外的4个三级层序Sq4、Sq3、Sq2和Sq1,高位体系域均比海进体系域厚较多,因此进积型成因相组合序列在这4个三级层序中占主要部分。但Sq5的海进体系域稍厚于高位体系域,退积型成因相组合序列稍占优势。

4 生物礁滩体系高频层序地层划分及特征

西科1井完整地揭示了新近系下中新统三亚组、中中新统梅山组、上中新统黄流组和上新统莺歌海组和第四系乐东组等地层单元，其累计厚达1257.52m，主要为一套在白垩系花岗片麻岩基底上发育起来的孤立台地边缘建造的生物礁滩沉积体系。

4.1 三级层序单元划分及基本特征

在已有的沉积学、生物地层、地球化学、古地磁和测井曲线特征等层序界面识别和层序单元划分的基础上，通过对西科1井的钻井岩芯及密集薄片中各关键界面的宏观和微观特征的厘定，确定了各三级层序单元及其沉积构成特征。

4.1.1 层序界面特征

层序界面的识别是层序划分的关键。根据西科1井全岩芯中主要界面宏观特征的仔细观察和薄片微观特征鉴定，在新近系和第四系的生物礁滩体系充填沉积中，可识别出两类关键层序界面，即暴露面和海泛面。

1. 暴露面特征

暴露面是海平面下降，生物礁滩体逐渐暴露于地表并遭受风化、渗滤和溶蚀而形成的界面，是礁滩体系充填沉积中最重要的层序界面类型之一。该界面及界面下的礁滩体，往往因暴露发生强烈的风化、渗滤和溶蚀作用，岩芯上可见到明显的浅棕黄色的风化残积土和大量的溶蚀孔隙和孔洞，如在西科1井中识别的每个暴露面，其下伏礁滩灰岩中，均发育棕黄白色的风化残积土和大量溶蚀孔。暴露面上覆为呈白色粉末状的生物碎屑泥晶灰岩，不发育任何暴露及溶蚀特征，所含生物化石显示为正常海泛泥晶灰岩层（图4-1）。指示该暴露面的暴露过程往往是以下一期的海泛事件而终止。

2. 海泛面特征

海泛面是代表一次重大海泛事件的开始，也是重要的层序界面类型之一。重大的海泛层序界面往往以重大的沉积相转变为特征。在海泛面之下，为稳定水体或者暴露环境下的碳酸盐岩沉积，也可能是生物礁滩体堆积；而在海泛面之上，生物礁滩体被淹没而消亡，并沉积一层海水相对较深、低能的泥晶灰岩或生物碎屑泥晶灰岩薄层，也可能上覆为海水能量增强所形成的沉积物，在岩性组合上出现生屑灰岩组合（图4-2）。

4.1.2 典型三级层序界面识别特征

根据生物地层、地球化学、古地磁和测井曲线特征等方面的综合研究确定了三亚组、梅山组、黄流组、莺歌海组和乐东组底界面位置，分别在1257.52m、1032.46m、576.50m、374.95m和214.89m，这些关键界面不仅是地层单元中组的分界面,同时也是西科1井中最典型的三级层序界面。各关键界面主要特征如下。

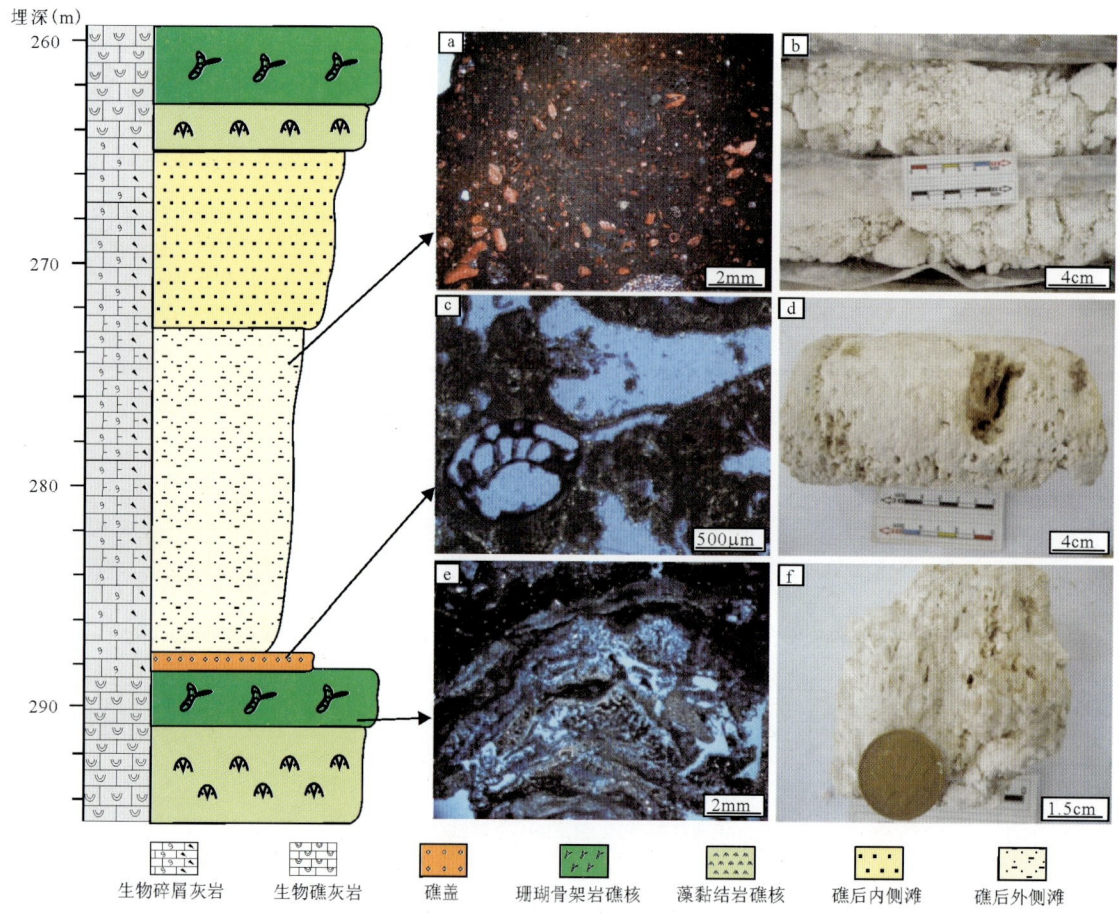

图4-1 典型暴露面(埋深288m)及其邻近岩石的宏观和显微特征图

a. 泥晶灰岩,未见溶蚀,274.39m;b. 含白垩生物碎屑灰岩,284.8m;c. 生屑泥晶灰岩,可见溶蚀,289.36m;d. 白云岩化生物碎屑灰岩,见溶蚀孔洞,288.8m;e. 红藻黏结礁灰岩,290.26m;f. 白云岩化生物礁灰岩,292.2m

1. 三亚组底界面

三亚组底界面直接覆盖在中生代片麻岩和二长花岗岩之上,钻井确定的深度为1257.52m。基底锆石年龄测定为85.1Ma,属于晚白垩世基底。

2. 三亚组与梅山组分界面

三亚组与梅山组分界面为西科1井中重要的三级层序界面,确定深度为1032.46m。该界面为典型的风化暴露面,并经历了较长时间的沉积间断,其沉积学特征如下。

(1)界面之上梅山组岩芯为灰色松散的泥晶和砂屑碳酸盐沉积物,界面之下三亚组岩芯为棕黄白色风化—半风化生物礁滩灰岩沉积,连续厚度可达20m以上,证明发生较长时间的暴露(图4-3)。表明该界面为一个较长时间的暴露面。

(2)镜下显示,界面之下原始岩性为红藻黏结灰岩,后被白云化改造,溶蚀溶孔发育;界面之上为生屑含量高的泥晶灰岩,显示海泛水体逐渐加深的沉积特征。

3. 黄流组与梅山组分界面

黄流组与梅山组分界面的确定深度为576.5m,其沉积学特征如下。

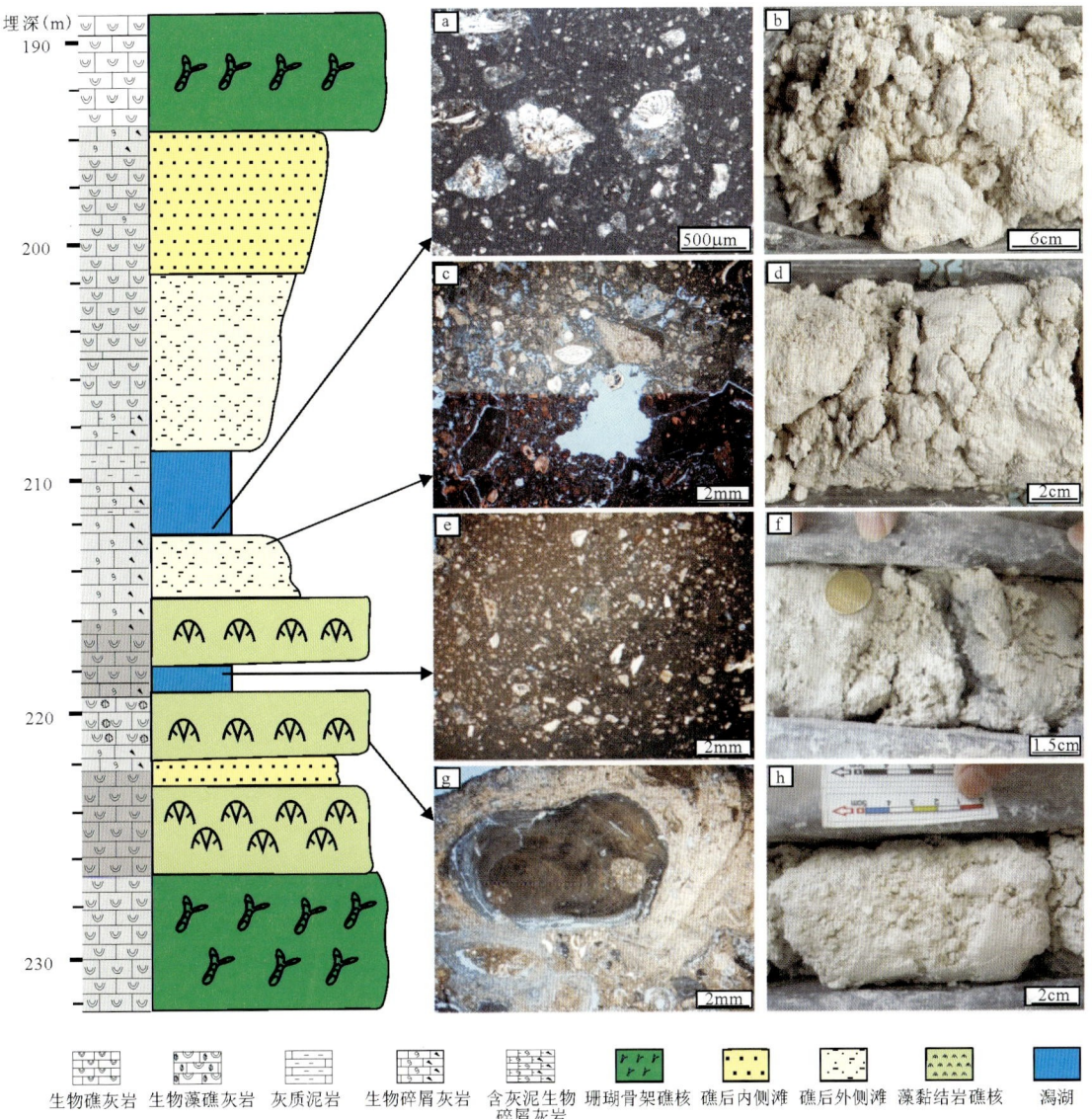

图 4-2 典型海泛面(埋深 216m)及其邻近岩石的宏观和显微特征图

a. 含内碎屑泥晶灰岩,211.54m;b. 含内碎屑灰岩,211.52m;c. 生屑泥晶灰岩,214.55m;d. 生屑泥灰岩,214.27m;
e. 泥灰岩,218.36m;f. 灰白色灰岩,潟湖相,218.54m;g. 红藻黏结岩礁核,220.37m;h. 生物藻礁灰岩,220.4m

(1) 该界面以下的岩芯上可见棕黄白色氧化斑点或条带,镜下可见大量的铸模孔,再向下至 580.36m,可见大气淡水成岩作用下形成的胶结物将粒间孔、铸模孔和体腔孔等充填(图 4-4),表明 576.5m 为一个规模较大暴露面。

(2) 该暴露面向下还分别在 584.27m、587.04m、591.43m、597.75m、602.96m、605.18m 发育短期暴露面(其风化、渗滤和溶蚀的厚度在 0.5m 左右),为五级旋回的准层序界面,厚度在 3~7m,暴露面发育频繁,为高位体系域中短暂暴露的准层序界面。而 576.5m 为该高位体系域的最后一个暴露面,风化、渗滤和溶蚀的厚度可达 5m 以上。

(3) 该界面之上发育厚达 153.08m 的白云岩段,一直可至 423.42m 深度处。

综上所述,黄流组与梅山组分界面为一个沉积间断时间较长的不整合面,界面之下的梅山组上部地层发育大量渗滤溶蚀作用形成的铸模孔和大气淡水成岩作用形成的胶结物,之上的黄流组地层为白云岩沉积。该界面为三级层序界面。

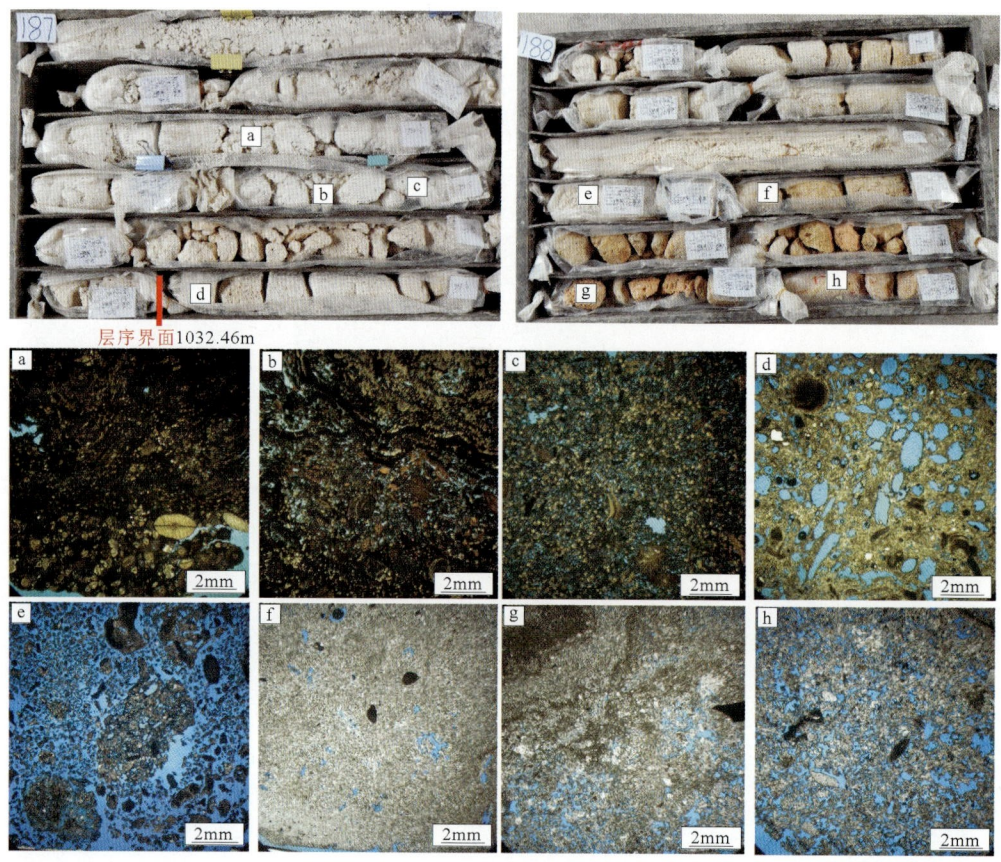

图 4-3 三亚组与梅山组分界面划分依据

a.1028.61m；b.1029.76m；c.1030.01m；d.1032.49m；e.1037.18m；f.1044.49m；g.1047.48m；h.1048.68m

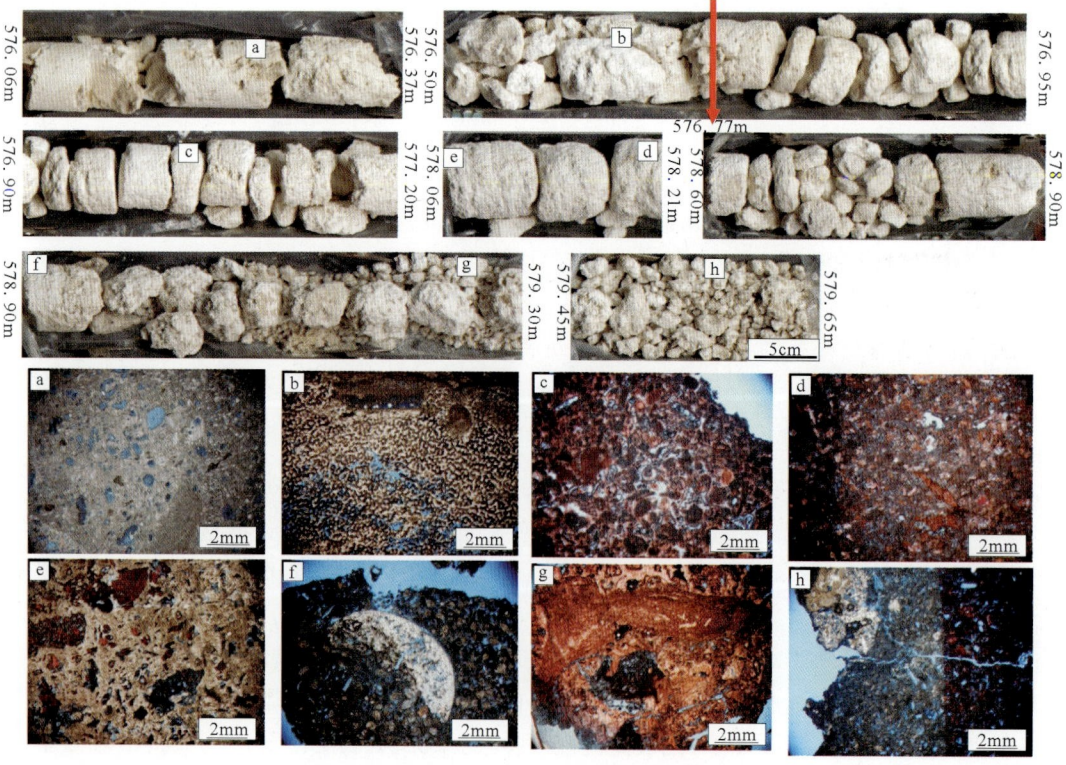

图 4-4 黄流组与梅山组分界面划分依据

4. 莺歌海组与黄流组分界面

莺歌海组与黄流组分界面的确定深度为374.95m,其沉积学特征如下。

(1)该界面向下岩芯呈明显的浅土黄色,为明显暴露标志,薄片鉴定显示发育大量的溶蚀孔,374.95m为发育典型暴露特征的层序界面(图4-5)。

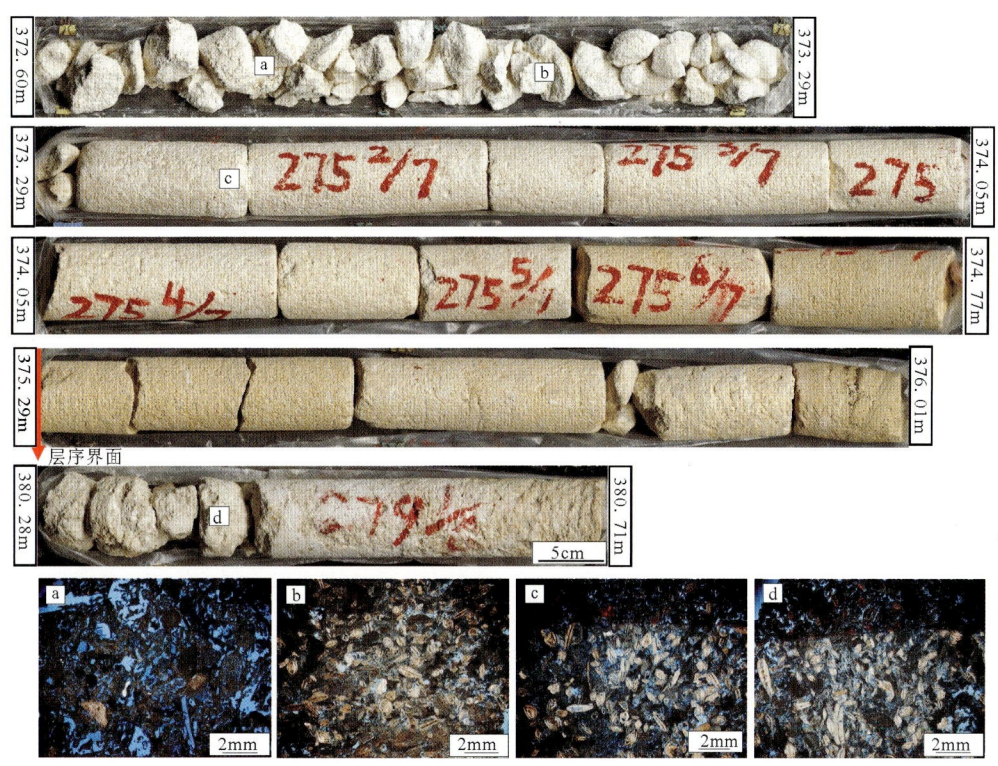

图4-5 莺歌海组与黄流组分界面划分依据
a.372.85m;b.373.15m;c.373.45m;d.380.42m

(2)暴露面进一步向下至380.42m,岩芯上见黄褐色条带,且白云化强烈,镜下发育大量铸模孔,可能为混合白云化结果。

(3)暴露面向上在岩芯上仅呈微弱黄色调,而且镜下发育极少量溶蚀孔或不发育,推测可能在低位体系域向海进体系域过渡时发生非常短暂的暴露而形成的。再向上至373.15m,岩芯呈灰白色,镜下无溶蚀孔,为海进体系域产物。

综上所述,莺歌海组与黄流组分界面也为一沉积间断时间较长的暴露不整合界面,下伏的黄流组上部沉积经风化、渗滤和溶蚀带的厚度可达5.47m,至380.42m深度处,为一重要的三级不整合界面。

5. 乐东组与莺歌海组分界面

乐东组与莺歌海组分界面的确定深度为214.89m,其沉积学特征如下。

(1)该界面下伏的莺歌海组岩芯整体呈偏淡黄色调,局部显较明显的土黄色调,局部岩芯表面凹凸不平,发育大量的溶蚀孔(图4-6)。镜下发育较多的粒内溶孔和铸模孔,同时可见泥晶方解石被溶解,形成不规则的细小溶蚀孔,显得杂乱无章。从215.75m到214.89m,经历了礁后外侧滩、礁后内侧滩、礁盖等成因相,总体显示为相对海平面向上变浅,至最后台地发生暴露。

(2)该界面上覆岩芯呈灰白色,为泥质含量很高的泥晶灰岩。镜下生屑含量25%左右,偶见厘米级的生屑角砾,但整体显示为泥质支撑,代表潟湖-礁后外侧滩沉积,表明在214.89m处的暴露事件后,发生了一次海泛事件。

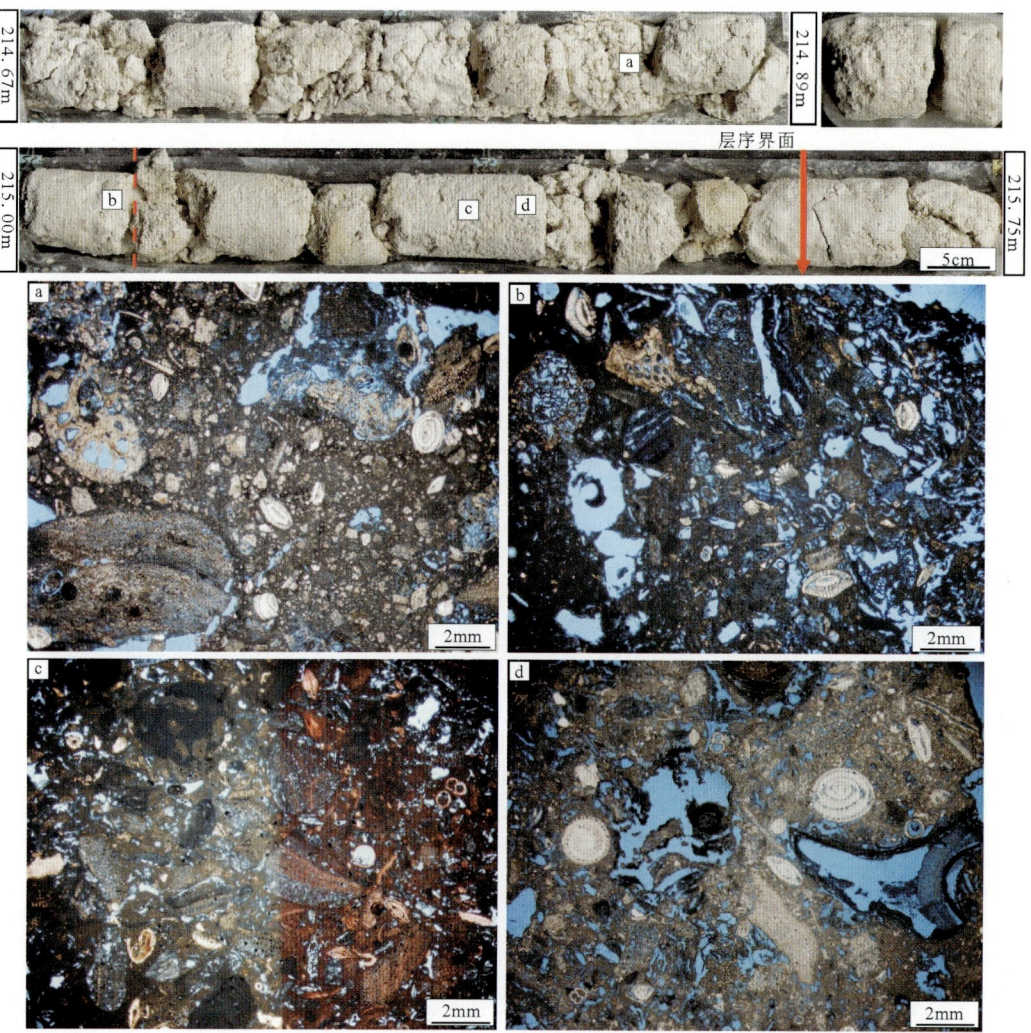

图 4-6 乐东组与莺歌海组分界面证据

a. 泥晶生屑灰岩,215.39m;b. 泥晶生屑灰岩,215.34m;c. 生屑泥晶灰岩,215.05m;d. 生屑泥晶灰岩,214.55m

综上所述,乐东组与莺歌海组分界面上下地层岩性沉积和成岩特征迥异,界面之下具明显的分化、渗滤和溶蚀等典型暴露成岩改造特征,界面之上为淹没海泛的泥晶灰岩层。相比其他各组分界面而言,莺歌海组顶界面暴露时间相对较短。此界面为一典型的三级不整合界面。

4.1.3 三级层序划分

三级层序被定义为一套相对整一、成因上有联系的地层单元,其顶底以不整合面或与之相对应的整合面为界,层序内部通常可以识别出低位体系域、海进体系域和高位体系域。不整合面是分隔年轻地层与年老地层的界面,沿此面有明显的侵蚀和沉积间断特征。

西科 1 井根据生物地层、磁性地层、地球化学参数及测井曲线特征等资料的分析成果,确定了各组段界面深度(表 4-1),同时结合该井全岩芯的系统观察和薄片精细鉴定,尤其是依据上述重要暴露面和海泛面的宏观和微观特征识别,可将西科 1 井自中新世三亚组沉积以来至第四系乐东组地层划分为 16 个三级层序(图 4-7)。其中,三亚组二段为 2 个三级层序(Sq16、Sq15)、三亚组一段为 1 个三级层序(Sq14)、梅山组二段为 3 个三级层序(Sq13~Sq11)、梅山组一段为 2 个三级层序(Sq10、Sq9)、黄流组二段为1个三级层序(Sq8)、黄流组一段为1个三级层序(Sq7)、莺歌海组二段为1个三级层序(Sq6)、莺歌海组一段为2个三级层序(Sq5、Sq4)、乐东组为3个三级层序(Sq3、Sq2和Sq1)。每个组段发育的三级层序个数,即其所代表的三级海平面旋回个数与邻近盆地新近系和第四系沉积充填数略有差异。但其三级层序垂向叠加所显示的二级海平面旋回变化与邻近盆地中完全一致,预示了西科1井揭示的南海区域二级海平面旋回变化与邻近盆地沉积充填响应的同步性。由于西科1井位于西沙孤立碳酸盐岩台地的东侧台缘带,在低位期处于长期的暴露、淋滤和溶蚀改造,形成具一定规模的暴露不整合面和一定厚度的下伏成岩渗滤、溶蚀段。因此,每个三级层序仅发育海进(TST)和高位(HST)两个体系域,且每个体系域包含数目不等的准层序组和准层序,缺失低位体系域(LST)(图4-7)。

表4-1 西科1井地层系统分层

地层系统				地震界面	年龄(Ma)	底深(m)	厚度(m)
系	统	组	段				
第四系	更新统—全新统	乐东组	一	T_{20}	2.0	214.89	214.89
新近系	上新统	莺歌海组	一	T_{27}	3.2	288.43	73.54
			二	T_{30}	5.3	374.95	86.52
	中新统	黄流组	一	T_{31}	7.2	470.10	95.15
	上		二	T_{40}	11.6	576.50	106.40
	中	梅山组	一	T_{41}	13.6	758.40	181.90
			二	T_{50}	16.0	1032.46	274.06
	下	三亚组	一	T_{52}	21.0	1179.69	147.23
			二	T_{60}	23.0	1257.52	77.83
前古近系					≥85±3.0	1268.02	10.50
备注				更新统/上新统界线为231.86m,地质年龄为2.6Ma			

4.1.4 各组段中三级层序沉积特征

1. 三亚组二段(1257.52～1179.69m)沉积特征

三亚组二段包括2个三级层序:Sq16、Sq15(图4-7)。两层序以1224m为界,各三级层序均以最大海泛面划分为海进体系域和高位体系域。该段以碳酸盐岩台地沉积为主,其主要特征如下。

(1)岩芯上Sq16和Sq15层序中可见多层角砾层,角砾粒径可达厘米级,微弱定向与磨圆。镜下可见内碎屑,内碎屑由生屑、石英颗粒等组成,生屑往往可见红藻或珊瑚碎片。该类岩性归为礁沟成因相。

(2)该段Sq16和Sq15层序充填沉积中均含陆源石英,棱角状,分选与磨圆均较差,反映其只经过了短距离的搬运,其陆源碎屑含量自下而上逐渐增高,至1218～1220m为纯陆源碎屑颗粒组成的石英砂岩,再向上陆源碎屑含量逐渐减少。

(3)除Sq16层序高位体系域中(1218～1220m)为纯陆源碎屑颗粒组成的石英砂岩层外(主要为石英,还可见少量长石和云母),该段2个层序的海进和高位体系域中均由生屑、石英(有时含亮晶方解石)颗粒构成的混合碎屑滩沉积为主,其结构成分主要以泥晶基质为主,含少量(5%～20%)的内碎屑、生屑和石英颗粒泥晶灰岩。

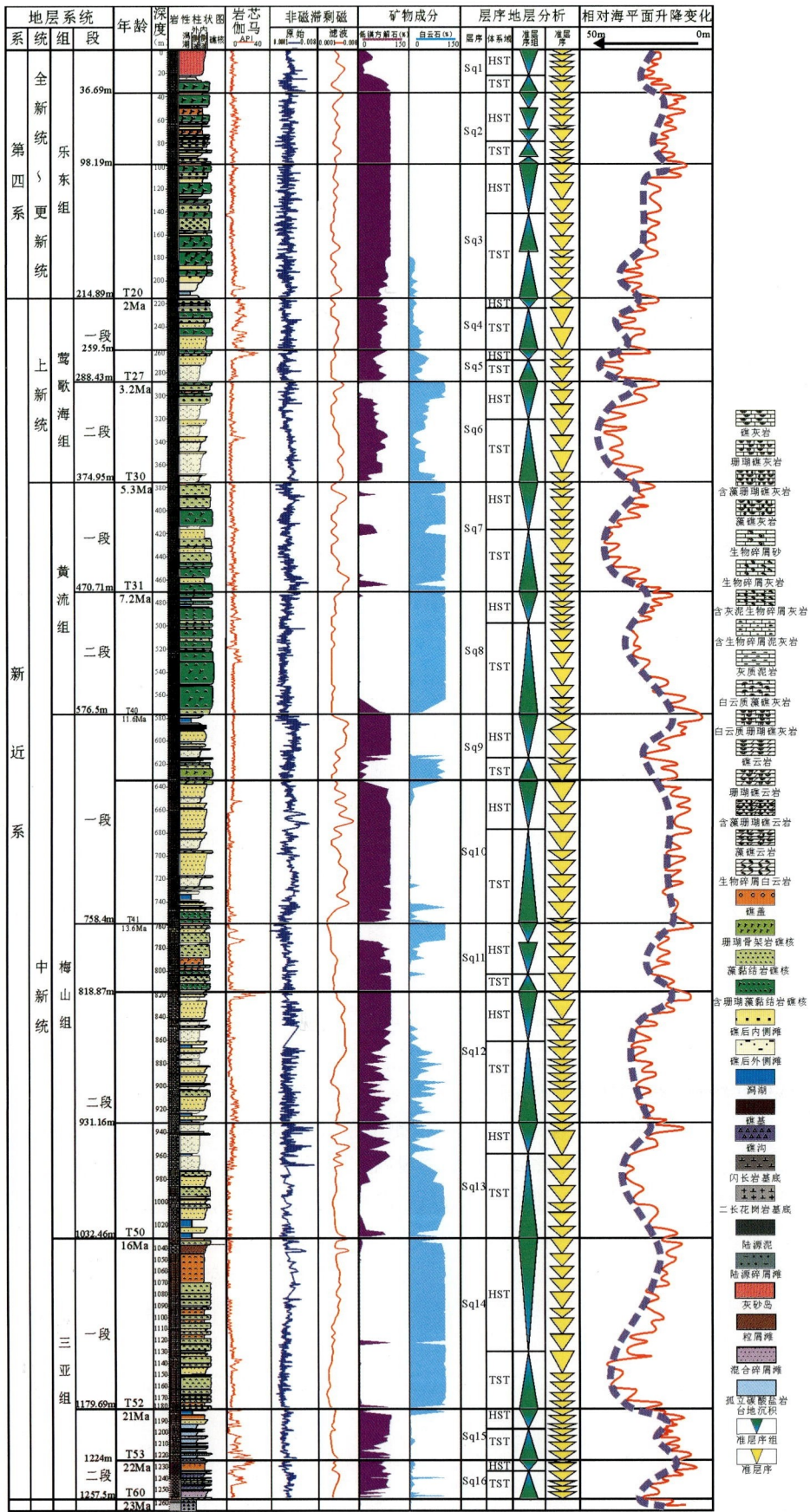

图 4-7 西科 1 井碳酸盐岩层序分析柱状图

(4)该层段2个三级层序的海进体系域中偶出现厚度达1~2m的珊瑚礁云岩、藻礁云岩。因此该段2个三级层序的岩性特征和组成较为复杂,包括珊瑚礁云岩、藻礁云岩、含石英生物碎屑灰岩、内碎屑泥晶灰岩、石英砂岩等。该段成因相频繁变化,反映了在台地发育早期海平面升降变化频繁。

2. 三亚组一段(1179.69~1032.46m)沉积特征

三亚组一段包括1个三级层序,Sq14(图4-7)。Sq14以1233.70m为最大海泛面划分了海进体系域和高位体系域。该段为主要的造礁期,海进体系域和高位体系域均发育了巨厚的礁核成因相,造礁生物主要为红藻。偶夹礁后内侧滩成因相。同时在该三级层序的高位体系域中发育了多个的暴露面,在岩芯上可识别出8个。每个暴露面在岩芯上呈淡黄色—褐黄色,有的甚至发生土壤化。影响的层段厚薄不一。如1130m附近的暴露面只有不到1m,暴露时间相对较短,而1044~1069.5m的暴露面达到25.5m,反映暴露时间很长。1036.50~1044m在岩芯上为松散的生物碎屑砂沉积,归为粒屑滩沉积相。另外,该段绝大部分遭受白云化,部分层段已经完全白云岩化,原始的沉积结构基本丧失,只能根据临近层段残留沉积结构来判断其成因相类型。总体来说,发育的厚层段的礁核成因相反映海平面在经过三亚组二段台地形成早期频繁升降变化后,进入一个相对稳定的台地发育和生物礁生长时期。

3. 梅山组二段(1032.46~758.4m)沉积特征

梅山组二段包括3个三级层序,Sq13~Sq11,底界面分别对应1032.46m、931.16m、818.87m,梅山组二段顶界面为758.40m(图4-7)。

梅山组二段3个层序以生物滩沉积为主,仅含少量生物礁滩体。造礁生物包括珊瑚和红藻,附礁生物主要为有孔虫和棘皮,岩芯上可见厘米级的腹足和双壳化石,最大可达2.5cm。岩相类型较多,礁岩类包括藻礁灰岩、灰质珊瑚礁云岩、珊瑚礁云岩、云质藻礁灰岩,另外还有岩芯上难以辨识造礁生物的礁云岩。粒屑岩类型包括生物碎屑灰岩、生物碎屑云质灰岩、含生物碎屑泥灰岩、含灰泥生物碎屑灰岩和灰质泥岩。值得一提的是,白云化作用似乎具有选择性,优先交代礁岩类型,使得几乎所有礁岩都或强烈或中等程度地遭受白云石化;粒屑岩的白云石化程度则微弱很多,最强烈也仅达到生物碎屑云质灰岩的程度。因此,该三级层序显著特点是,白云岩和灰岩地层交互发育,但互层的厚度不一,最薄2m左右,最厚可达30m,如972~942m的地层主要为含灰泥的生物碎屑灰岩。总体来说,白云岩厚度占比不大,约为26%。与岩相对应,Sq11内发育礁核、礁后内侧滩、礁后外侧滩和潟湖等成因相(图4-7)。礁核占27%左右,较为发育。相对来说,代表较为低能环境的潟湖和礁后外侧滩很发育,占47%左右,说明Sq12近一半的时间相对海平面维持在较深的水平上。该层序内发育3个明显的暴露面,2个位于礁核相的顶部,形成礁盖(图4-7)。暴露面之下的岩芯普遍表现出多孔、呈浅土黄残积色的特征。

Sq11以802.50m为最大海泛面分为海进体系域和高位体系域。礁核成因相主要集中于高位体系域,海进体系域较少。造礁生物包括珊瑚和红藻,附礁生物主要为有孔虫和棘皮,岩芯上可见较大粒径的腹足和双壳化石,腹足可达6mm。该三级层序内绝大部分为灰岩,只在局部存在弱白云化。礁岩类主要为珊瑚礁灰岩和藻礁灰岩,有些藻礁灰岩可见珊瑚碎片。粒屑灰岩包括生物碎屑灰岩、含灰泥生物碎屑灰岩、含生物碎屑泥灰岩和灰质泥岩。岩芯呈灰白色、米白色,局部呈浅土黄残积色。Sq10海进体系域内礁核相不甚发育,且以薄层为主,总共13m左右(图4-7),占体系域总厚度的11.6%;礁后内侧滩极为发育,且单层厚度较大(图4-7);礁后外侧滩和潟湖成因相厚度之和为36m左右,占比32%。集中发育在最大海泛面之下882~863m层段,期间只有4m左右的礁后内侧滩发育(图4-7)。高位体系域礁核相极为发育,包括礁盖相在内(礁核暴露形成)共50m左右,占整个高位体系域的75%左右。该层序内明显的暴露面存在5个(图4-7),其中4个为礁核直接暴露形成,岩芯上均发育有土黄色的分化残积层。

4. 梅山组一段(758.4~576.5m)沉积特征

梅山组一段(758.4~576.5m)对应2个三级层序Sq10、Sq9,其中633.85m为Sq9与Sq10分界线,界线之下为浅灰色白云质生物礁灰岩,之上为生物碎屑灰岩。造礁生物主要为红藻,偶见珊瑚造礁

(670.48m)；附礁生物主要为有孔虫，次为棘皮，生物组分还包括较多红藻碎屑，偶见腹足和腕足，且已完全被交代，只保留壳壁形态。该段显著特点是白云化的分段性，由下到上：646.03～645.28m(1588～1586号薄片)、636.57～615.24m(1561～1510号薄片)两段白云化强烈，岩石原始沉积结构破坏严重，对恢复原始沉积环境和沉积相造成困难。白云石晶径多在4～200μm，较常见雾心结构。典型岩性为残余生屑粉晶云岩、粉晶云岩和细粉晶云岩。其余层段白云石化微弱或不见，镜下显示大部分区域被茜素红染成红色。有时见生屑溶蚀形成铸模孔，有些层段(如664.54m)亮晶含量很高，充填在粒间孔内。典型岩性包括亮晶生屑灰岩、泥晶生屑灰岩、生屑泥晶灰岩和泥晶灰岩。综合来看，该段生物礁相发育层段很薄，绝大部分为生屑滩相沉积，礁后外侧滩和礁后内侧滩交互沉积，个别层段发育潟湖相沉积(如688.53m)。完整相组合序列为潟湖—礁后外侧滩—礁后内侧滩—礁核—潟湖，常见序列为潟湖—礁后外侧滩—礁后内侧滩—潟湖、礁后外侧滩—礁后内侧滩。

5. 黄流组二段(576.5～470.1m)沉积特征

黄流组二段(576.5～470.1m)发育1个三级层序Sq8，以496.5m为最大海泛面分为海进体系域和高位体系域(图4-7)。造礁生物主要为红藻，珊瑚为次要造礁生物；附礁生物主要为有孔虫，次为棘皮，另见红藻碎屑。该层序内全段白云石化较强烈—非常强烈，镜下基本未见茜素红染色，只偶见极少量有孔虫或棘皮生屑染成红色。另一显著特点是，该段生物礁相极为发育，474.06～461.25m、519.36～477.4m、542.55～474.06m及575.61～551.8m，共4段达到107m，占到该段总厚度的93.5%，为主要造礁期(图4-7)。该段原始沉积时岩性主要为红藻黏结礁灰岩和珊瑚骨架礁灰岩，由于白云石化改造强烈，有些层段红藻部分被改造，尚可见部分原始结构；有些层段红藻几乎被完全改造，只剩孤立的碎片状，被白云石晶体包围。现今岩性包括红藻黏结礁云灰岩、红藻黏结礁灰云岩、红藻黏结礁云岩、残余红藻黏结礁云岩，岩石命名显示白云岩化程度越来越强烈。其他层段可见原始为灰岩的白云石化相关的粒屑岩，现今岩性包括泥晶生屑云岩、生屑泥晶云岩、生屑粉晶云岩、残余生屑粉晶云岩、残余生屑细晶粉晶云岩、细粉晶云岩和粉晶云岩等。这些岩石的原始沉积结构与生屑滩相的岩石类型一致，但由于它们发育在相邻礁核相之间，且厚度与生屑滩相相比很薄(图4-7)，因此定义为礁基更为合适。476.5m处镜下显示发育很多溶蚀孔和铸模孔，475.71m镜下显示暴露、渗滤和残积特征，表明该层段应为暴露面下的风化、渗滤或残积层，而且475.11m处的泥晶含量很高，对应一个淹没面。

6. 黄流组一段(470.1～374.95m)沉积特征

黄流组一段(470.1～374.95m)发育1个三级层序Sq7，以416m为最大海泛面分为海进体系域和高位体系域(图4-7)。造礁生物主要为红藻，次为珊瑚；附礁生物主要为有孔虫，次为棘皮。白云石化程度总体来看，海进体系域白云石化较弱，而高位体系域白云石化较强。岩性包括红藻黏结礁云灰岩、红藻黏结礁灰云岩、残余红藻黏结礁云岩、红藻黏结灰质礁云岩、生屑云岩、泥晶生屑云灰岩、生屑泥晶灰岩、泥晶灰岩等。该段礁核相也极为发育，占绝大部分，为主要造礁期(图4-7)。礁核之间可见较薄的礁基相发育，礁后内侧滩共发育19m，潟湖相和礁后外侧滩相之和仅为4m左右(图4-7)。387.35m镜下红藻显示棕黄色风化残积色，为一典型的暴露面下的风化、渗滤或残积层。总之，黄流组一段层序发育时，该区相对海平面较为稳定，且处于适宜造礁生物生长发育的较浅水台缘礁滩体系环境。

7. 莺歌海组二段(374.95～288.43m)沉积特征

莺歌海组二段(374.95～288.43m)对应1个三级层序Sq6，以320m为最大海泛面分为海进体系域和高位体系域(图4-7)。造礁生物主要为红藻，次要为珊瑚；附礁生物主要为有孔虫，次为棘皮，偶见腕足碎片。强烈白云石化层段为303～288m，主要集中在高位体系域，海进体系域中白云石化相对较微弱或无。主要岩性包括红藻黏结礁云灰岩、红藻黏结礁云岩、残余红藻黏结礁云岩、红藻黏结礁灰岩、亮晶生屑灰岩、泥晶生屑灰岩、生屑泥晶灰岩以及泥晶灰岩等。该段主要发育生屑滩相，从376.12m到306m礁后的内侧滩和外侧滩成交互，其中礁后外侧滩单层厚度较大，如368～350m，达到18m厚(图

4-7)。高位体系域中的306～288m段发育2期生物礁滩体系的礁核成因相沉积,礁核成因相上覆为海泛淹没的泥晶灰岩沉积(图4-7)。在靠近莺歌海组二段与一段分界线处,288.91m、289.36m处的薄片镜下可见很多的溶蚀孔和铸模孔,指示该层序顶界面为一暴露不整合界面,其下的白云石化可能也受该界面的暴露等因素的影响所致。

8. 莺歌海组一段(288.43～214.89m)沉积特征

莺歌海组一段(288.43～214.89m)发育2个三级层序Sq5和Sq4,分别对应288～259.5m和259.5～214.4m的深度段。

Sq5以275.50m最大海泛面分为海进体系域和高位体系域(图4-7)。造礁生物主要为红藻,偶见珊瑚(如261.46m处);附礁生物主要为有孔虫,次为棘皮,偶见腕足和腹足。该段未见白云石化。岩性包括红藻黏结礁灰岩、亮晶生屑灰岩、泥晶生屑灰岩、生屑泥晶灰岩以及泥晶灰岩等。该段生物礁成因相主要发育在高位体系域,与薄层的生屑滩相沉积互层发育。生屑滩在海进体系域较为发育,以礁后外侧滩为主(图4-7)。生屑滩相生物组成以红藻碎片和有孔虫及其碎片构成,礁后内侧滩底栖有孔虫含量很高,而礁后外侧滩则浮游有孔虫含量相对较高,镜下可见局部富集。其内部发育至少4个淹没层,前两个发育在海进体系域初期,对应288～287.72m、284.49～284.34m,为潟湖相的泥晶灰岩沉积;第三个发育在高位体系域中,对应于267.83～267.15m,为潟湖相的泥晶灰岩沉积;第四个为高位体系域的,夹于两个礁核之间,对应于262.46～262.27m,为生物礁体海泛快速淹没的泥晶灰岩沉积(图4-7)。

Sq4以240.60m为最大海泛面分为海进体系域和高位体系域(图4-7)。造礁生物主要为红藻,该层序的海进和高位体系域内可见珊瑚造礁生物;附礁生物主要为有孔虫,次为棘皮,偶见腕足和腹足。该层序未见白云石化。岩性包括红藻黏结礁灰岩、砾屑灰岩、亮晶生屑灰岩、泥晶生屑灰岩、生屑泥晶灰岩以及泥晶灰岩等。礁核主要发育在高位体系域。海进体系域主要发育礁后外侧滩和潟湖成因相,发育多个海进淹没层(图4-7),岩性为生屑泥晶灰岩或泥晶灰岩。尽管高位体系域也发育有淹没层,但与海进体系域相比数量少、厚度薄。高位体系域顶部发育3个较显著的暴露面(图4-7),均为礁核短暂暴露形成。该层序最显著的特点是频繁发育多个生物礁生长旋回(图4-7)。

9. 乐东组(214.89～0m)沉积特征

乐东组(214.89～0m)发育3个三级层序Sq1～Sq3,分别对应36.69～0m、98.19～36.69m和214.89～98.19m(图4-7)。

Sq3以141m最大海泛面分为海进体系域和高位体系域。海进体系域初期,海平面快速上升,生物礁滩体被迅速淹没,发育潟湖相灰泥;之后,造礁生物逐渐适应了海平面上升速率,从196m开始发育生物礁相,以珊瑚骨架礁为主,后被礁后内侧滩所淹没;随着海平面进一步上升,生物礁生长开始进入追补阶段,生长速率与可容纳空间速率接近,生物礁开始繁盛生长堆积,由骨架礁逐渐转变为黏结礁。高位体系域同样发育生物礁和生屑滩相互叠置的样式,生物礁厚度与海进体系域相比略有减小,可能反映了高位域时期,海平面有所下降,可容纳空间有所减小,使得礁滩体发生侧向堆积。在海进体系域内礁滩体生长全部由淹没面结束,而高位体系域除了发育淹没面,在其顶部,还发育具有典型暴露标志的礁盖成因相。

Sq2以79.8m最大海泛面分为海进体系域和高位体系域。海进体系域包括2个退积型准层序组,海平面快速上升,可容纳空间增长速率大于碳酸盐生产速率,生物礁先发育然后被淹没,主要发育潟湖相和生屑滩相,局部发育薄层生物礁相,以退积型成因相组合为主,主要序列为礁核—礁后内侧滩—潟湖;可见珊瑚网格状体腔孔内充填泥晶。高位体系域以2个较显著的暴露面划分了3个进积型准层序组,以海平面变化频繁,整体礁滩体大量发育并以礁滩体暴露结束为特征。主要发育进积型成因相组合:礁后外侧滩—礁后内侧滩—礁核—礁盖。造礁生物以珊瑚和红藻为主,红藻缠绕原地珊瑚骨架生长。高位早期以礁核和礁后外侧滩交替发育为主,晚期以礁核和礁后内侧滩交替发育为主。礁盖影响范围达到米级,生物碎屑和珊瑚骨架均遭到溶蚀破坏。礁后内侧滩可见生物碎屑之间和体腔孔内充填亮晶方解石。

Sq1以22m最大海泛面分为海进体系域和高位体系域。海进体系域时海平面上升幅度适宜生物礁的生长，以生物礁灰岩组成的礁核成因相为主，发育薄层生屑滩相，礁核成因相珊瑚骨架格架孔发育，局部充填泥晶，滩相红藻、绿藻和有孔虫的含量较高。高位体系域时造礁生物珊瑚不发育，以生物碎屑含量很高的灰砂岛成因相为主，岩芯上基本为松散—弱固结的生物碎屑砂。生物碎屑分选较好，藻屑、有孔虫、软体动物等的含量均很高。

4.2 四级层序划分

四级层序为主要的暴露面、海泛面所限定的一组有成因联系的准层序组成的显著的叠置形式，包括进积型准层序组、退积型准层序组和加积型准层序组。四级层序的划分主要通过：①典型的暴露面和海泛面；②垂向上准层序叠置样式。

本次四级层序的划分主要是结合宏观岩芯特征和微观镜下特征，识别出典型的暴露面和海泛面以及纵向上多种多样的成因相叠置样式，从而将三级层序划分出多个准层序组，高位体系域内发育进积型准层序组，海进体系域内发育退积型准层序组，每个体系域内可包含1个准层序组，也可包含多个准层序组。

在生物礁单元生长的三级层序内，准层序组通常表现为多个礁单元生长叠置。高位体系域内，进积型准层序组表现为礁滩体生长单元内生物礁所占比例的逐渐加大，反映了水体逐渐变浅，生物生长越发繁茂，造礁作用逐渐加强，其顶部界面通常是典型的暴露面（图4-8），较厚的礁盖反映了暴露时间相对较长；相反，在海进体系域内，退积型准层序组表现为礁滩体生长单元内生物礁所占比例的逐渐减少，反映了水体逐渐加深，生物生长逐渐受到抑制，其顶界面通常为海泛面（图4-8），此时的水体相对较深，在经历过一定调整之后，造礁生物仍然没有跟上海平面突然上升的节奏，从而发生淹没。

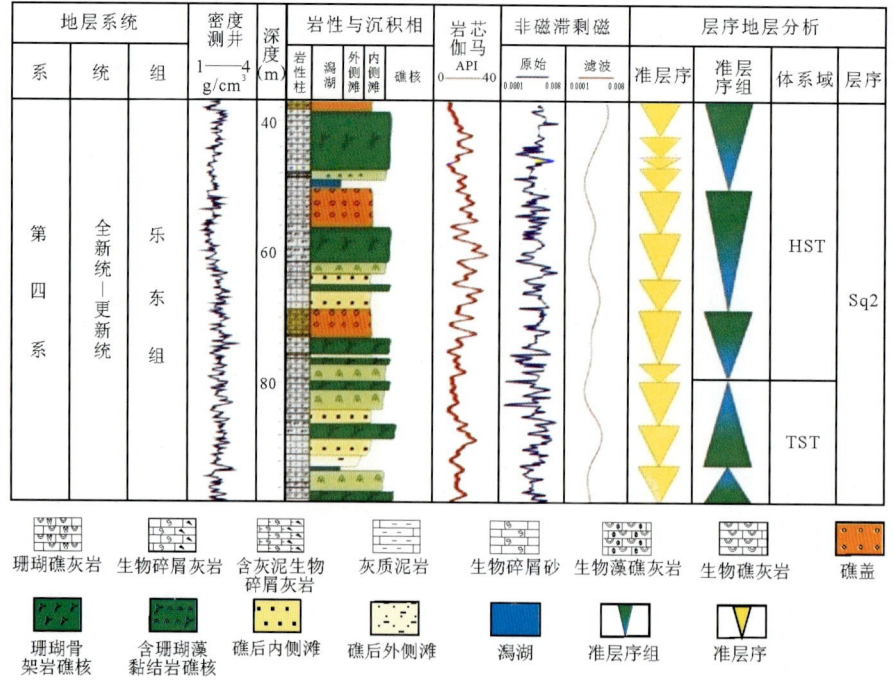

图4-8 Sq2内准层序组划分及内部特征

在以生屑滩为主的三级层序内,准层序组通常由纵向上多个生屑滩相单元的叠置组成。高位体系域内,进积型准层序组表现为生屑滩相单元逐渐加厚,内侧滩所占比例逐渐加大;相反,在海进体系域内,退积型准层序组表现为滩相单元之间减薄,外侧滩、潟湖所占比例逐渐加大,此时由于水体相对较深,准层序组界面通常都为海泛面。

4.3 高频层序单元识别及类型划分

五级层序(准层序)是由海泛面或其对应面所限定的一组相对连续有成因联系的层和层组,准层序界面为海泛面及其对应面。

根据生物礁滩的生长发育特点,水体变浅至暴露,水体变深淹没均可导致生物礁生长的消亡,故每个生物礁生长单元可被暴露界面和海泛界面分隔,因此对应着两种礁生长方式。每个生长单元代表了一个高频层序,从级别上来讲代表了一个五级的准层序。最终可将礁滩生长单元归纳为两类:暴露型和淹没型。

4.3.1 暴露型礁滩生长单元

暴露型生物礁滩体生长单元特点是,因为水体变浅至暴露导致生物礁生长的消亡,其顶界面为暴露面。根据生物礁滩体生长的背景环境,可以将暴露型礁滩生长单元细分为硬基底型生长单元(图4-9a)和软基底型生长单元(图4-9b)。

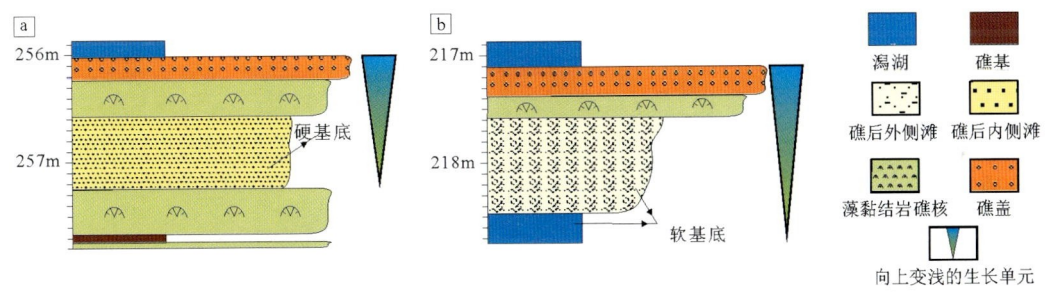

图4-9 暴露型礁滩生长单元
a. 硬基底暴露型;b. 软基底暴露型

1. 硬基底型生长单元样式

硬基底型生长单元是生物礁发育于坚硬基底,这种基底可能是砂质碳酸盐岩滩或者火山岩基底。如图4-9a中所示,这种礁滩体的生长单元依次为硬基底—黏结礁—骨架礁盖(暴露滩)。

具体来讲,在生物礁滩生长过程中,海平面是缓慢下降的,从而造成这种暴露过程是缓慢形成的。礁滩体的生长组合在垂向上依次为内侧滩(富含藻类、珊瑚碎片及少量有孔虫生屑灰岩)—礁核黏结岩(红藻缠绕珊瑚有孔虫生黏结岩)—礁核骨架岩(少量藻类、生屑的珊瑚骨架礁灰岩)—礁盖(溶蚀严重的珊瑚骨架岩),从而构成了一个完整的生长序列(图4-10)。

2. 软基底型生长单元样式

软基底型生长单元则是指生物礁在软基底环境上发育形成的,如潟湖泥岩。在图4-9b中可以看到,这种礁滩体的生长单元依次为软基底—外侧滩—内测滩—骨架礁—礁盖(暴露滩)。

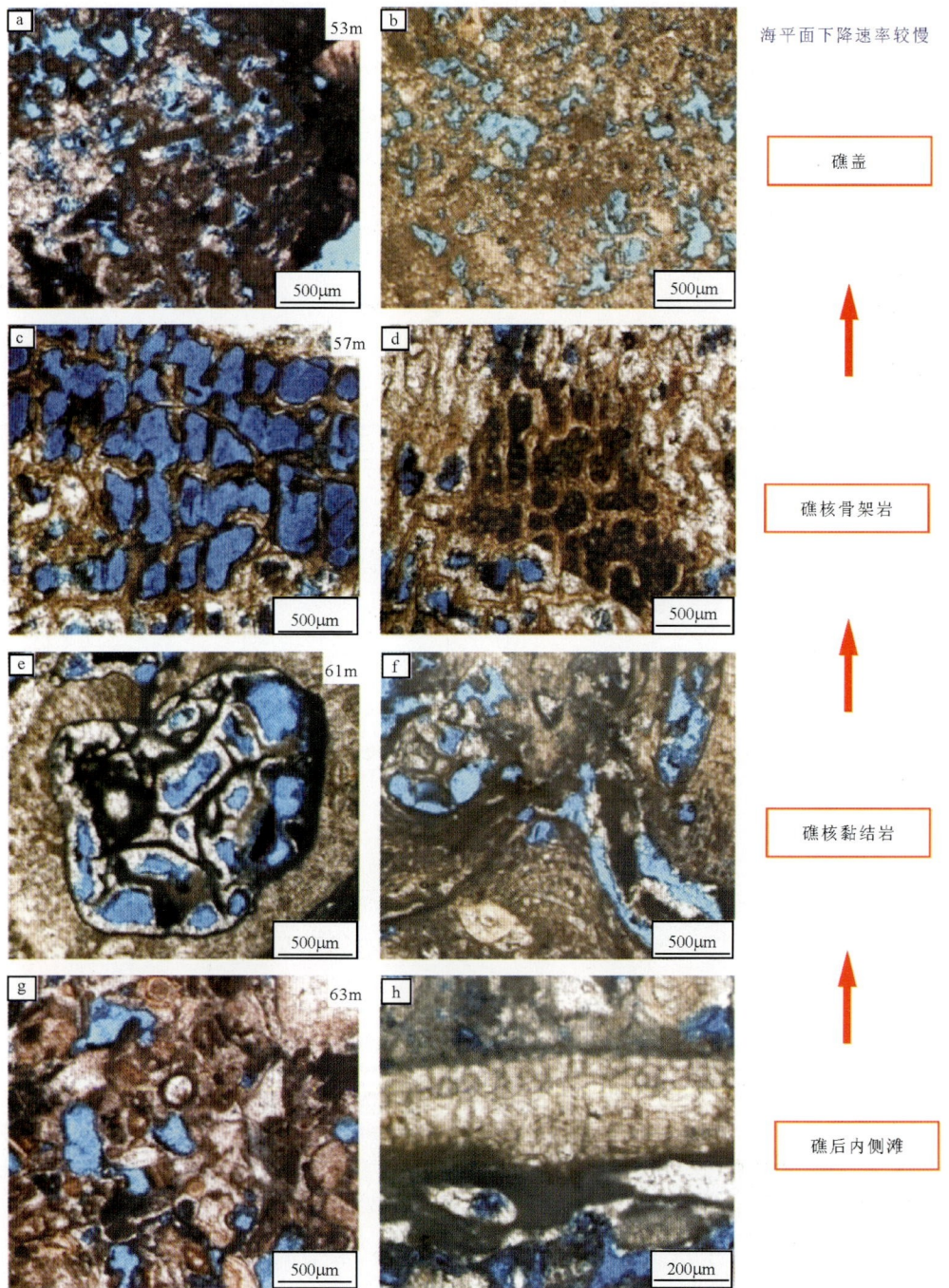

图 4-10　硬基底型礁滩生长单元的岩相和生物组合

a、b. 溶蚀严重的珊瑚骨架岩；c、d. 含少量藻类、生屑的珊瑚骨架礁灰岩；e、f. 含有孔虫的红藻珊瑚黏结礁灰岩；g、h. 富含藻类、珊瑚碎片及少量有孔虫的生屑灰岩

具体来讲，在生物礁生长过程中，海平面是快速下降的，从而造成这种暴露过程是快速形成的。礁滩体的生长组合在垂向上依次为潟湖（含珊瑚、红藻碎片和有孔虫泥灰岩）—礁核骨架岩（红藻缠绕珊瑚有孔虫生黏结岩—少量藻类、生屑的珊瑚骨架礁灰岩）—溶蚀严重的珊瑚骨架岩，从而构成了一个完整的快速生长序列（图 4-11）。

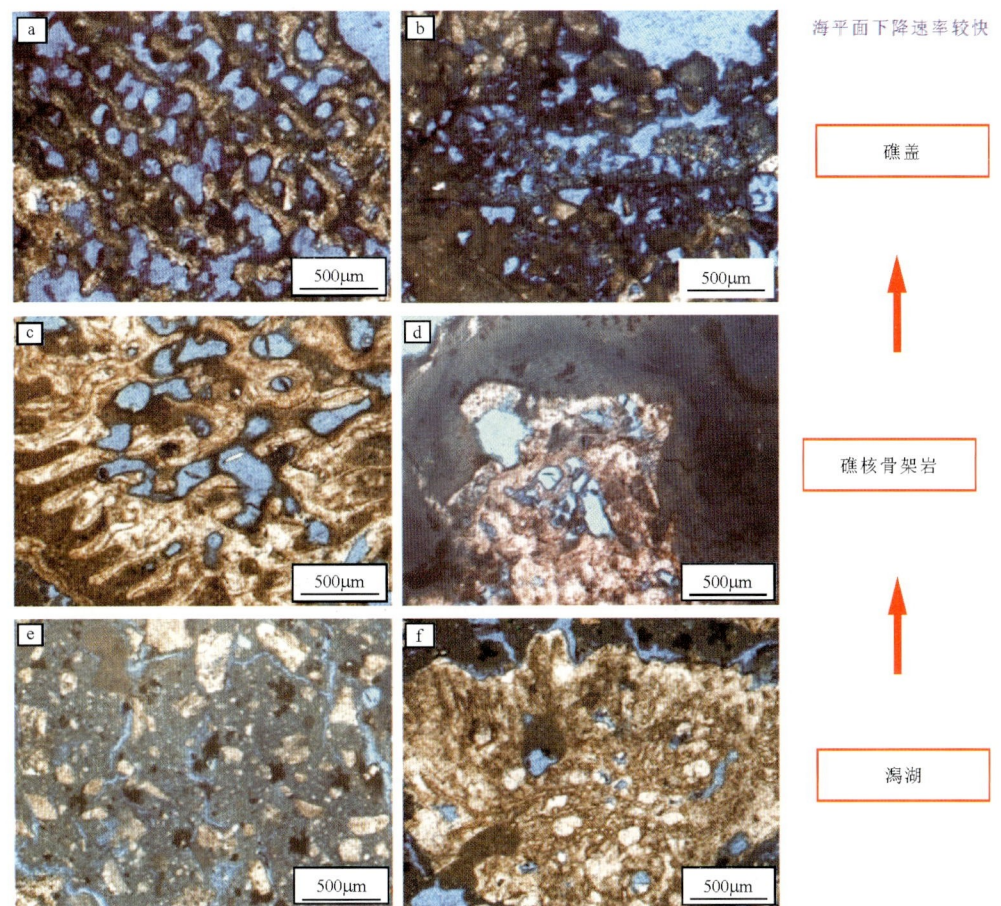

图 4-11 软基底型礁滩生长单元的岩相和生物组合
a、b. 溶蚀严重的珊瑚骨架礁灰岩和藻礁灰岩；c、d. 珊瑚骨架礁灰岩、红藻黏结礁灰岩；
e、f. 含生屑（珊瑚、红藻碎片和有孔虫）泥晶灰岩

4.3.2 淹没型礁滩生长单元

淹没型生物礁滩体生长单元特点是，因为水体变深而导致生物礁生长的消亡，其顶界面为海泛面。在此类生长单元中，礁滩体的空间生长主要与淹没过程有关，因此可以细分为快速淹没型生长单元（图 4-12a）和慢速淹没型生长单元（图 4-12b）。

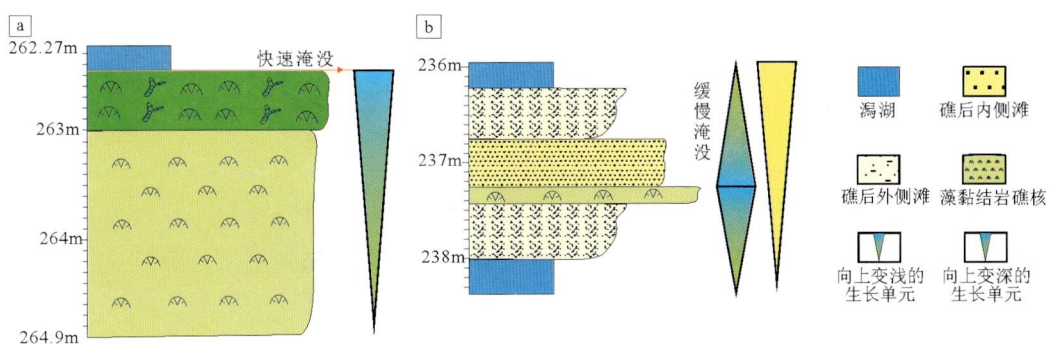

图 4-12 淹没型礁滩生长单元
a. 快速淹没型；b. 慢速淹没型

1. 快速淹没型生长单元样式——慢步礁

此种类型是礁滩体在海平面快速上升过程中导致生物礁消亡所形成的。海平面突然上升,礁体被淹没,停止生长,沉积环境从礁核突然过渡到潟湖。完整的成因相序列为潟湖—礁后外侧滩—礁后内测滩—礁核—潟湖。但实际上,完整的序列很少,多为缺失某些成因相的序列,如礁后外侧滩—礁核—潟湖、潟湖—礁后内侧滩—礁核—潟湖、潟湖—礁核—潟湖,甚至有时缺失礁核相,如潟湖—礁后外侧滩—礁后内侧滩—潟湖、礁后外侧滩—礁后内侧滩—潟湖等。另外,有时海泛面的沉积并非是潟湖相,下面会详细述及。图 4-13a 的成因相序列为藻黏结岩礁核—藻珊瑚骨架岩礁核—潟湖。

具体来讲,慢步礁生长单元顶部未暴露,在生长结束时,相对海平面快速上升,发生海泛,将礁滩体淹没。潟湖相是淹没过程最典型的成因相,是相对海平面快速上升幅度较大情况下形成的。有时相对海平面快速上升幅度不太大,但又超过了造礁生物适宜生存的水深,而后逐渐下降。在此过程中,形成的成因相灰泥含量没有潟湖相多,比如礁后外侧滩,甚至可能为礁后内侧滩。图 4-13 是图 4-12a 在岩芯和薄片下的表现。263.31～262.46m 的礁核相虽然呈碎块状,但可见藻类发育(图 4-13d),可能总体含量不高,因此黏结效果较差。与暴露型生长单元不同的是,该礁核顶部未暴露。而后,发育了一期海泛事件,环境进入潟湖相,沉积了含大量灰泥的泥晶灰岩,其内偶见角砾,被周围的泥晶包裹(图 4-13a,c)。礁核之上的潟湖相沉积中,经常可以见到或多或少的角砾。角砾岩性与礁核相有关,如红藻黏结礁灰岩角砾(图 4-13c)或珊瑚骨架礁灰岩。海平面快速上升过程中,水体能量会对礁核造成一定程度破坏,礁核局部破碎分解形成角砾,就近沉积在潟湖环境。

图 4-13 快速淹没型礁生长单元中岩相和生物组合

a. 红藻黏结礁灰岩,262.97m;b. 漂砾灰岩,262.36m

2. 慢速淹没型生长单元样式——并进礁

此种类型是礁滩体在海平面缓慢上升过程中导致生物礁生长逐渐消亡所形成的。海平面缓慢上升,沉积环境逐渐过渡。完整的成因相序列为潟湖—礁后外侧滩—礁后内测滩—礁核—礁后内侧滩—礁后外侧滩—潟湖,为对称的成因相序列。事实上,完整的序列很少,多为缺失某些成因相的序列,如礁后外侧滩—礁后内测滩—礁核—礁后内侧滩—礁后外侧滩。总之,与暴露型生长单元相比,礁核顶部不发生暴露;与快速淹没型生长单元相比,礁核发育结束后的淹没过程是缓慢的,环境是渐变的,因此沉积物可以保存下来。因此,慢速淹没生长单元顶部不一定是潟湖相。图4-14b的成因相序列为潟湖—礁后外侧滩—礁核—礁后内侧滩—礁后外侧滩—潟湖。由于淹没过程中,某种程度上礁滩体的生长速率与海平面上升速率大致相等或稍小,因此这种情况下的礁滩体又可以称为并进礁。

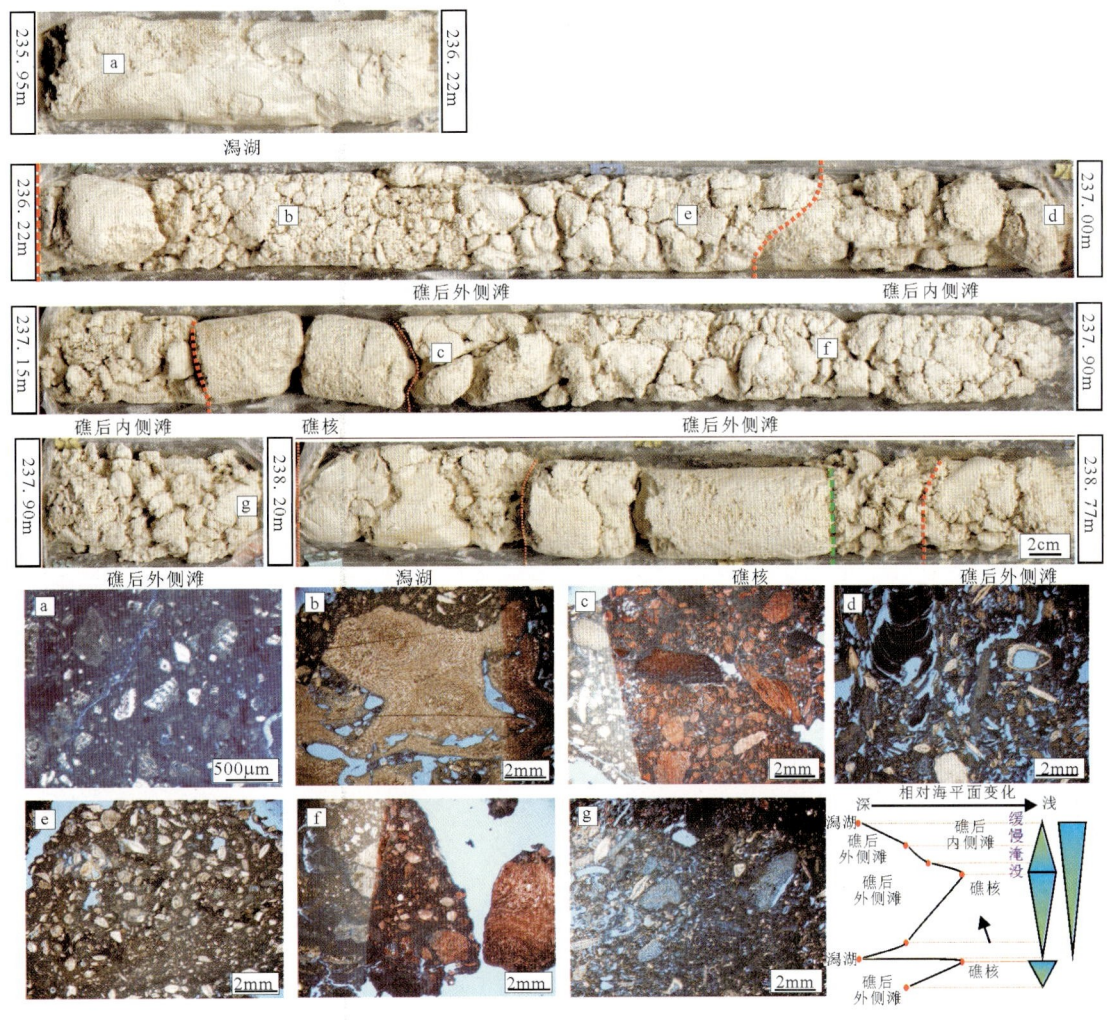

图4-14 慢速淹没型礁生长单元中岩相和生物组合
a. 生屑泥晶灰岩,238.05m;b. 生屑泥晶灰岩,237.75m;c. 生屑泥晶灰岩,2137.45m;d. 生屑灰岩,237m;
e. 生屑泥晶灰岩,236.70m;f. 生屑泥晶灰岩,236.40m;g. 含生屑泥晶灰岩,236.10m

图4-14是图4-14b在岩芯和薄片下的表现,该生长单元发育于其下的快速淹没型生长单元之上(图4-14e)。该生长单元底部为潟湖相沉积,为上一个生长单元的淹没面,其厚度较小,只钻入18cm,即使加上未能获取的长度,最多为33cm。潟湖向上过渡为礁后外侧滩,岩芯上颗粒感明显相对增强,镜下含很多泥晶方解石(图4-14e,f,g),还可见较多红藻碎片(图4-14d)、底栖有孔虫及碎片(图4-14f,e),另见及少量棘皮。外侧滩总体显示为泥晶支撑,厚度约为63cm,其上突变为礁核相,岩芯完整,固结

程度较好,代表相对海平面已完成了由较深向较浅的转变,礁核相仅发育 16cm(图 4-14)。而后,相对海平面开始缓慢上升,首先过渡为礁后内侧滩(图 4-14d),镜下见大量红藻碎片,而且粒径较大,来源于下方的红藻黏结岩礁核相。然后,礁后内侧滩往上灰泥含量增加(图 4-14b),过渡为礁后外侧滩,厚度 58cm。而值得注意的是 236.31~236.54m 颗粒感稍有增强,但仍未显示出泥晶支撑(图 4-14g),可能反映了同样处于礁后外侧滩,相对海平面的波动也会使得沉积物性质发生改变。至 236.22m,过渡为潟湖相(图 4-14a),镜下可见大量泥晶方解石和少量红藻及有孔虫碎片(图 4-14f)。

对于一个礁滩体的生长来说,暴露和淹没的过程在垂向上形成一个个生长单元,同时侧向上发生进积或退积,这些生长单元叠加在一起在空间上就构成了整个生物礁滩复合体。

5 基于岩芯扫描的地球化学特征及高频单元划分

连续岩芯描述结合镜下薄片鉴定可以获得岩芯最直接的特征,相较于岩芯观察来说,岩石地球化学特征能更好地反映当时的沉积环境和成岩环境特征,是对岩芯观察结果的证据支持和补充。受到取样等条件的限制,在无法精细取样实测的情况下,高分辨率岩芯扫描为岩石地球化学分析提供了最为便捷条件。

本次岩芯扫描采用瑞典产 Itrax 岩芯扫描仪,其最大的优点是扫描点间距小(4mm),几乎是连续扫描,扫描时间短,可测 Mg-U 元素含量,对样品无损坏。本次扫描完成了西科 1 井全井段(1259m)岩芯扫描,获得了较为连续的 26 种元素(Mg、Ca、Al、Si、K、Fe、Sr、Mn 等)含量计数点数据。由于仪器测试的限制,所获得的元素计数点必须经过闭合效应消除才能正确地反映其变化趋势,因此将 26 种元素进行两两组合配对,"先求元素比值,再做自然对数",共获得 Mg/Ca、Mg/Al、Mg/Cl、Si/Cl 等 325 种元素组合(图 5-1)。

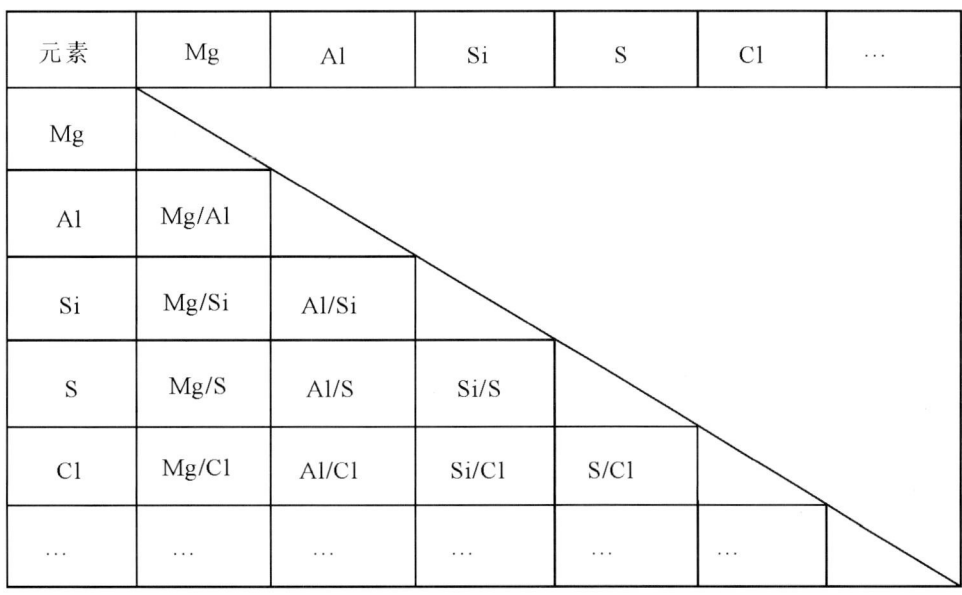

图 5-1 元素比值配对组合

经过元素比值分析,首先挑选出 5 种常量元素比值、5 种微量元素比值作为相关特征指标进行全井段地化特征描述;其次,根据地层年代、矿物成分特征将 0~1257.52m 分成若干段,在每段内挑选出与层序格架对应最好的元素比值,利用小波分析的手段进行高频层序单元划分;最后,对不同类型的生物礁生长单元地化特征的差异性进行描述。

由于矿物类型对元素组成具有决定性的影响,从而在分析其地球化学特征之前,对不同深度的矿物成分进行了分析,主要运用 XRD 粉晶衍射仪对全井段 500 个样品进行了全岩矿物成分分析(图 5-2),结果显示主要矿物成分为文石、高镁方解石、低镁方解石、白云石,底部层段含有少量的石英、长石和黏土矿物,此外还在个别层段含有少量的黄铁矿、石膏、沸石。不同类型的矿物在深度上具有不同的分布

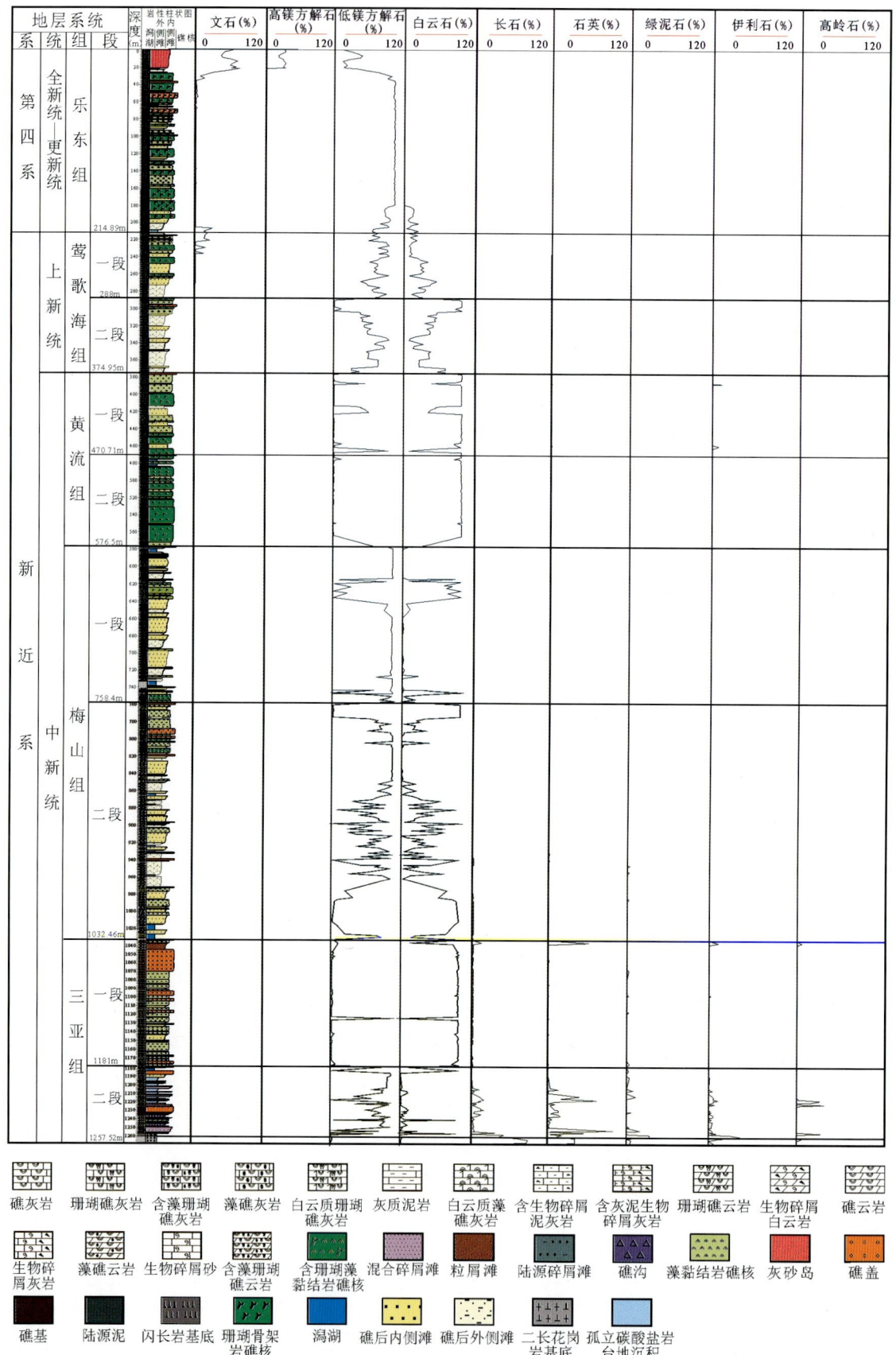

图 5-2 西科 1 井全井段主要及次要矿物成分含量纵向变化图

特征,具有典型的分段性。文石段主要分布在0～34m和207.5～236.7m两段,高镁方解石仅分布在0～21.6m段,两者由于矿物的不稳定性,在沉积之后会逐渐向低镁方解石转化,从而文石和高镁方解石仅分布在浅层,207.5～236.7m段的文石则可能为埋藏成因。随着深度的增加,低镁方解石和白云石为两类主要矿物,并呈现出互补的趋势。除了在个别位置可见少量的长英质矿物、黏土矿物,西科1井中部层段基本不含其他矿物,低镁方解石和白云石在纵向上显示出明显的分段性。直至1204m附近,长石、石英、黏土矿物(绿泥石、伊利石、高岭石)等开始较多地出现,与碳酸盐岩呈互层状,解释为碳酸盐岩和陆源碎屑的混合沉积。

5.1 基于岩芯扫描的地球化学特征

5.1.1 常量元素序列特征

由主、微量元素分析测试,西科1井中常量元素包括Mg、Al、Si、P、K、Ca、Ti、Fe等,其中以Ca、Mg为主要元素,通过对比这些常量元素比值的纵向规律性及其之间的相关关系,发现Mg/Ca纵向上变化幅度较大,其变化趋势与白云石的含量呈现较好的正相关关系,反映了碳酸盐岩中的白云岩化程度。Si/Ca、K/Ca、Ti/Ca、Fe/Ca之间呈现出较好的相关关系,应该受同一因素控制,考虑到1204m之上基本不含陆源碎屑,从而推测该组元素的变化趋势受生物从海水中的差异性富集有关,1204m之下,随着石英、长石、黏土矿物等陆源碎屑物质的增加,该组元素比值整体增大,其之间变化的同步性仍较为一致,此时的Al/Ca亦呈现出与之相似的变化规律,从而较好地反映了陆源碎屑含量的变化(图5-3)。

5.1.2 微量元素序列特征

由主、微量元素分析测试,西科1井中微量元素包括Li、Be、Sc、V、Cr、Mn、Co、Ni、Cu、Zn、Sr、Zr、Ba、Th、U等。通过对各元素比值的纵向规律性观察和对比,最终选取了Sr/Ca、Th/Ca、Mn/Ca、V/Ni、Zr/Ca这5种元素比值(图5-4)。Sr/Ca整体上呈现出往下逐渐降低的趋势,其大小与文石含量的变化呈现较好的相关性,说明与其他地区碳酸盐岩一样,由于矿物晶格性质,Sr主要赋存于文石之中。Th/Ca在0～36.69m段呈现出与Sr/Ca较为一致的变化趋势,推测Th在0～36.69m段优先富集在文石之中;36.69m以下部分,Th/Ca整体上与白云岩含量呈现出较好的相关性,表现为白云石段Th/Ca较高,方解石段Th/Ca较低,与Mg/Ca比值的变化规律极为相似,反映了西科1井大段的Th的含量与成岩作用有关,优先赋存于白云石之中。Mn/Ca整体上与Mg/Ca、Th/Ca比值呈现出一定的相关性,特别是758m之上层段,在Mg/Ca、Th/Ca较高的白云石段,呈现出较低值,反之,在Mg/Ca、Th/Ca较低的方解石段呈现出较高的值,反映了Mn亦会在成岩作用中发生相应的迁移,造成其在矿物成分中的富集或贫化。V/Ni在全井段中基本表现为较低值,只在160～280m段和1130～1170m段呈现出较高值,由变价元素V、Ni的地球化学性质可知,氧化环境下V/Ni较低,还原环境下V/Ni较高。由于西科1井全井段主要发育礁滩相,整体处于氧化条件下,从而整体的V/Ni表现出较低值,仅在局部位置表现出较高值,可能反映了短暂还原的沉积环境。Zr/Ca在全井段表现出较低值,只在0～36.69m和1224m附近呈现出较高值,Zr/Ca在0～36.69m呈现出与Sr/Ca相似的变化趋势,推测Zr在0～36.69m可能优先富集于文石之中,在1224m以下,随着陆源碎屑的增加,Zr/Ca逐渐增加,呈现出与Si/Ca、Ti/Ca等较为一致的变化关系,从而该段的Zr含量正是反映了陆源碎屑的含量变化。Th/Ca、Zr/Ca在0～36.69m段优先富集于文石之中,也可能与灰砂岛中生物的差异性分馏有关。

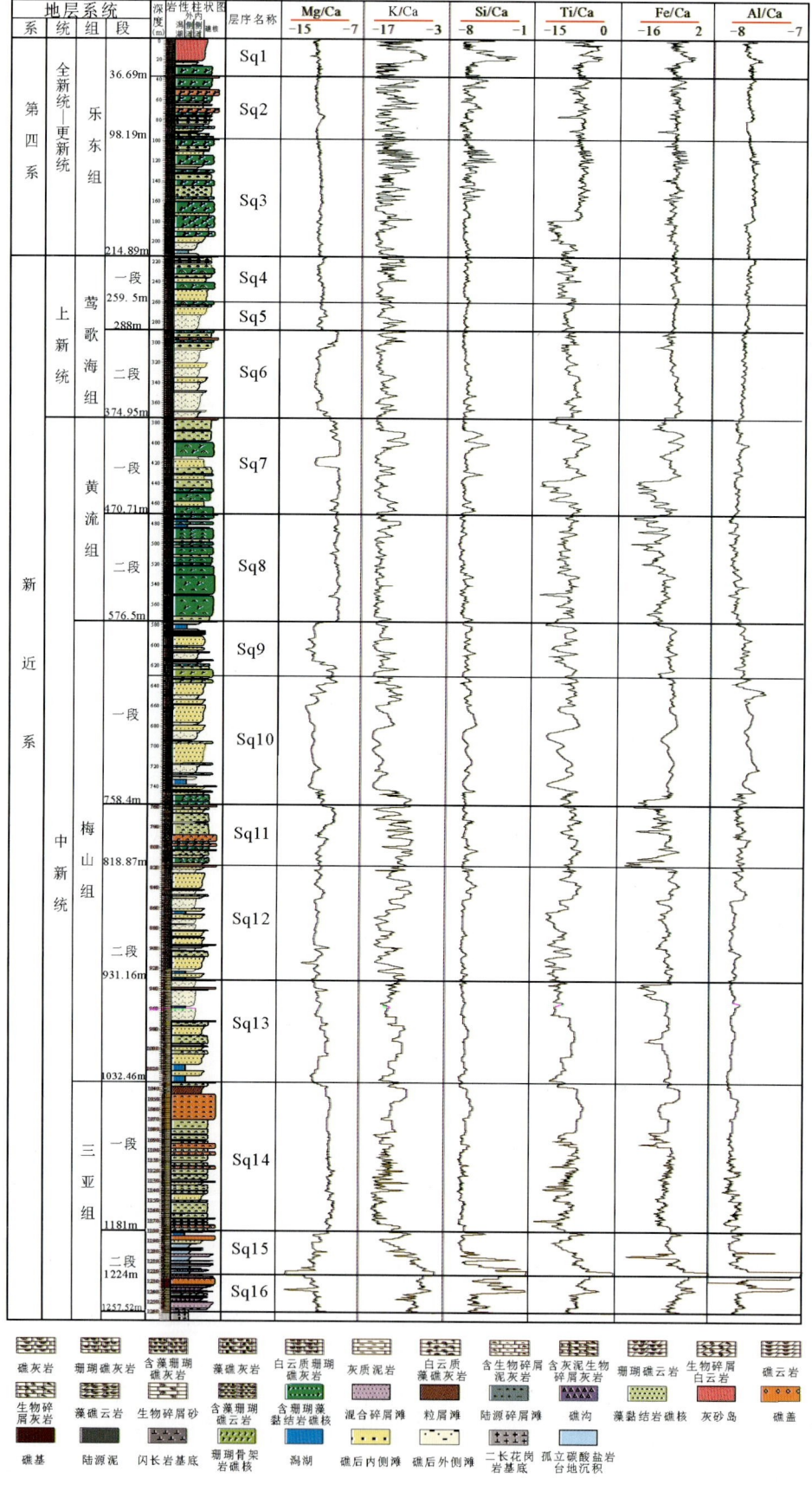

图 5-3 西科 1 井常量元素分析柱状图

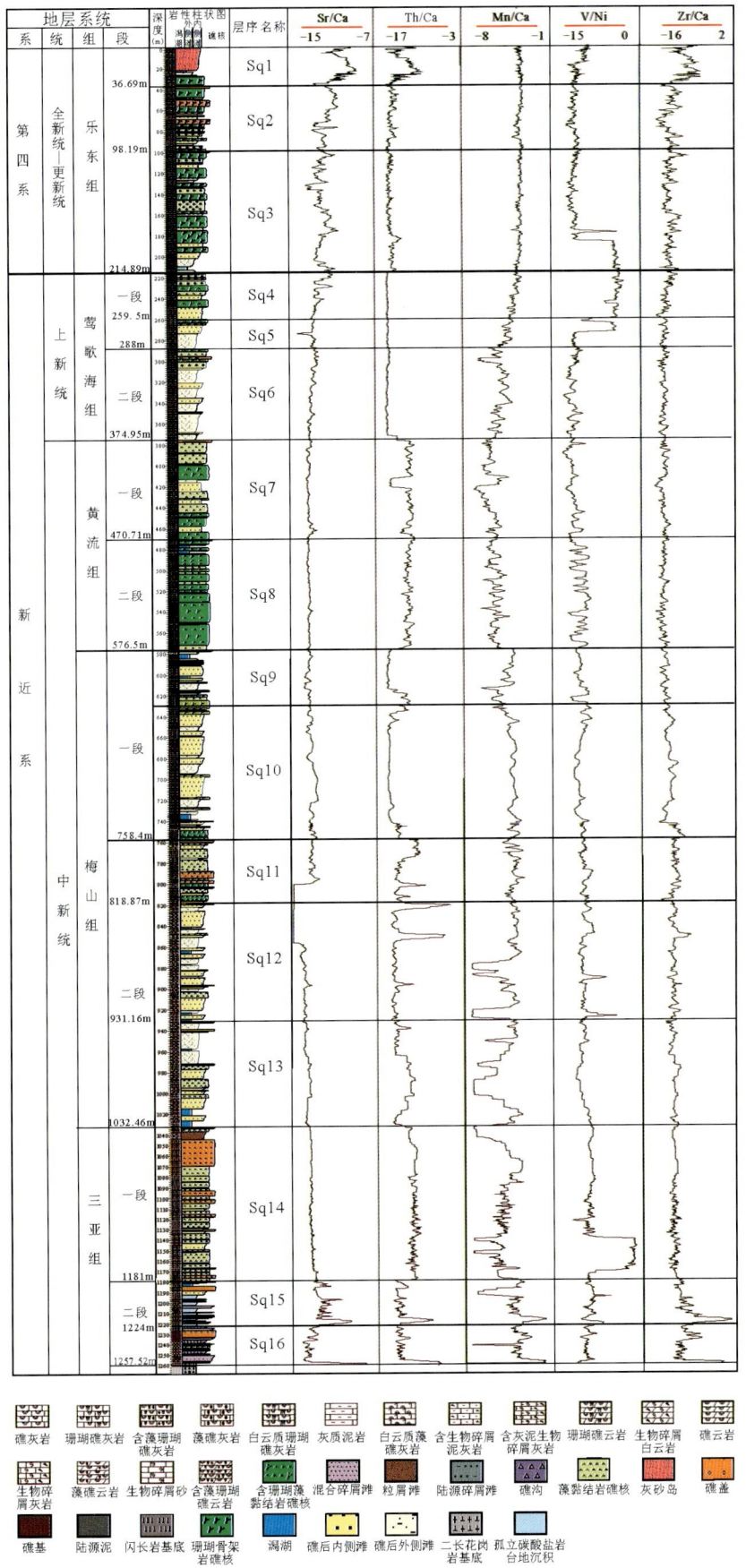

图 5-4 西科 1 井微量元素分析柱状图

5.2 基于地球化学特征的高频层序单元划分

为了寻找西科1井中对层序信息响应较好的元素指标,按照地层组、矿物成分将全井段进行分段,在每段内部选取记录层序信息最好的元素指标,由生物地层和磁性地层可知,0~1257.52m 段分为第四系乐东组(0~214.89m)、上新统莺歌海组(214.89~374.95m)、上中新统黄流组(374.95~576.5m)、中中新统梅山组(576.5~1032.46m)、下中新统三亚组(1032.46~1257.52m)。由矿物成分分析可知,富文石段主要分布在 0~33.6m,方解石段分布在 33.6~180m,方解石、白云石互层段分布在 180~374.95m,576.5~1032m,1181~1257.5m,白云石段分布在 374.95~576.5m,1032~1181m。显然,不同层段由于矿物组成差异较大,故用于高频层序单元划分的最佳元素比值也不尽相同。本次研究将取芯段划分为 7 个区段分别进行分析,它们是:乐东组文石段 Sq1(0~36.9m)、乐东组方解石段 Sq2 与 Sq3(36.9~214.89m)、莺歌海组方解石与白云石互层段 Sq4~Sq6(214.89~374.95m)、黄流组白云石段 Sq7~Sq8(374.95~576.5m)、梅山组方解石与白云石互层段 Sq9~Sq13(576.5~1032.46m)、三亚组一段白云石段 Sq14(1032.46~1181m)、三亚组二段混合段 Sq15 和 Sq16(1181~1257.52m)(图 5-4)。在每段层序格架之下,寻找对高频层序单元划分较好的元素指标。

在每个区段深度范围内,将 325 种元素比值依次与层序格架进行对比,挑选出响应最好的三、四种元素比值,最终文石段 Sq1 挑选出 Mg/V、S/Zr、Zr/Th、Si/Mo 4 种指标,其中 Mg/V、Si/Mo 在三级层序格架下呈现出层序边界处较小、最大海泛面附近较大的外凸型,S/Zr、Zr/Th 则呈现出层序边界处较大、最大海泛面附近较小的内凹型。乐东组方解石段 Sq2、Sq3 挑选出 Al/V、Cu/Pd、K/Sn、Mn/Mo 4 种指标,这 4 种指标在层序格架内均呈现出层序边界处较小、最大海泛面处较大的外凸型特征。莺歌海组方解石、白云石互层段 Sq4~Sq6 挑选出 Mn/Sr、Fe/Mo、Ti/Pd、Br/Pd 4 种指标,其中,Mn/Sr 在层序格架内呈现出层序边界处较小、最大海泛面处较大的外凸型,Fe/Mo、Ti/Pd、Br/Pd 在层序格架内呈现出层序边界处较大、最大海泛面处较小的内凹型。黄流组白云石段 Sq7、Sq8 挑选出 Sr/Ca、Th/Ca、Ca/Mn 3 种指标,其中 Sr/Ca、Th/Ca 呈现出层序边界处较大、最大海泛面处较小的内凹型,Ca/Mn 呈现出层序边界处较小、最大海泛面处较大的外凸型。梅山组 Sq9~Sq13 挑选出 Si/Ca、Mg/Cu、Cl/Tl、Cu/Zr 4 种指标,Si/Ca、Mg/Cu 呈现出层序边界处较小、最大海泛面处较大的外凸型,Cl/Tl、Cu/Zr 呈现出层序边界处较大、最大海泛面处较小的内凹型。三亚组一段白云石段 Sq14 挑选出 Br/Th、Ti/Ge、Mn/Ba、Rb/U 4 种指标,其中 Br/Th、Ti/Ge、Mn/Ba 呈现出层序边界处较大、最大海泛面处较小的内凹型,Rb/U 呈现出层序边界处较小、最大海泛面处较大的外凸型。三亚组二段 Sq15、Sq16 挑选出 Mg/Ba、Si/Cl、Al/Cl、Ti/Cl 4 种指标,其中 Mg/Ba 呈现出层序边界处较大、最大海泛面处较小的内凹型,Si/Cl、Al/Cl、Ti/Cl 呈现出层序边界处较小、最大海泛面处较大的外凸型。

宏观上岩芯观察得到的层序划分,可能存在尺度上的不统一,由于西科1井处于独立于外部陆源碎屑影响的西沙群岛,且中新世以来西沙群岛的构造运动较弱,西沙群岛的生物礁发育主要受控于海平面的变化,从而生物礁的发育很大程度上受控于米兰科维奇旋回,每个区段内与现有层序划分结果对应较好的元素指标即可满足米兰科维奇旋回的划分。由米氏天文旋回的年代尺度与层序的年代尺度的相近性,一般认为短期偏心率周期对应五级层序,岁差对应六级层序,为了识别和提取有效的天文频率,对所选指标进行频谱分析和小波分析。

必须指出的是,西科1井不同层段发育多个暴露不整合界面,这说明新生代时期并不是一个完整的连续沉积剖面,而存在多个沉积间断面或地层短期缺失。因此,我们很难获取准确的天文旋回的年代地层序列,但完全可以识别出相对于天文频率的高频层序单元。

5.2.1 乐东组文石段高频层序单元划分

富文石区段主要分布在 0~36.69m,该段内发育 Sq1,其中 Mg/V、S/Zr、Zr/Th、Si/Mo 比值与层序格架对应较好,对其进行频谱分析和小波变换,识别出其中有效的天文旋回厚度(频率)(图5-5),其中Mg/V为7.402m∶1.898m,S/Zr为6.729m∶1.542m,Zr/Th为6.729m∶1.609m,Si/Mo为7.402m∶1.947m对应于96.339ka∶23.635ka,从而五级层序-短期偏心率的优势厚度在7m左右(Mg/V为7.402m,S/Zr为6.729m,Zr/Th为6.729m,Si/Mo为7.402m),六级层序-岁差的优势厚度在1.7m左右(Mg/V为1.898m,S/Zr为1.542m,Zr/Th为1.609m,Si/Mo为1.947m),从小波变换图上亦能较好地看出其中存在的五级层序厚度条带(7m附近)和六级层序厚度条带(1.7m附近)(图5-5),揭示了信号中存在的旋回信息。

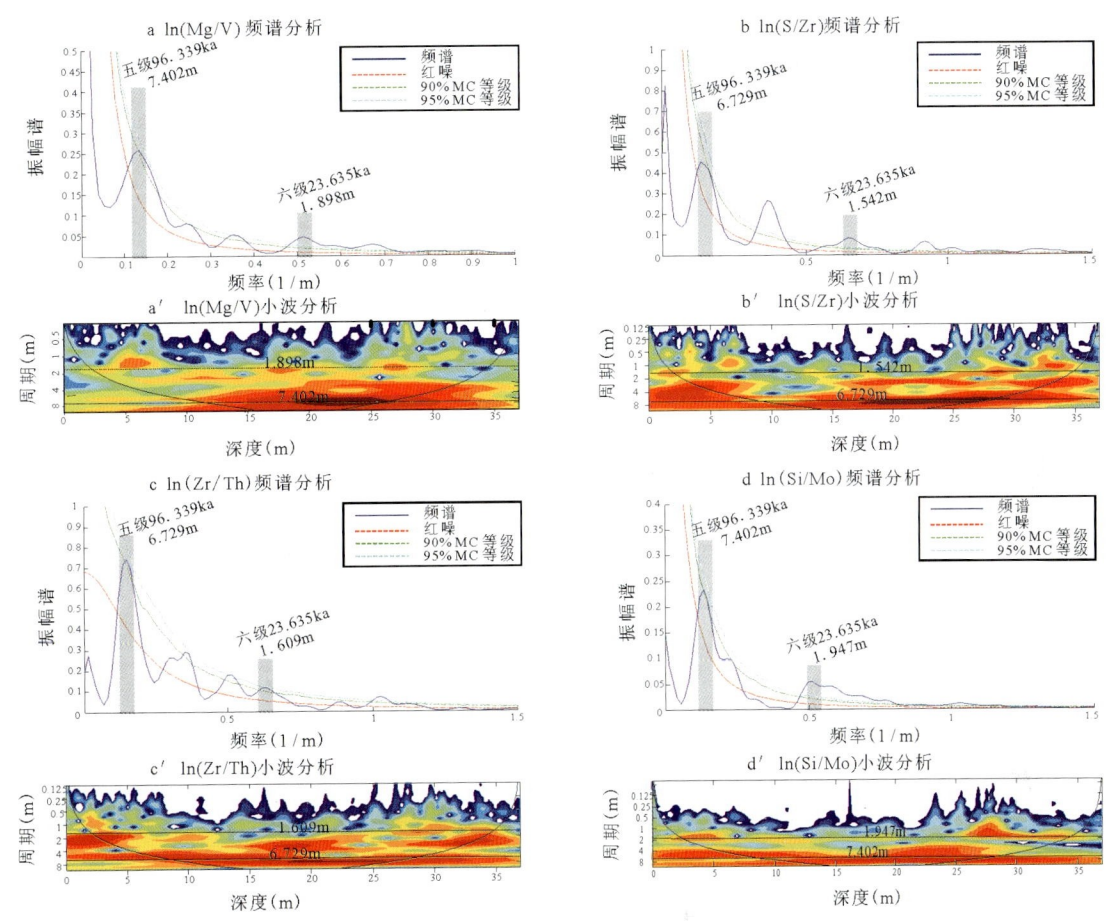

图5-5 文石段所选元素的频谱分析和小波变换图

在识别出五级层序、六级层序对应的频率(厚度)之后,利用小波工具箱提取出对应频率的单频曲线,综合对比4种元素比值的单频曲线,结合宏观岩芯观察、微观薄片观察结果,对文石段进行五级、六级层序的界面划分(图5-6、图5-7)。

应用单频曲线进行五级层序、六级层序划分,共划分出6个五级层序、23个六级层序。在每个五级层序内,Mg/V、S/Zr比值呈现出向上减小的变化趋势,Zr/Th、Si/Mo比值呈现出向上增大的变化趋势。在每个六级层序内,相同元素比值在层序内的变化趋势与五级层序内变化趋势相同,Mg/V、S/Zr比值呈现出向上减小的变化趋势,Zr/Th、Si/Mo比值呈现出向上增大的变化趋势。

Mg与矿物成分变化有关,文石段内文石、低镁方解石含量减少,高镁方解石含量增高,从而Mg在该段内变化不大,Mg/V的变化取决于V的变化趋势,生物礁滩相由于水体较浅,整体处于氧化状态,从而水体中的V主要呈吸附态,吸附于Mn_xO_y,层序界面附近,水体中Mn_xO_y较多,从而吸附的V也越多,Mg/V较低;Si、Zr、Th与生物吸收有关,特别是红藻,其对Th的吸收富集能力约为Zr吸收富集能力的10倍,从而红藻含量越高,Zr/Th越低,文石段红藻含量在最大海泛面附近达到极大值,从而使得Zr/Th在最大海泛面附近呈现出极小值(图5-8)。

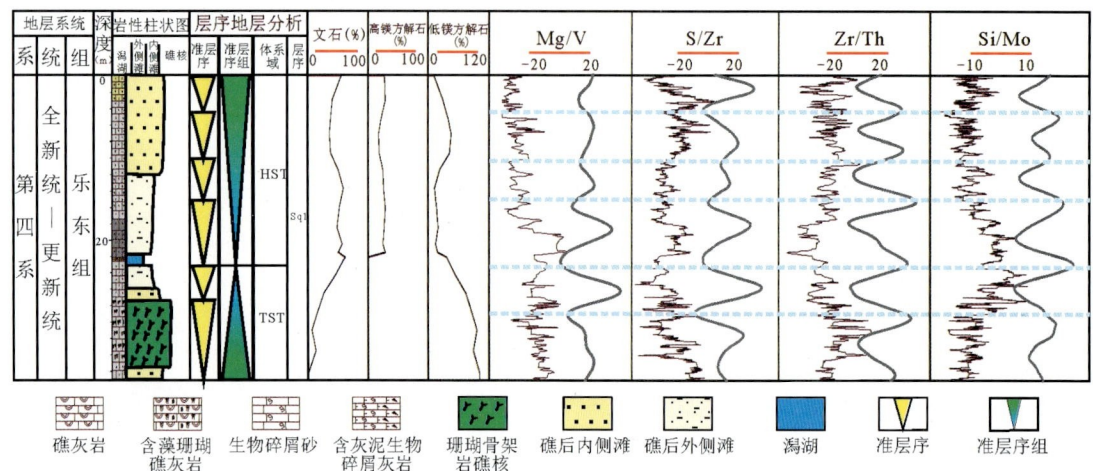

图 5-6 利用小波提取单频曲线进行五级层序划分

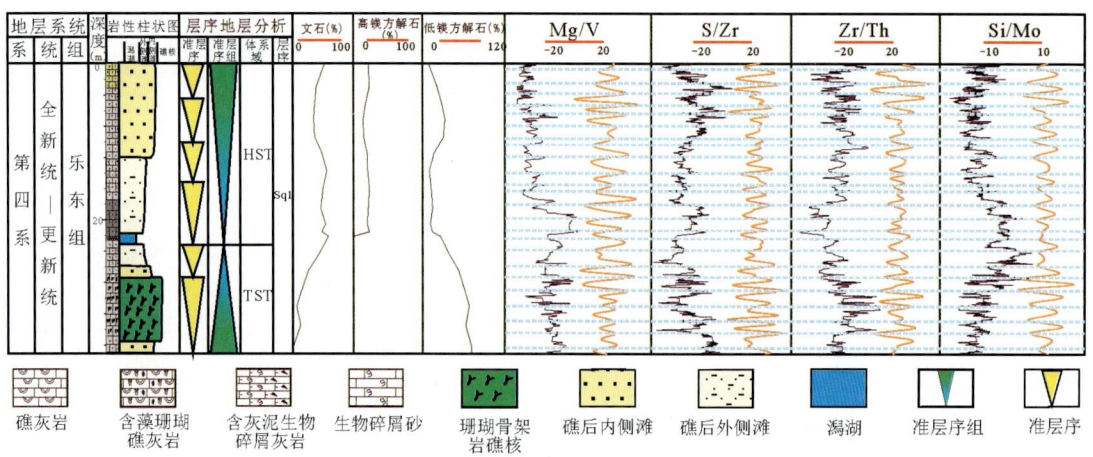

图 5-7 利用小波提取单频曲线进行六级层序划分

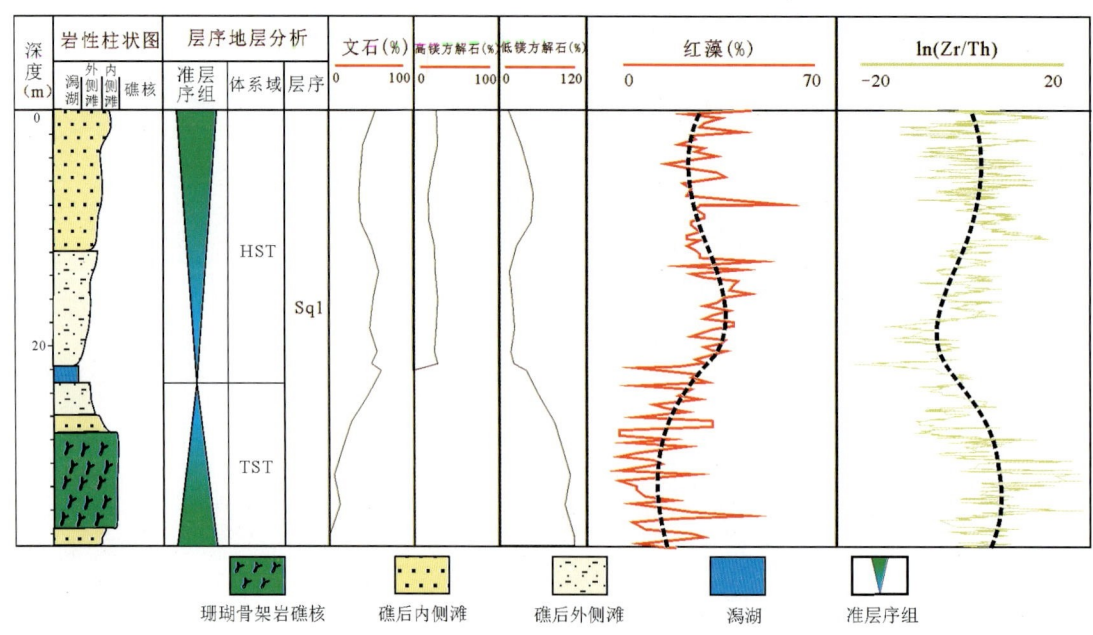

图 5-8 文石段红藻与 Zr/Th 之间的变化趋势对比

5.2.2 乐东组方解石段高频层序单元划分

乐东组方解石段主要分布在36.69～214.89m,该区段包括Sq2和Sq3,其中,Al/V、Cu/Pd、K/Sn、Mn/Mo 4种指标变化趋势与层序对应较好,对其进行频谱分析和小波变换,识别出其中有效的天文旋回厚度(图5-9),其中Al/V为11.847m:3.012m,Cu/Pd为11.847m:2.937m,K/Sn为9.872m:2.468m,Mn/Mo为9.872m:2.503m,对应于96.339ka:23.635ka,从而乐东组方解石段的五级层序-短期偏心率优势厚度在10m左右(Al/V为11.847m,Cu/Pd为11.847m,K/Sn为9.872m,Mn/Mo为9.872m),六级层序-岁差的优势厚度在2.7m左右(Al/V为3.012m,Cu/Pd为2.937m,K/Sn为2.468m,Mn/Mo为2.503m),同样,从小波变换图上亦能较好地看出其中存在的五级层序厚度条带(10m附近)和六级层序厚度条带(2.7m附近)(图5-9),揭示了信号中存在的旋回信息。

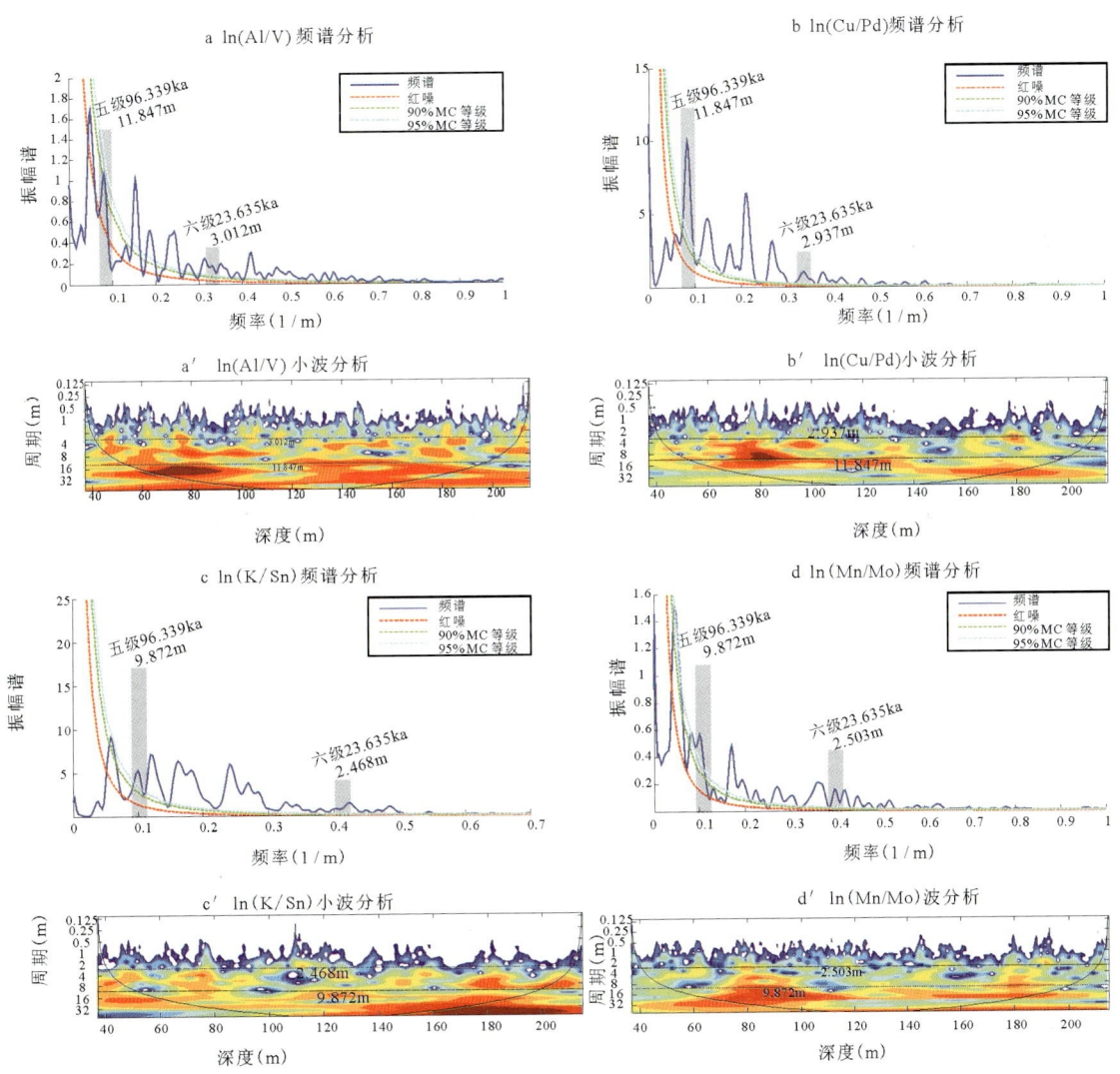

图5-9 乐东组方解石段所选元素的频谱分析和小波变换图

在识别出五级层序、六级层序对应的频率(厚度)之后,利用小波工具箱提取出对应频率的单频曲线,综合对比4种元素比值的单频曲线,结合宏观岩芯观察,微观薄片观察结果,对乐东组方解石段进行五级、六级层序的界面划分(图5-10、图5-11)。

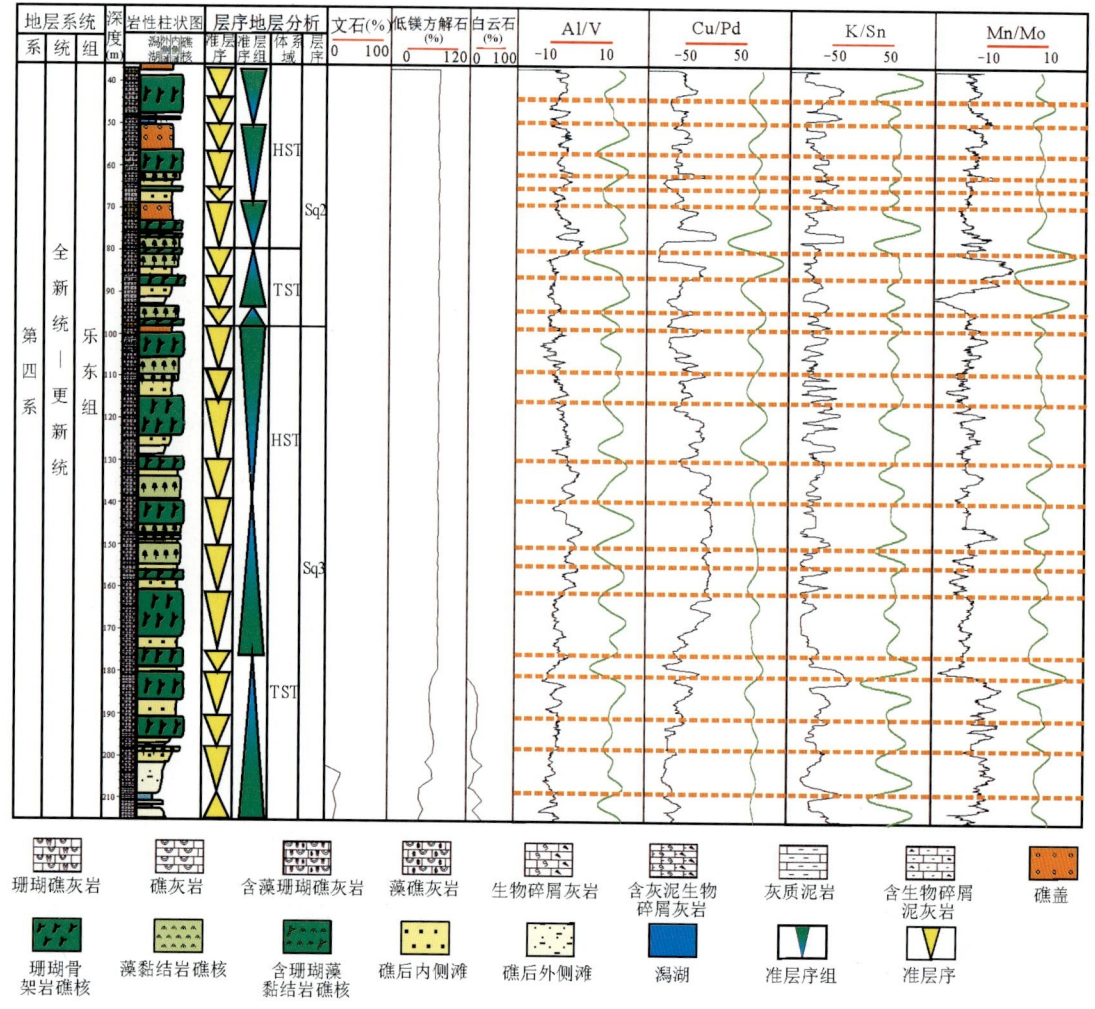

图 5-10 利用小波提取单频曲线进行五级层序划分

应用单频曲线进行五级层序、六级层序划分，共划分出 21 个五级层序、75 个六级层序。在每个五级层序内，Al/V、Cu/Pd、K/Sn 比值呈现出向上减小的变化趋势，Mn/Mo 比值呈现出向上增大的变化趋势。在每个六级层序内，相同元素比值在层序内的变化趋势与五级层序内变化趋势相同，Al/V、Cu/Pd、K/Sn 比值呈现出向上减小的变化趋势，Mn/Mo 比值呈现出向上增大的变化趋势。

与 Mg/V 相似，Al/V 主要的变化趋势也是由于 V 在水体中被 Mn_xO_y 吸附量的差异性所致，在层序界面附近，氧化性较强，从而水体中的 Mn_xO_y 含量较高，吸收的 V 也较高，使得 Al/V 在层序界面附近较低，而在最大海泛面附近较高。Cu 在浅水水体的分布通常呈现出往下增高的趋势，主要是由于最表层浮游植物的吸收，使得 Cu 含量降低，另外，Pd 更易在较为还原的状态下富集，Cu/Pd 在最大海泛面附近达到极大值，反映了 Cu 的富集系数相比 Pd 而言更高。海水中的 Sn 主要来源于大气，从而随着水深逐渐加大，Sn 的浓度逐渐减小，从而在相对海平面较高的最大海泛面附近，K/Sn 可达最大值。生物礁中 Mo 主要呈吸附态，其含量取决于 Mn_xO_y 含量，从而 Mn/Mo 比值反映的是整体 Mn/氧化 Mn 的含量比值（还原 Mn/氧化 Mn），在三级层序内，随着水深加大，还原条件加强，还原 Mn/氧化 Mn 逐渐加大，从而 Mn/Mo 比值在最大海泛面附近达到最大值。

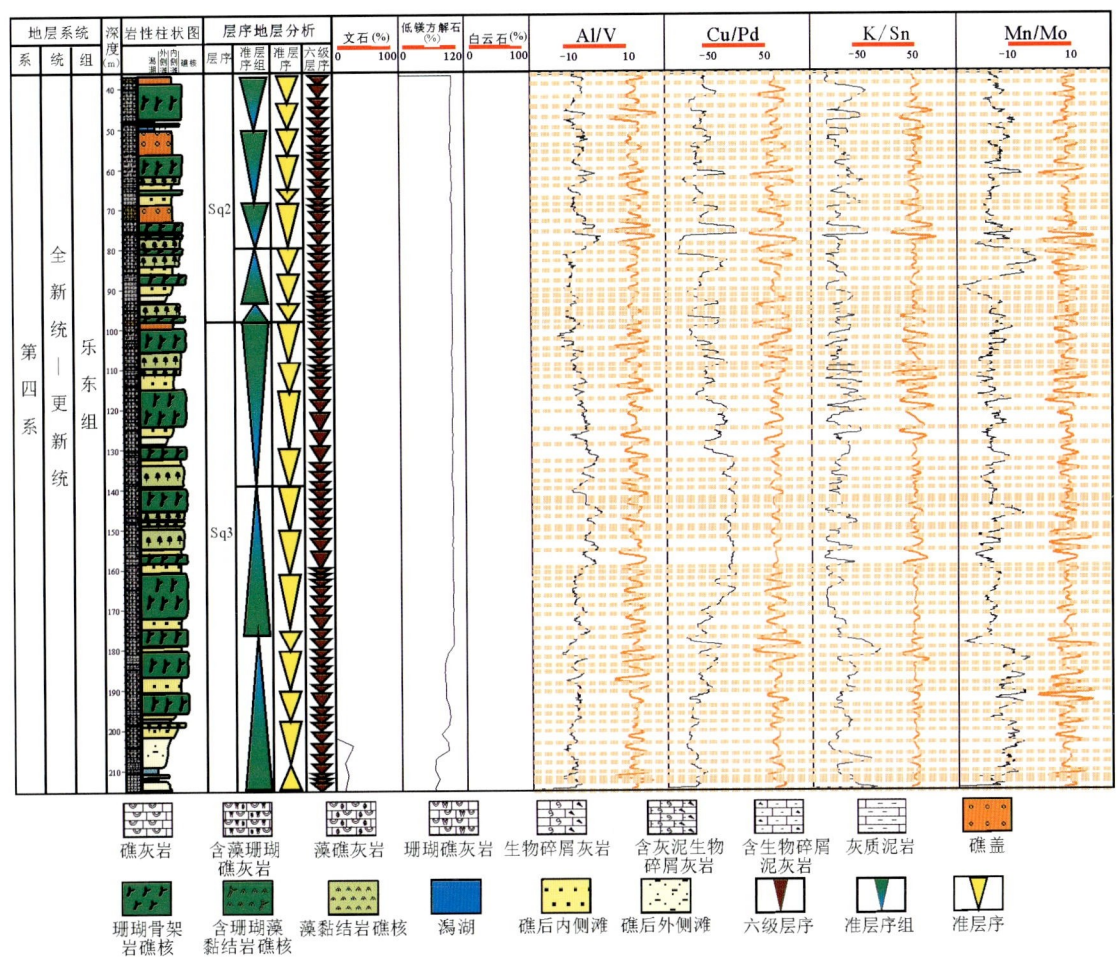

图 5-11 利用小波提取单频曲线进行六级层序划分

5.2.3 莺歌海组方解石与白云石互层段高频层序单元划分

莺歌海组方解石与白云石互层段主要分布在 214.89～374.95m,该区段包括 Sq4～Sq6,其中 Mn/Sr、Fe/Mo、Ti/Pd、Br/Pd 4 种指标变化趋势与层序对应较好,对其进行频谱分析和小波变换,识别出有效的天文旋回厚度(频率)(图 5-12),其中 Mn/Sr 为 15.810m∶4.003m,Fe/Mo 为 18.601m∶5.020m,Ti/Pd 为 18.601m∶4.719m,Br/Pd 为 18.601m∶4.719m,对应于 96.432ka∶23.685ka,从而莺歌海组方解石与白云石互层段的五级层序-短期偏心率优势厚度在 17m 左右(Mn/Sr 为 15.810m,Fe/Mo 为 18.601m,Ti/Pd 为 18.601m,Br/Pd 为 18.601m),六级层序-岁差的优势厚度在 4.7m 左右(Mn/Sr 为 4.003m,Fe/Mo 为 5.020m,Ti/Pd 为 4.719m,Br/Pd 为 4.719m),同样,从小波变换图上亦能较好地看出其中存在的五级层序厚度条带(17m 附近)和六级层序厚度条带(4.7m 附近)(图 5-13),揭示了信号中存在的旋回信息。

在识别出五级层序、六级层序对应的频率(厚度)之后,利用小波工具箱提取出对应频率的单频曲线,综合对比 4 种元素比值的单频曲线,结合宏观岩芯观察、微观薄片观察结果,对莺歌海组方解石与白云石互层段进行五级、六级层序的界面划分(图 5-13、图 5-14)。

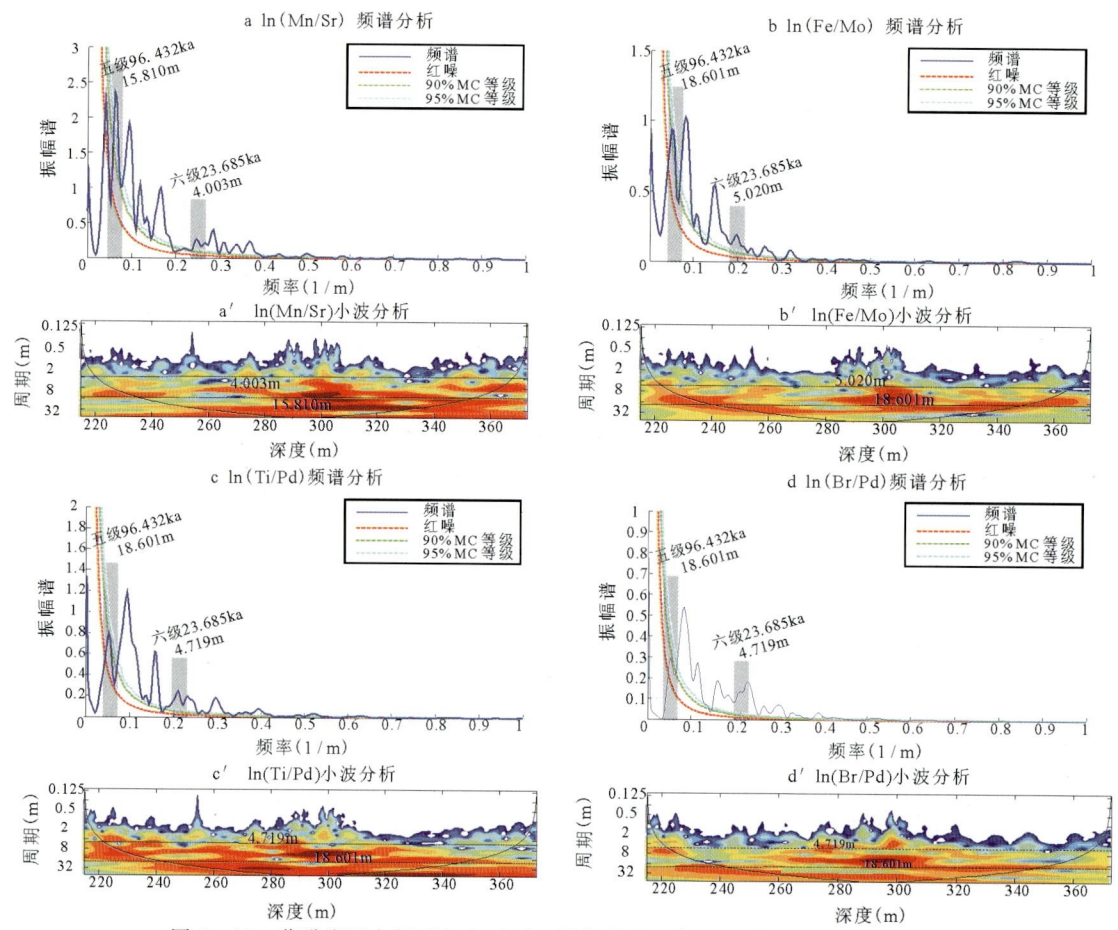

图 5-12 莺歌海组方解石与白云石互层段所选元素的频谱分析和小波变换图

应用单频曲线进行五级层序、六级层序划分，共划分出 13 个五级层序、45 个六级层序。在每个五级层序内，Mn/Sr、Fe/Mo 比值呈现出向上减小的变化趋势，Ti/Pd、Br/Pd 比值呈现出向上增大的变化趋势。在每个六级层序内，相同元素比值在层序内的变化趋势与五级层序内变化趋势有所不同，Mn/Sr、Fe/Mo、Ti/Pd、Br/Pd 比值均呈现出向上增大的变化趋势。

由于西沙石岛远离大陆物源，从而 Fe、Ti 等常见的与陆屑有关的元素可能反映的是生物的差异性吸附，同时 Pd 虽然通常解释为热液还原成因，但在该区段，Ti/Pd、Br/Pd 能较好地结合宏观岩芯，对五级层序进行划分，反映了 Pd 元素可能在该段深刻记录了礁滩体系随着海平面变化其物理化学性质发生的周期性变化。另外，虽然通常认为 Mn、Sr 是与成岩作用有关的元素，但是在该段也能呈现出较好的变化规律，可能反映了沉积旋回相关的信息。

5.2.4 黄流组白云石段高频层序单元划分

黄流组白云石段主要分布在 374.95～576.50m，该段内发育 Sq7 和 Sq8，其中 Sr/Ca、Th/Ca、Ca/Mn 这 3 种指标变化趋势与层序对应较好，对其进行频谱分析和小波变换，识别出有效的天文旋回厚度（频率）（图 5-15），其中 Ca/Mn 为 9.950m：2.398m，Sr/Ca 为 10.473m：2.224m，Th/Ca 为 9.709m：2.427m，对应理论周期 98.425ka：23.596ka，从而黄流组白云石段的五级层序-短期偏心率优势厚度在 10m 左右（Ca/Mn 为 9.950m，Sr/Ca 为 10.473m，Th/Ca 为 9.709m），六级层序-岁差的优势厚度在 2.3m 左右（Ca/Mn 为 2.398m，Sr/Ca 为 2.224m，Th/Ca 为 2.427m），同样，从小波变换图上亦能较好地看出其中存在的五级层序厚度条带（10m 附近）和六级层序厚度条带（2.3m 附近）（图 5-15），揭示了信号中存在的旋回信息。

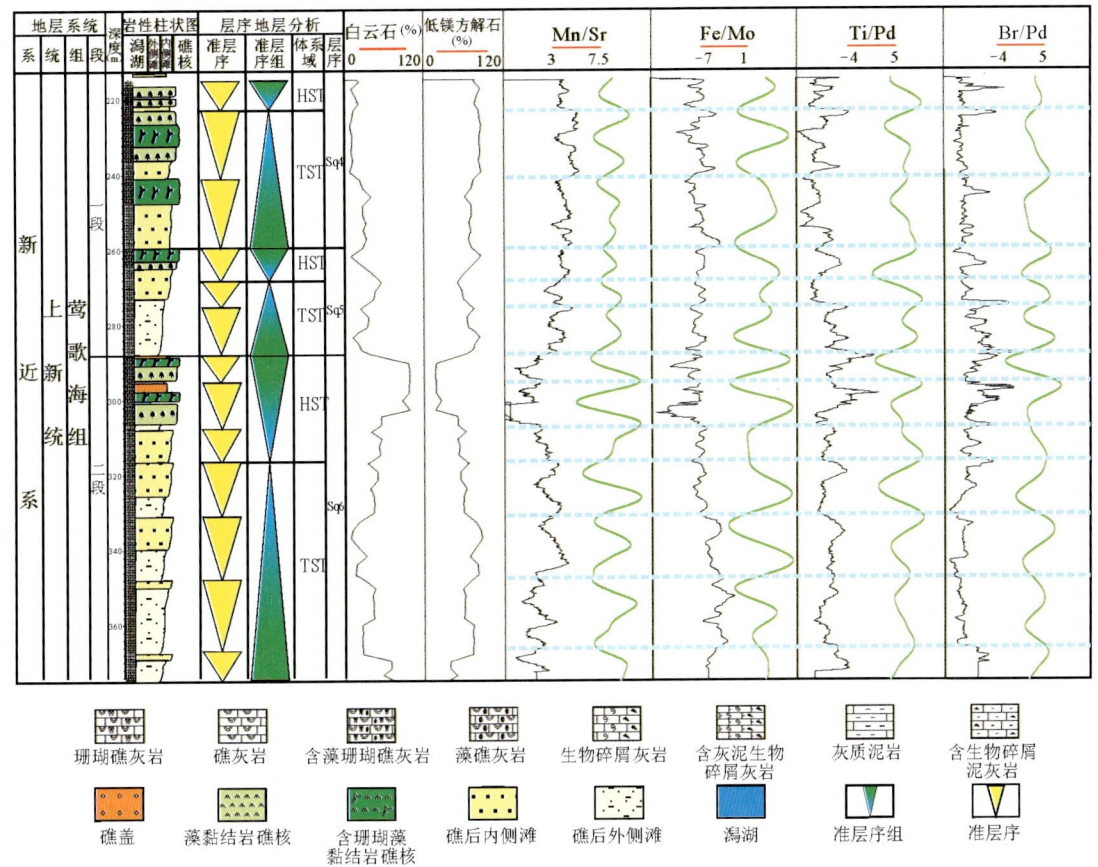

图 5-13 利用小波提取单频曲线进行莺歌海组五级层序划分

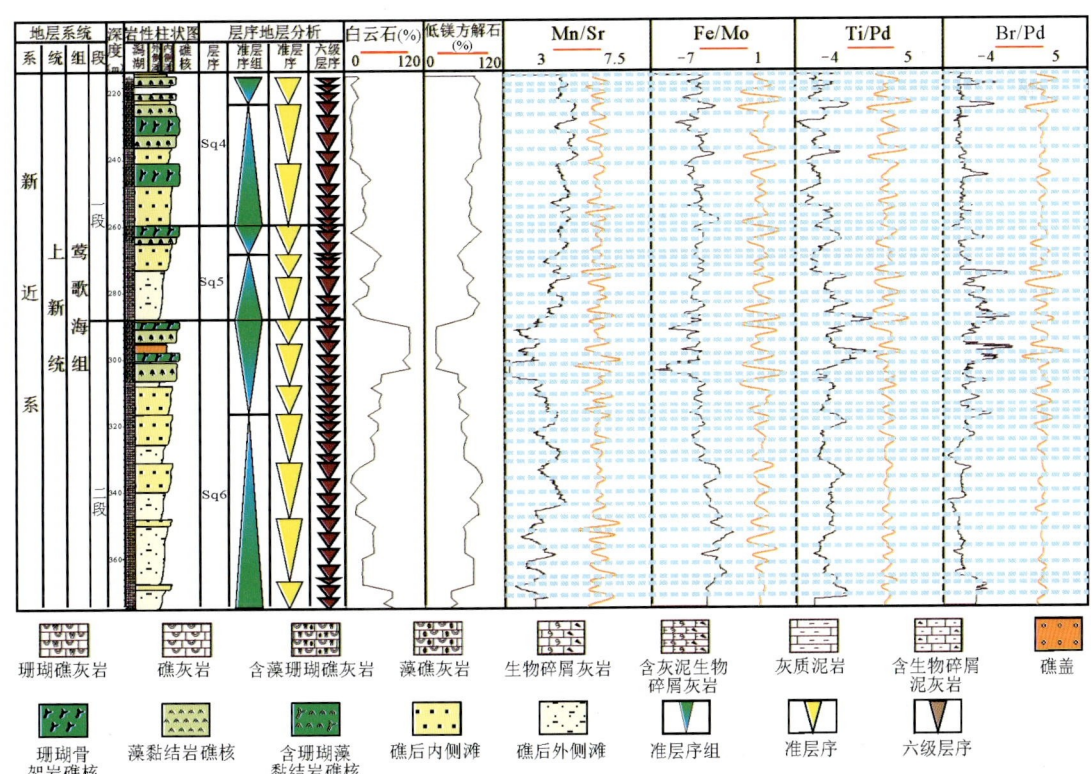

图 5-14 利用小波提取单频曲线进行莺歌海组六级层序划分

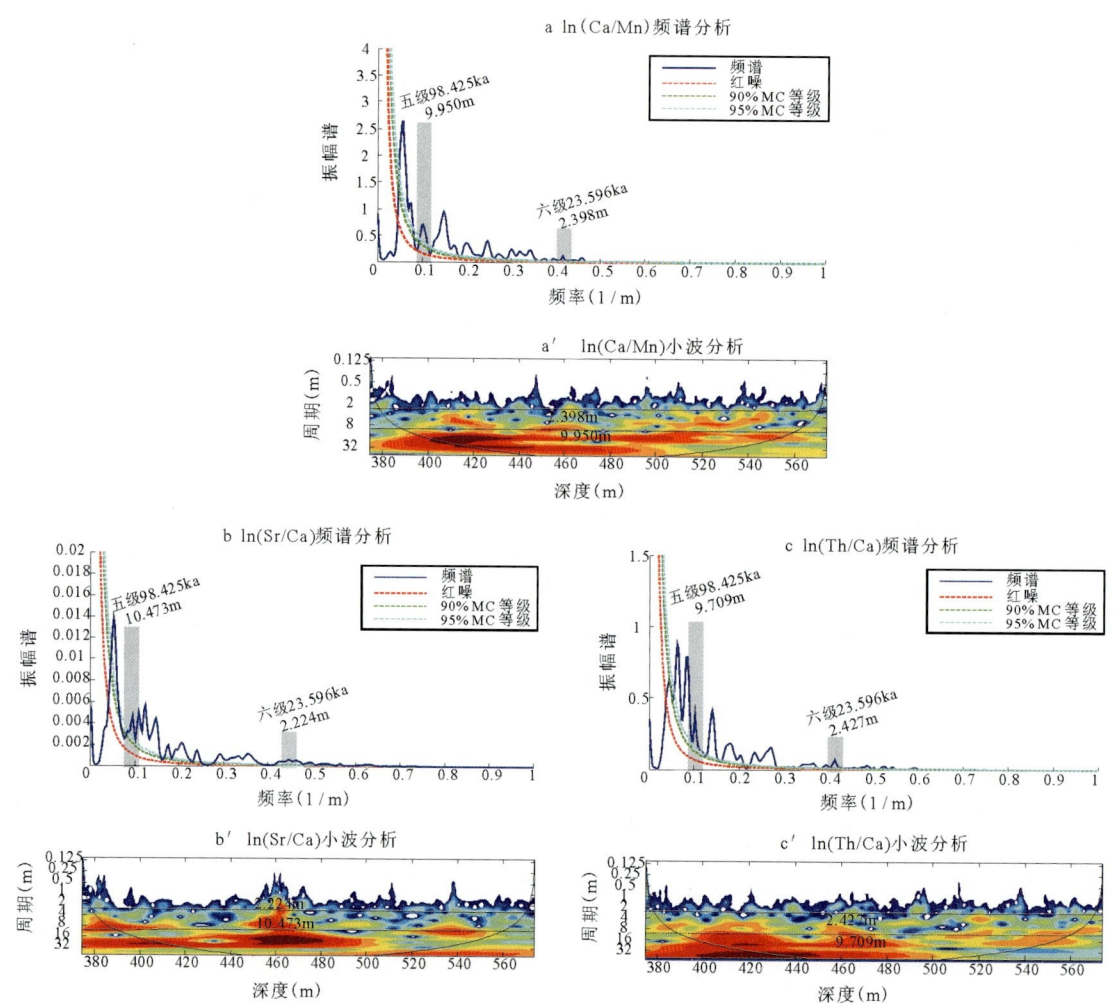

图 5-15 黄流组白云石段所选元素的频谱分析和小波变换图

在识别出五级层序、六级层序对应的频率（厚度）之后，利用小波工具箱提取出对应频率的单频曲线，综合对比3种元素比值的单频曲线，结合宏观岩芯观察、微观薄片观察结果，对黄流组白云石段进行五级、六级层序的界面划分（图 5-16、图 5-17）。

应用单频曲线进行五级层序、六级层序划分，共划分出 23 个五级层序、88 个六级层序。在每个五级层序内，Ca/Mn、Sr/Ca、Th/Ca 比值呈现出向上增大的变化趋势。在每个六级层序内，相同元素比值在层序内的变化趋势与五级层序内变化趋势相同，Ca/Mn、Sr/Ca、Th/Ca 比值均呈现出向上增大的变化趋势。

虽然 Mn、Sr 两种元素与成岩作用相关，但该段整体为大套白云石，其成岩作用大小影响程度可能退居其次，另外，Ca/Mn、Sr/Ca、Th/Ca 在三级层序格架下呈现出较好的变化趋势，同时结合宏观岩芯，能较好地对黄流组白云石段进行五级层序划分，从而说明这些元素比值变化可能更多的是与沉积成因有关。Ca/Mn 比值与总孔隙度存在较好的镜像关系，由于渗透白云岩化是损失 Mn 的过程，从而孔隙度越大，其损失的 Mn 也会越多，Ca/Mn 比值逐渐加大，从而使得 Ca/Mn 比值在层序边界附近较小，层序内部较大。同时，由于白云岩化是损耗 Sr 的过程，Sr 主要存在于红藻和有孔虫之中，从而两者共同作用，使得 Sr/Ca 比值在层序边界附近较大、层序内部较小的趋势。

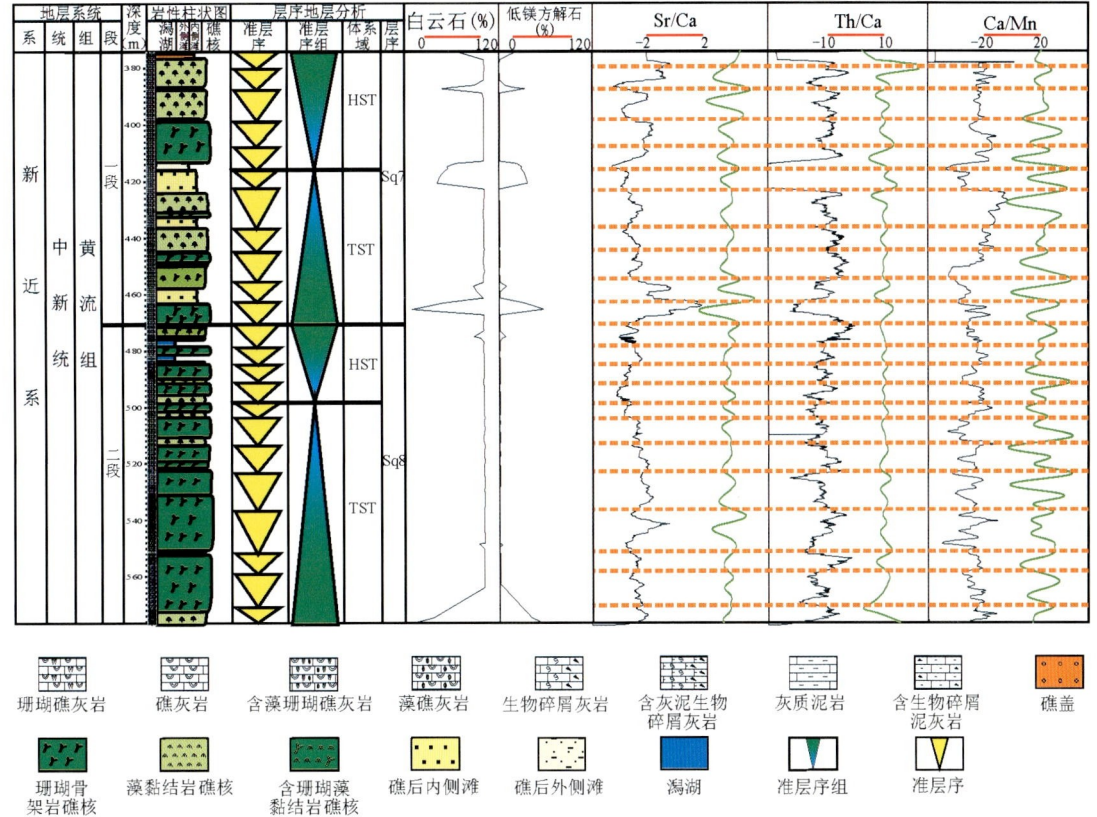

图 5-16 利用小波提取单频曲线进行黄流组五级层序划分

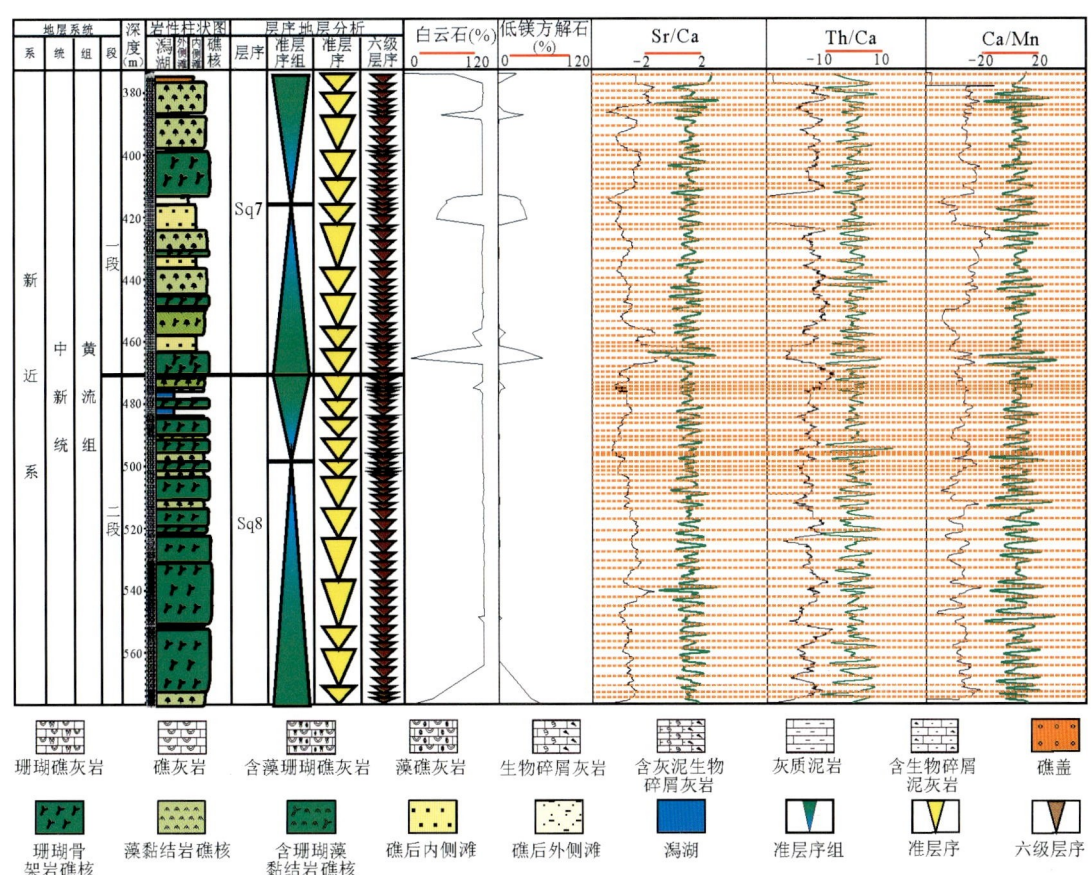

图 5-17 利用小波提取单频曲线进行黄流组六级层序划分

5.2.5 梅山组方解石与白云石互层段高频层序单元划分

梅山组方解石与白云石互层段主要分布在576.50~1032.46m,该区段内发育Sq9~Sq13,其中Si/Ca、Mg/Cu、Cl/Tl、Cu/Zr这4种指标变化趋势与层序对应较好,对其进行频谱分析和小波变换,识别出有效的天文旋回厚度(频率)(图5-18),其中Si/Ca为11.818m:3.023m,Mg/Cu为12.297m:2.993m,Cl/Tl为12.466m:3.043m,Cu/Zr为12.466m:3.013m,对应理论周期95.694ka:23.529ka,从而梅山组互层段的五级层序-短期偏心率优势厚度在12.3m左右(Si/Ca为11.818m,Mg/Cu为12.297m,Cl/Tl为12.466m,Cu/Zr为12.466m),六级层序-岁差的优势厚度在3.0m左右(Si/Ca为3.023m,Mg/Cu为2.993m,Cl/Tl为3.043m,Cu/Zr为3.013m),同样,从小波变换图上亦能较好地看出其中存在的五级层序厚度条带(12.3m附近)和六级层序厚度条带(3m附近),揭示了信号中存在的旋回信息(图5-18)。

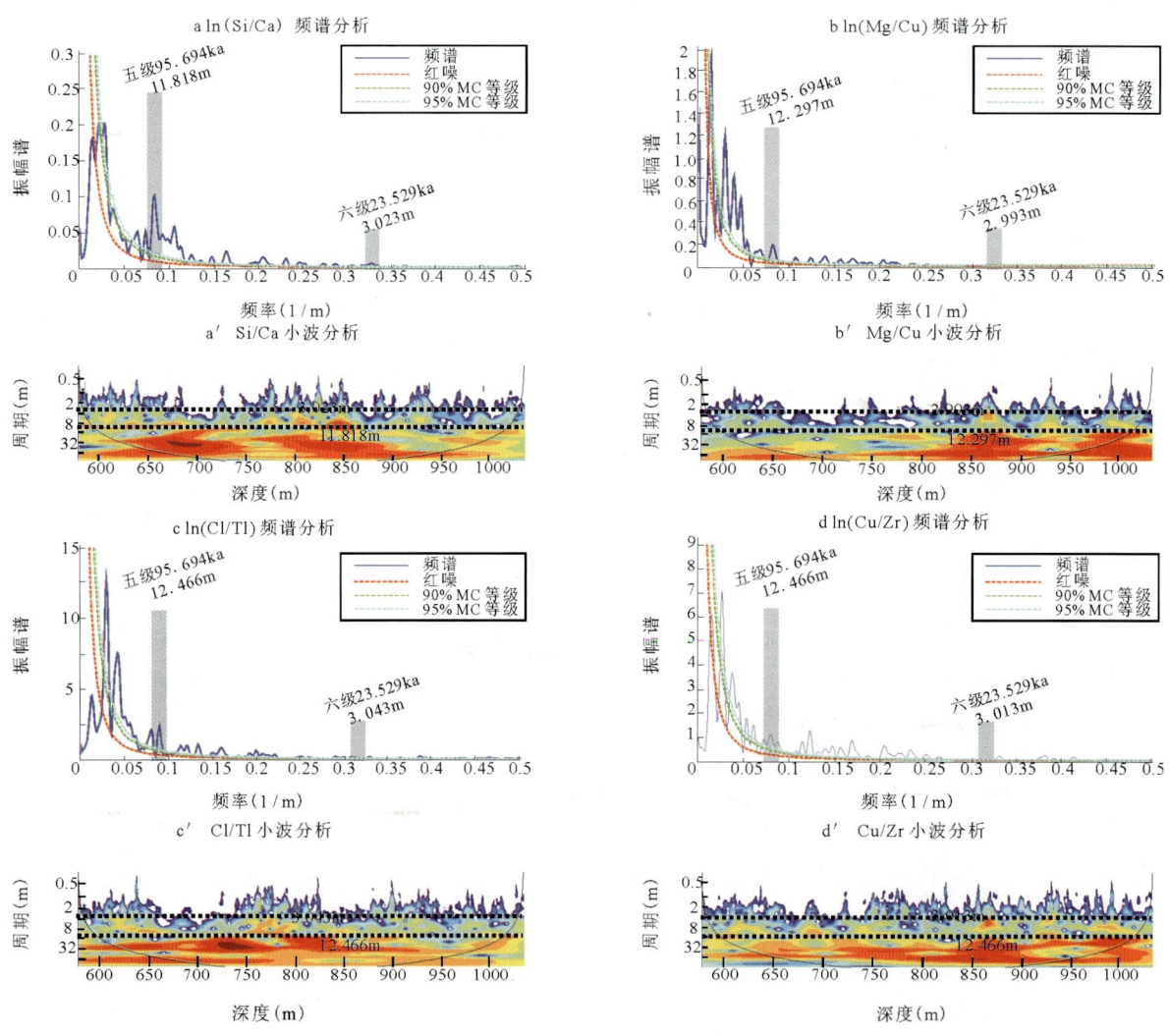

图5-18 梅山组方解石与白云石互层段所选元素的频谱分析和小波变换图

在识别出五级层序、六级层序对应的频率(厚度)之后,利用小波工具箱提取出对应频率的单频曲线,综合对比4种元素比值的单频曲线,结合宏观岩芯观察、微观薄片观察结果,对梅山组互层段进行五级、六级层序的界面划分(图5-19、图5-20)。

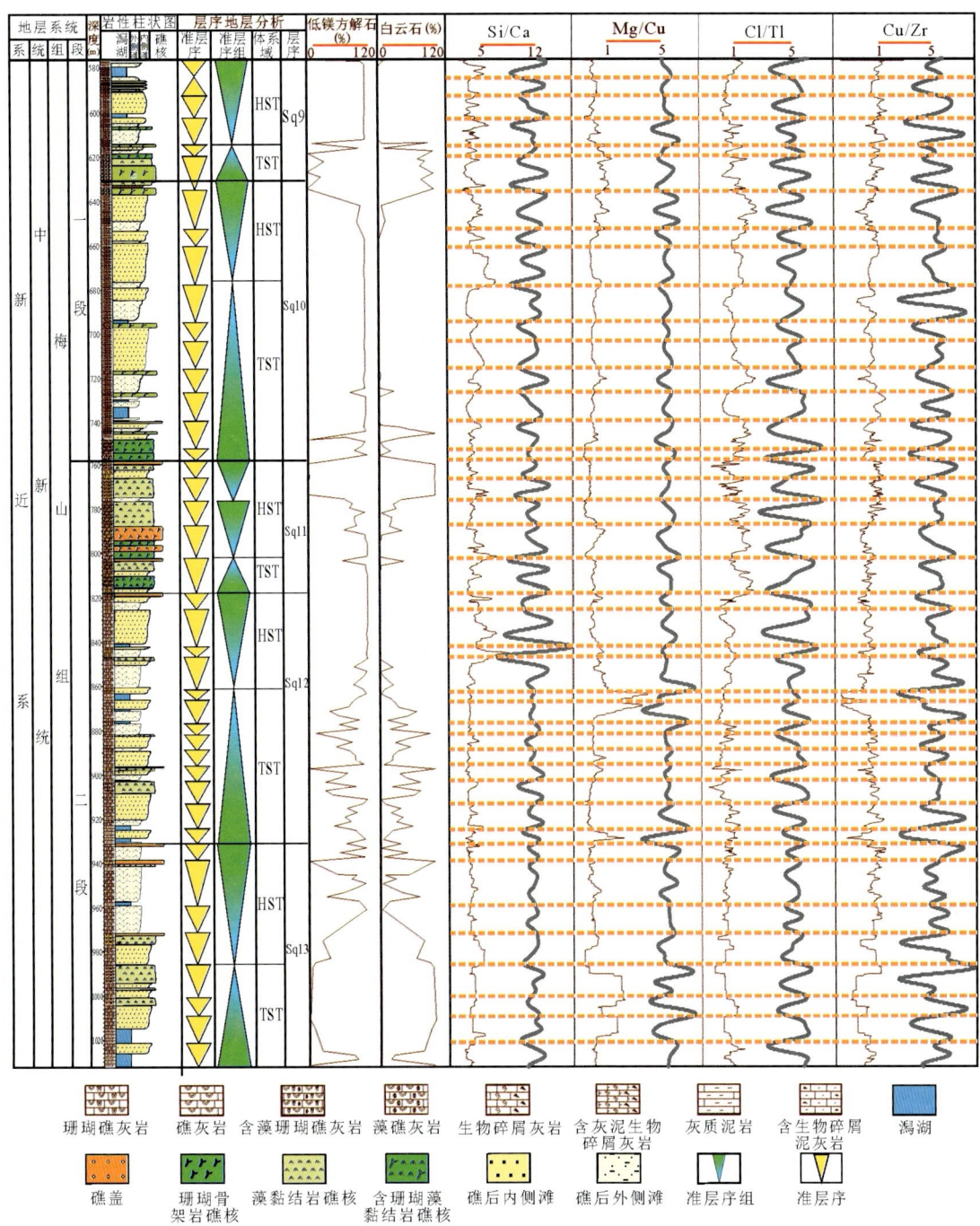

图 5-19 利用小波提取单频曲线进行梅山组五级层序划分

应用单频曲线进行五级层序、六级层序划分，共划分出 43 个五级层序、153 个六级层序。在每个五级层序内，Si/Ca 比值呈现出向上减小的变化趋势，Mg/Cu、Cl/Tl、Cu/Zr 呈现出向上增大的变化趋势。在每个六级层序内，Si/Ca 与其在五级层序中的变化趋势相同，呈现出向上减小的变化趋势；Mg/Cu、Cl/Tl、Cu/Zr 则与其在五级层序中的变化趋势相反，呈现出向上减小的变化趋势。

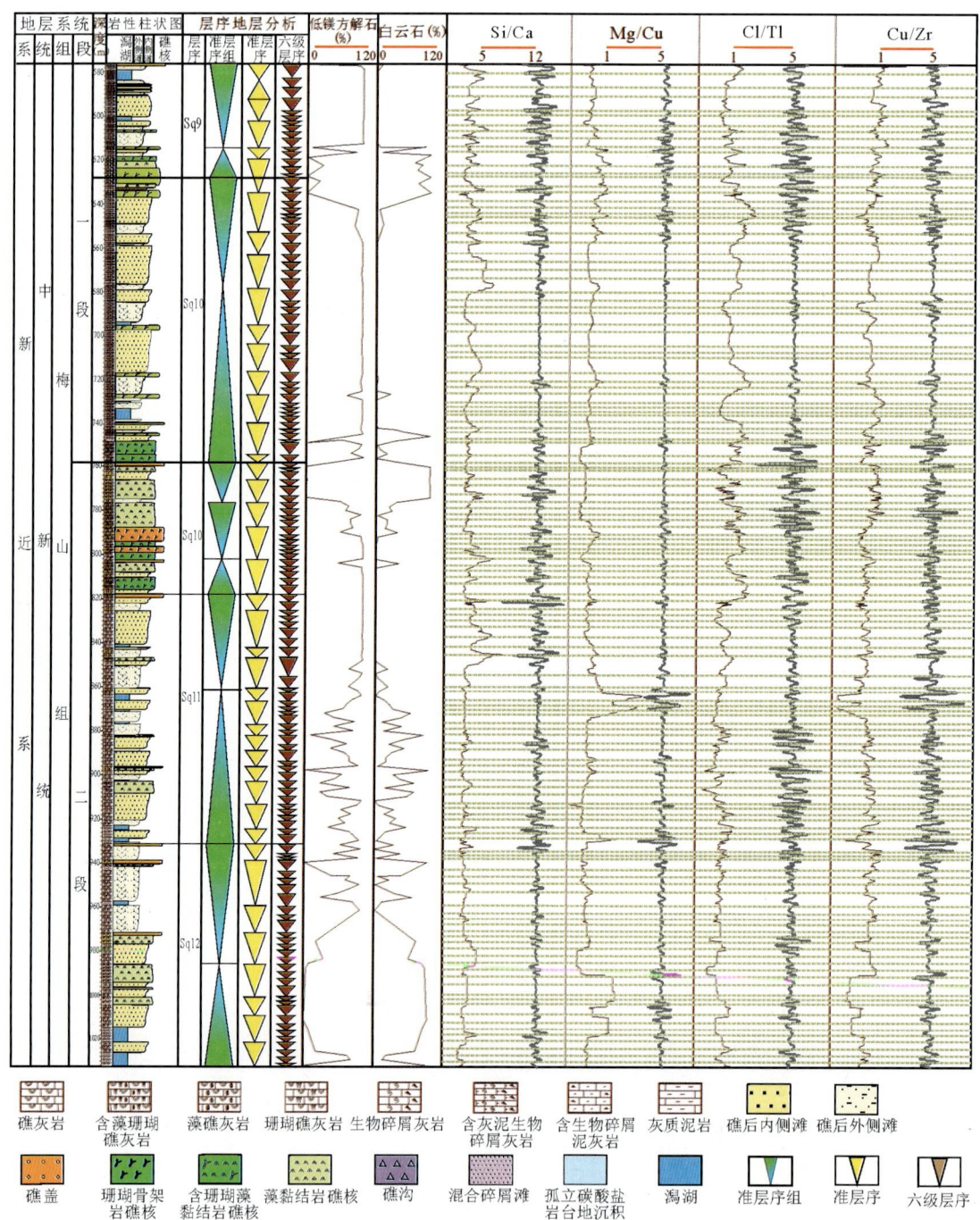

图 5-20 利用小波提取单频曲线进行梅山组六级层序划分

如前所述，由于西沙石岛远离陆源供给，从而 Si/Ca 可能反应的是生物吸收作用的差异性，特别是红藻的吸收作用，红藻比其他藻类具有更高的 Si 吸收系数，同时，红藻包壳中的 Ca 可能被 Si 所吸附交代，从而 Si/Ca 可能很大程度上与该段红藻含量的变化有关。与之类似的还有 Zr，由于较高的吸收系数，从而该段 Zr 的含量很大程度上反映的是红藻吸收作用的差异性。

5.2.6 三亚组一段白云石段高频层序单元划分

三亚组一段主要分布在1032.46～1181.00m，该段内发育Sq14，其中Br/Th、Ti/Ge、Mn/Ba、Rb/U这4种指标变化趋势与层序对应较好，对其进行频谱分析和小波变换，识别出有效的天文旋回厚度（频率）（图5-21），其中Br/Th为12.267m：2.318m，Ti/Ge为10.904m：1.950m，Mn/Ba为12.799m：2.374m，Rb/U为11.322m：1.165m，对应理论周期123.9ka：23.552ka，从而三亚组一段的五级层序-短期偏心率优势厚度在11.5m左右（Br/Th为12.267m，Ti/Ge为10.904m，Mn/Ba为12.799m，Rb/U为11.322m），六级层序-岁差的优势厚度在2.2m左右（Br/Th为2.318m，Ti/Ge为1.950m，Mn/Ba为2.374m，Rb/U为1.165m），同样，从小波变换图上亦能较好地看出其中存在的五级层序厚度条带（11.5m附近）和六级层序厚度条带（2.2m附近），揭示了信号中存在的旋回信息（图5-21）。

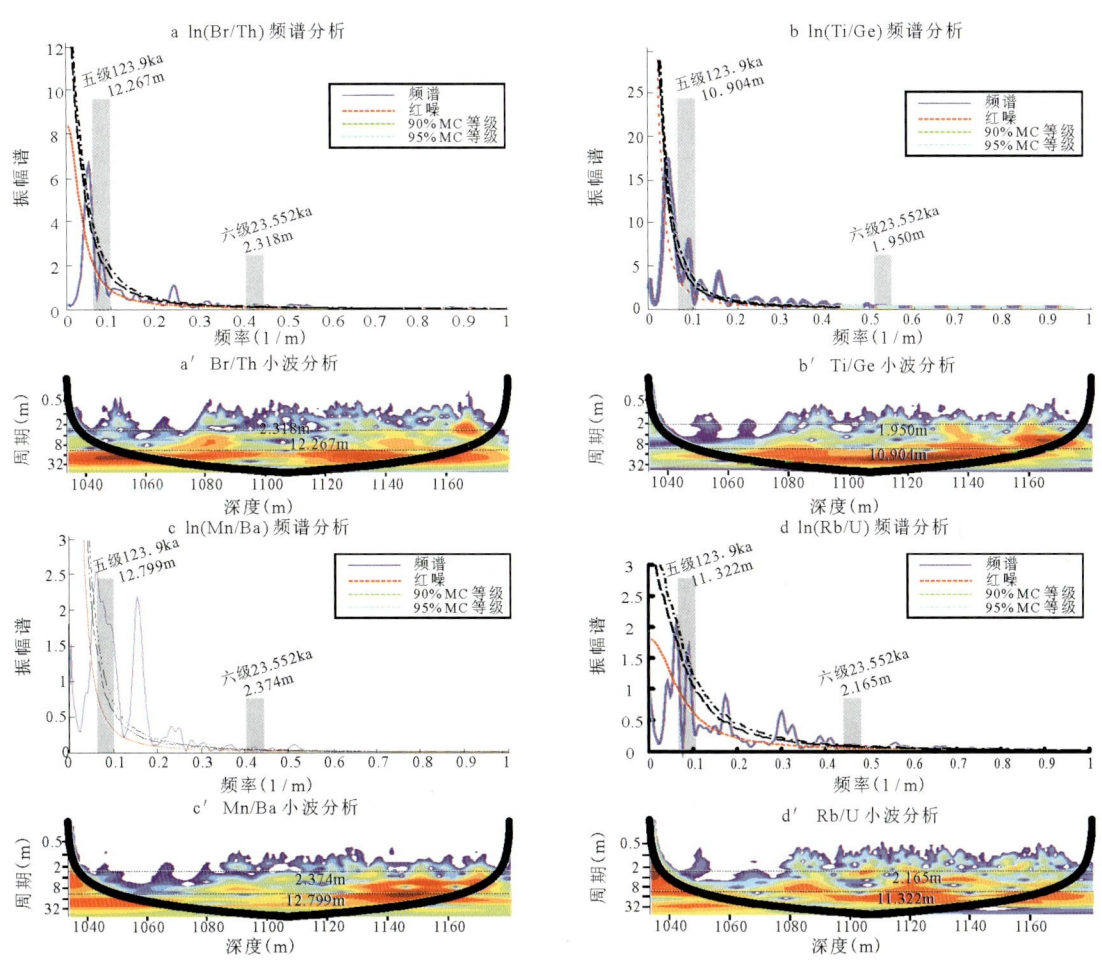

图5-21 三亚组一段所选元素的频谱分析和小波变换图

在识别出五级层序、六级层序对应的频率（厚度）之后，利用小波工具箱提取出对应频率的单频曲线，综合对比4种元素比值的单频曲线，结合宏观岩芯观察、微观薄片观察结果，对三亚组一段进行五级、六级层序的界面划分（图5-22，图5-23）。

应用单频曲线进行五级层序、六级层序划分，共划分出13个五级层序、54个六级层序。在每个五级层序内，Br/Th、Ti/Ge、Mn/Ba、Rb/U均呈现出向上增大的变化趋势。在每个六级层序内，Br/Th、Ti/Ge、Mn/Ba、Rb/U与其在五级层序中的变化趋势相同，均呈现出向上增大的变化趋势。

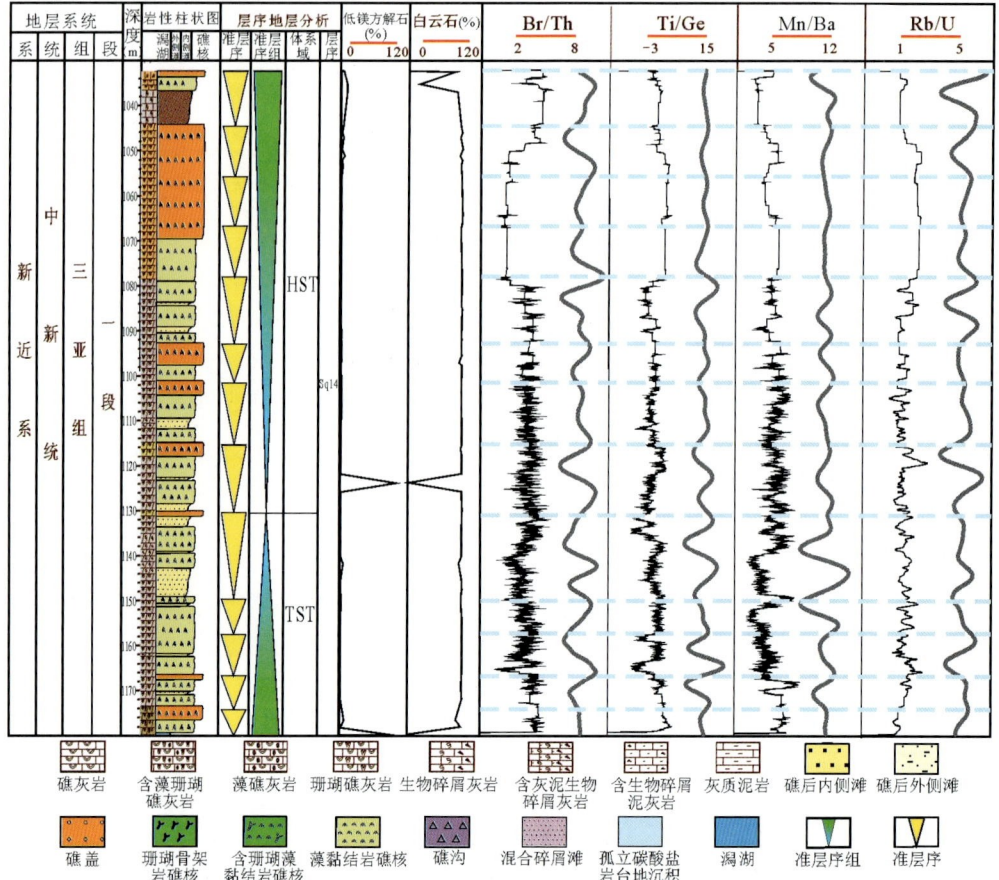

图 5-22 利用小波提取单频曲线进行三亚组一段五级层序划分

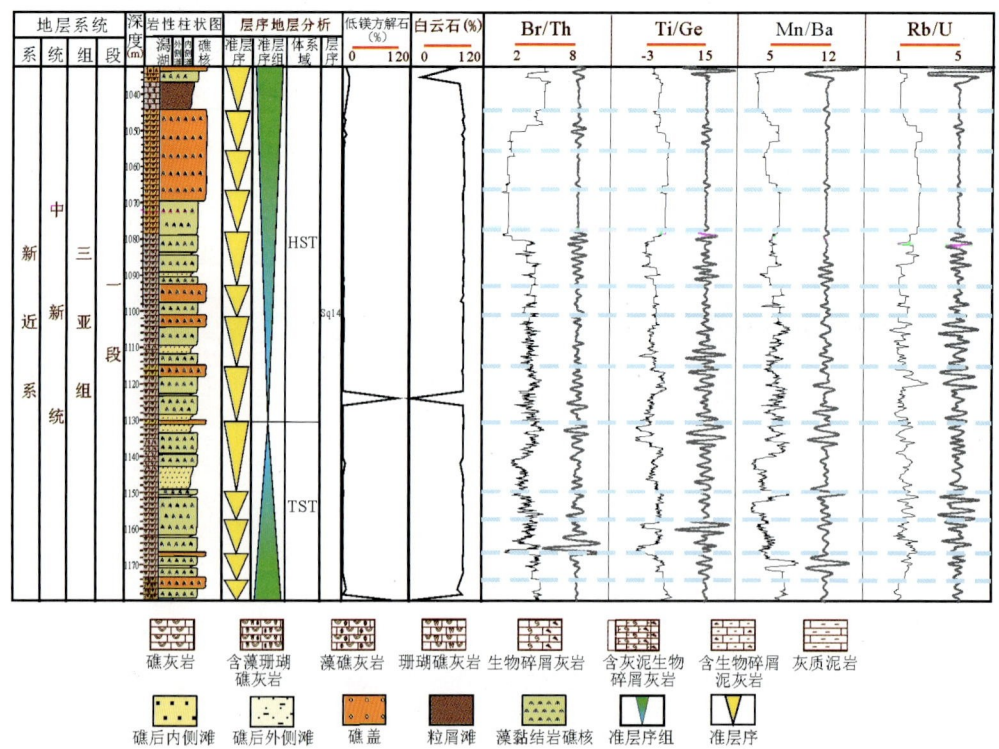

图 5-23 利用小波提取单频曲线进行三亚组一段六级层序划分

5.2.7 三亚组二段高频层序单元划分

三亚组二段主要分布在 1181~1257m，该段内发育 Sq15 和 Sq16，其中 Mg/Ba、Si/Cl、Al/Cl、Ti/Cl 这 4 种指标变化趋势与层序对应较好，对其进行频谱分析和小波变换，识别出有效的天文旋回厚度（频率）（图 5-24），其中 Mg/Ba 为 6.452m：1.229m，Si/Cl 为 6.192m：1.164m，Al/Cl 为 6.192m：1.164m，Ti/Cl 为 6.452m：1.164m，对应理论周期 123.9Ka：23.552Ka，从而三亚组二段的五级层序-短期偏心率优势厚度在 6.2m 左右（Mg/Ba 为 6.452m，Si/Cl 为 6.192m，Al/Cl 为 6.192m，Ti/Cl 为 6.452m），六级层序-岁差的优势厚度在 1.2m 左右（Mg/Ba 为 1.229m，Si/Cl 为 1.164m，Al/Cl 为 1.164m，Ti/Cl 为 1.164m），同样，从小波变换图上亦能较好地看出其中存在的五级层序厚度条带（6.2m 附近）和六级层序厚度条带（1.2m 附近），揭示了信号中存在的旋回信息（图 5-24）。

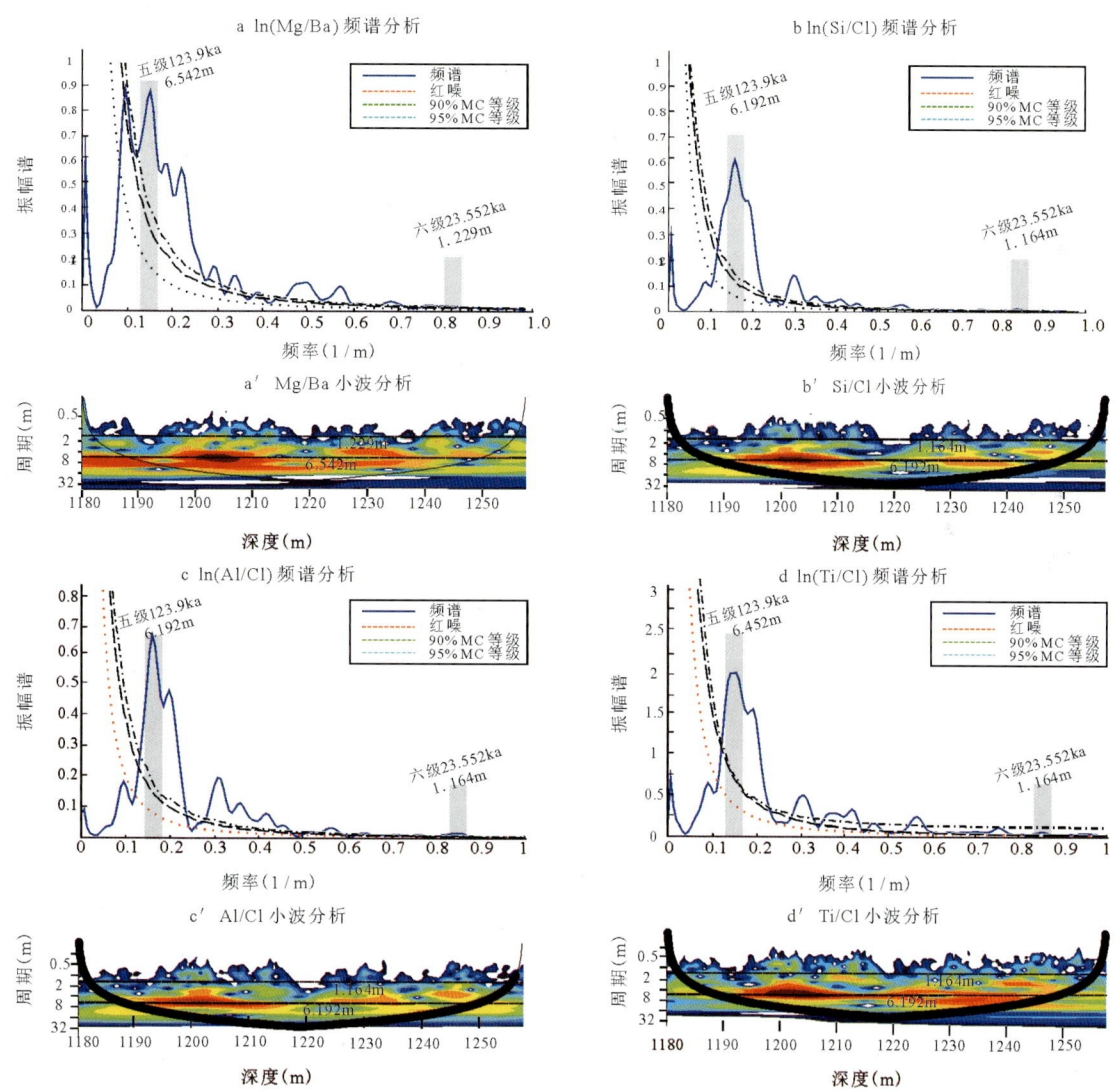

图 5-24 三亚组二段所选元素的频谱分析和小波变换图

在识别出五级层序、六级层序对应的频率（厚度）之后，利用小波工具箱提取出对应频率的单频曲线，综合对比 4 种元素比值的单频曲线，结合宏观岩芯观察、微观薄片观察结果，对三亚组二段进行五级、六级层序的界面划分（图 5-25、图 5-26）。

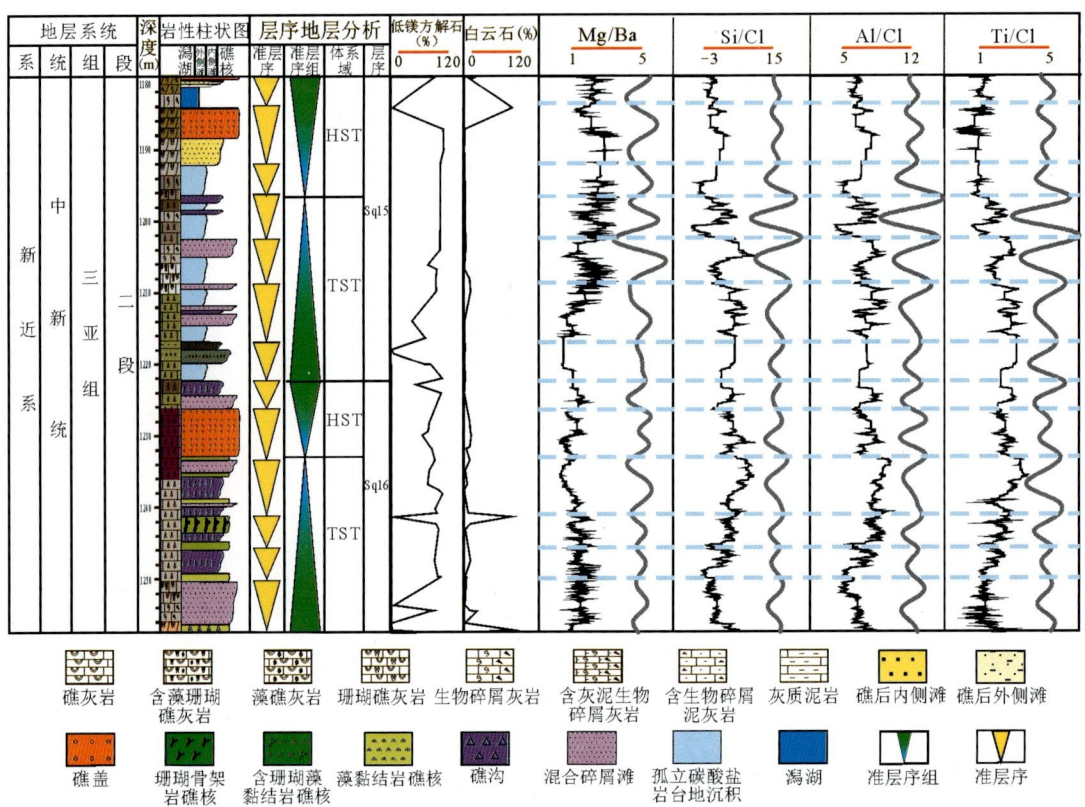

图 5-25 利用小波提取单频曲线进行三亚组二段五级层序划分

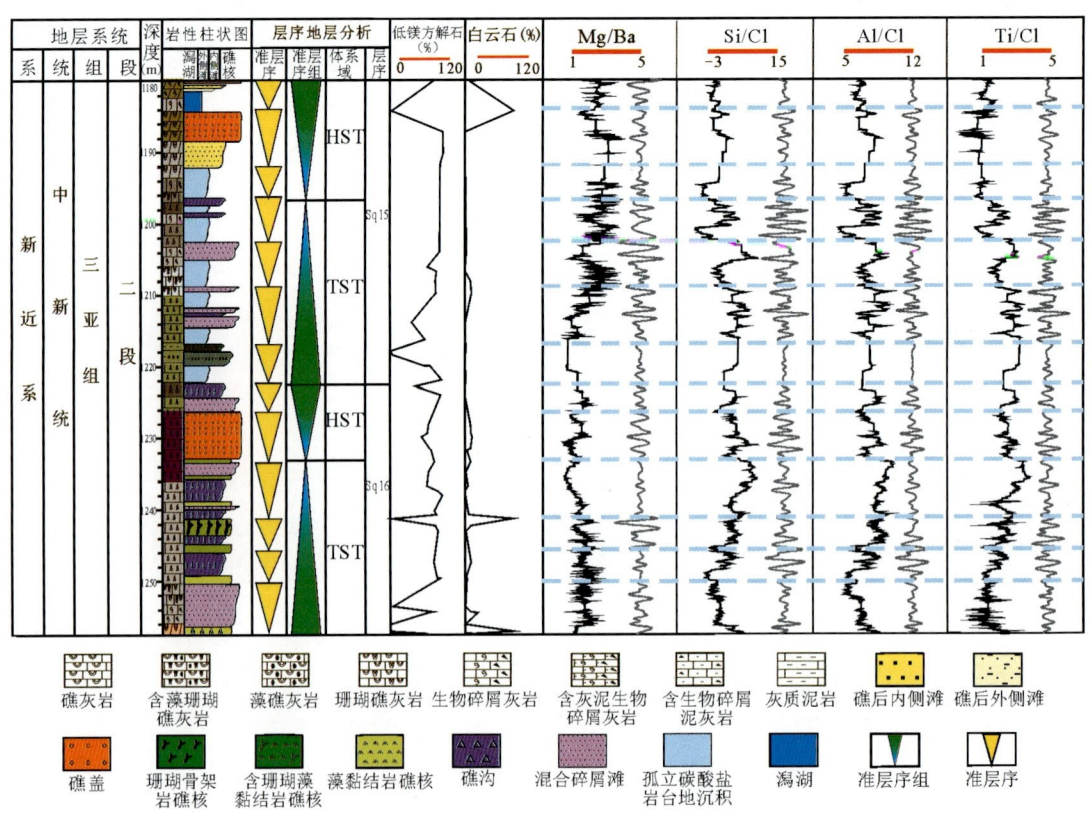

图 5-26 利用小波提取单频曲线进行三亚组二段六级层序划分

应用单频曲线进行五级层序、六级层序划分,共划分出 13 个五级层序、54 个六级层序。在每个五级层序内,Mg/Ba 呈现出向上增大的变化趋势,Si/Cl、Al/Cl、Ti/Cl 呈现出向上增大的趋势。在每个六级层序内,相同元素组合的变化趋势与五级层序内变化趋势相同,Mg/Ba 呈现出向上增大的变化趋势,Si/Cl、Al/Cl、Ti/Cl 呈现出向上增大的趋势。

该段不同于生物礁滩段,存在少量的陆源碎屑,从而 Si、Al、Ti 可能很大程度上是受陆源碎屑的影响。三级层序层序边界附近,水动力条件较强,从而不能沉积较多的陆源碎屑沉积,而最大海泛面附近,水动力条件较弱,陆源碎屑沉积可以较多地发生沉积,从而 Si/Cl、Al/Cl、Ti/Cl 在层序边界附近较小,最大海泛面附近较大。在五级、六级层序尺度上,开始时,水体较深,相对清澈,主要发育碳酸盐沉积,至水体较浅时,水动力条件增加,陆源影响加大,从而更容易发育混合滩沉积,从而在单个五级、六级层序内,Si/Cl、Al/Cl、Ti/Cl 呈现出往上增大的趋势。

5.3 不同类型生长单元的地化特征差异

通过对全井段的宏观岩芯和微观薄片观察,发现在三级层序格架内,存在小尺度(五级)的暴露面和海泛面特征,由暴露面和海泛面的发育,在三级层序内部划分出了众多的五级层序。在生物礁发育的层段,根据界面性质,将五级层序划分为:淹没型生长单元——以海泛面为划分标志的准层序单元和暴露型生长单元——以暴露面为划分标志的准层序单元。不同类型的五级单元具有不同的岩性组合序列,如典型的暴露型生长单元从下往上依次发育:富含藻类、珊瑚碎片、少量有孔虫生屑灰岩—红藻缠绕珊瑚有孔虫生黏结岩—少量藻类、生屑的珊瑚骨架礁灰岩—溶蚀严重的珊瑚骨架岩,成因相依次为礁后内侧滩—礁核—礁盖,代表了水深逐渐变浅的过程中,在生屑滩之上逐渐开始发育礁单元,之后,礁滩体暴露死亡,接受大气淡水溶蚀,形成典型的溶蚀特征被保留下来;典型的淹没型生长单元从下往上依次发育:生屑泥晶灰岩—亮晶生屑灰岩—红藻黏结礁灰岩—泥晶灰岩,成因相依次为礁后外侧滩—礁后内侧滩—礁核—潟湖,代表了在水深变浅过程中,礁单元生长,随后被下一次海泛过程海平面的突然上升所淹没,礁滩体死亡,在其上发育潟湖(礁后外侧滩)成因相。不同类型五级层序单元代表了纵向上生物礁生长序列的差异性,其结果会直接导致元素组合的差异。文石段仅存在缓慢淹没型生物礁,从而不对其进行不同类型间地化差异性特征的描述,现将方解石段及其以下部分,按上述所分区段,对其不同生长单元类型的差异性特征进行描述。

5.3.1 乐东组方解石段生长单元的地化特征

根据宏观岩芯观察对乐东组方解石段进行生长单元类型识别,共识别出 3 种不同的生长单元样式,包括缓慢暴露型、快速淹没型、缓慢淹没型,Al/V、Cu/Pd、K/Sn、Mn/Mo 比值在不同类型生长单元边界处显示出不同的变化组合特征(图 5-27)。缓慢暴露型中 4 种元素比值均表现为渐变的变化特征;快速淹没型 Cu/Pd 显示出底部突变,而其他 3 个元素组合均为渐变的组合特征;与缓慢暴露型类似,缓慢淹没型中 4 种元素比值也均表现为渐变的变化特征。快速淹没型中 Cu/Pd 比值呈现出底部界面突变,其他 3 个指标不存在突变的特征,反映了礁滩体正常生长之时,海平面的突然升高,水深突然加深,造礁生物来不及进行调整,从而造成生物全部死亡,之后被潟湖的泥晶所覆盖,而这一过程被 Cu/Pd 比值所记录下来。与之对比的是缓慢暴露型和缓慢淹没型 4 种比值均呈现为渐变的变化趋势,反映了环境变化较慢,从而指标呈现出渐变的变化趋势。

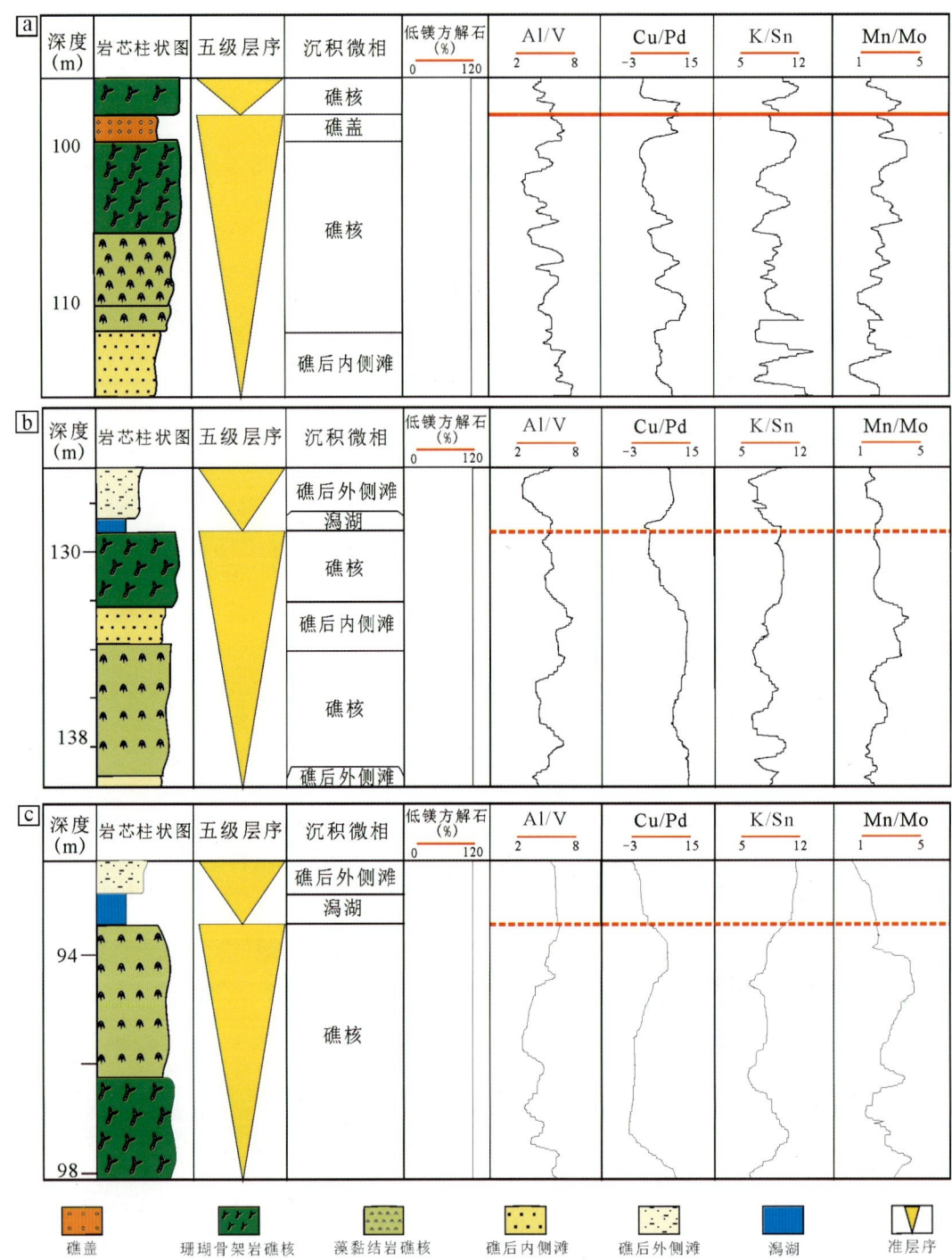

图 5-27 乐东组方解石段不同五级生长单元的元素比值差异性
a. 缓慢暴露型；b. 快速淹没型；c. 缓慢淹没型

5.3.2 莺歌海组方解石与白云石互层段生长单元的地化特征

根据宏观岩芯观察对莺歌海组方解石和白云石段进行生长单元类型识别，共识别出 3 种不同的生长单元样式，包括缓慢暴露型、快速暴露型、缓慢淹没型，Mn/Sr、Fe/Mo、Ti/Pd、Br/Pd 比值在不同类型生长单元边界处显示出不同的变化组合特征（图 5-28）。缓慢暴露型中 4 种指标均呈现出渐变的趋势;快速暴露型 Ti/Pd、Br/Pd 比值表现为顶部突变,Mn/Sr、Fe/Mo 表现为渐变的变化特征;缓慢淹没型中 Mn/Sr、Fe/Mo 比值同样呈现渐变型,而 Ti/Pd、Br/Pd 比值则呈现出突变的样式。缓慢淹没型 4个指标均呈现出渐变的趋势,反映了水体变化较慢,环境变化较慢;而快速暴露型有两个比值存在顶部突变,反映了随着水体变化速度加快,环境变化较快,这种快速环境变化在 Ti/Pd、Br/Pd 比值中保留下来;相比缓慢暴露型,缓慢淹没型中 Ti/Pd、Br/Pd 比值则呈现出突变的样式,反映了淹没比暴露更能使得 Ti/Pd、Br/Pd 比值发生突变。

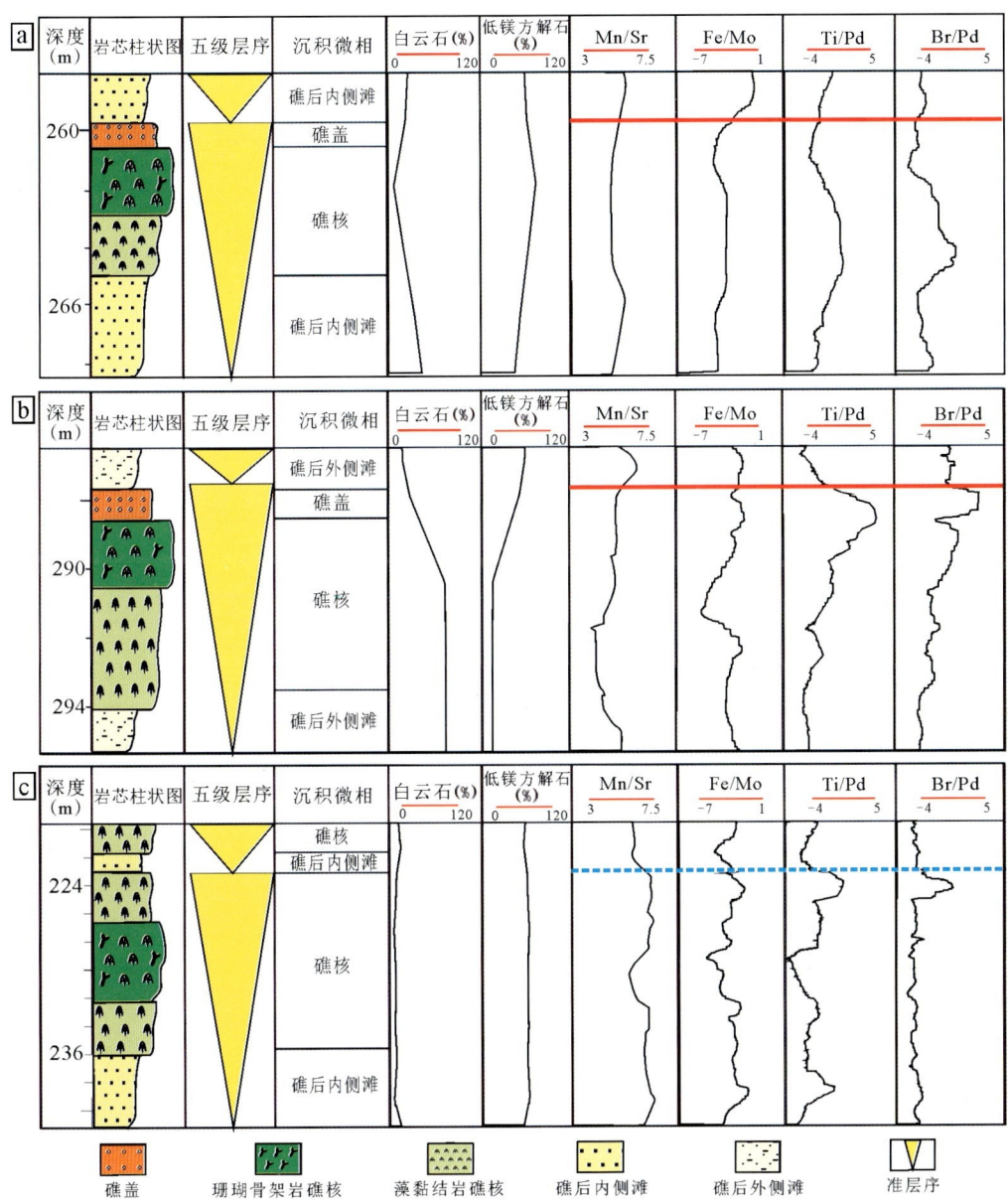

图 5-28 莺歌海组段不同五级生长单元的元素比值差异性
a. 缓慢暴露型;b. 快速淹没型;c. 缓慢淹没型

5.3.3 黄流组白云石段生长单元的地化特征

根据宏观岩芯观察对黄流组白云岩段进行生长单元类型识别,共识别出 3 种不同的生长单元样式,包括快速暴露型、快速淹没型、缓慢淹没型,Sr/Ca、Ca/Mn、Th/Ca 比值在不同类型生长单元边界处显示出不同的变化组合特征(图 5-29)。快速暴露型 Sr/Ca 比值呈现出突变的变化趋势,Th/Ca、Ca/Mn 比值呈现出渐变的变化趋势;快速淹没型 Th/Ca 比值呈现出突变的变化趋势,Sr/Ca、Ca/Mn 比值呈现出渐变的变化趋势;缓慢淹没型这 3 个指标均呈现出渐变的趋势。缓慢淹没型 3 个指标均呈现出渐变的变化趋势,反映了环境变化较慢,物理化学条件变化较慢;而快速暴露型与快速淹没型均有一个指标发生突变,反映了环境变化较快,较快的物理化学条件变化在不同的指标中记录下来。

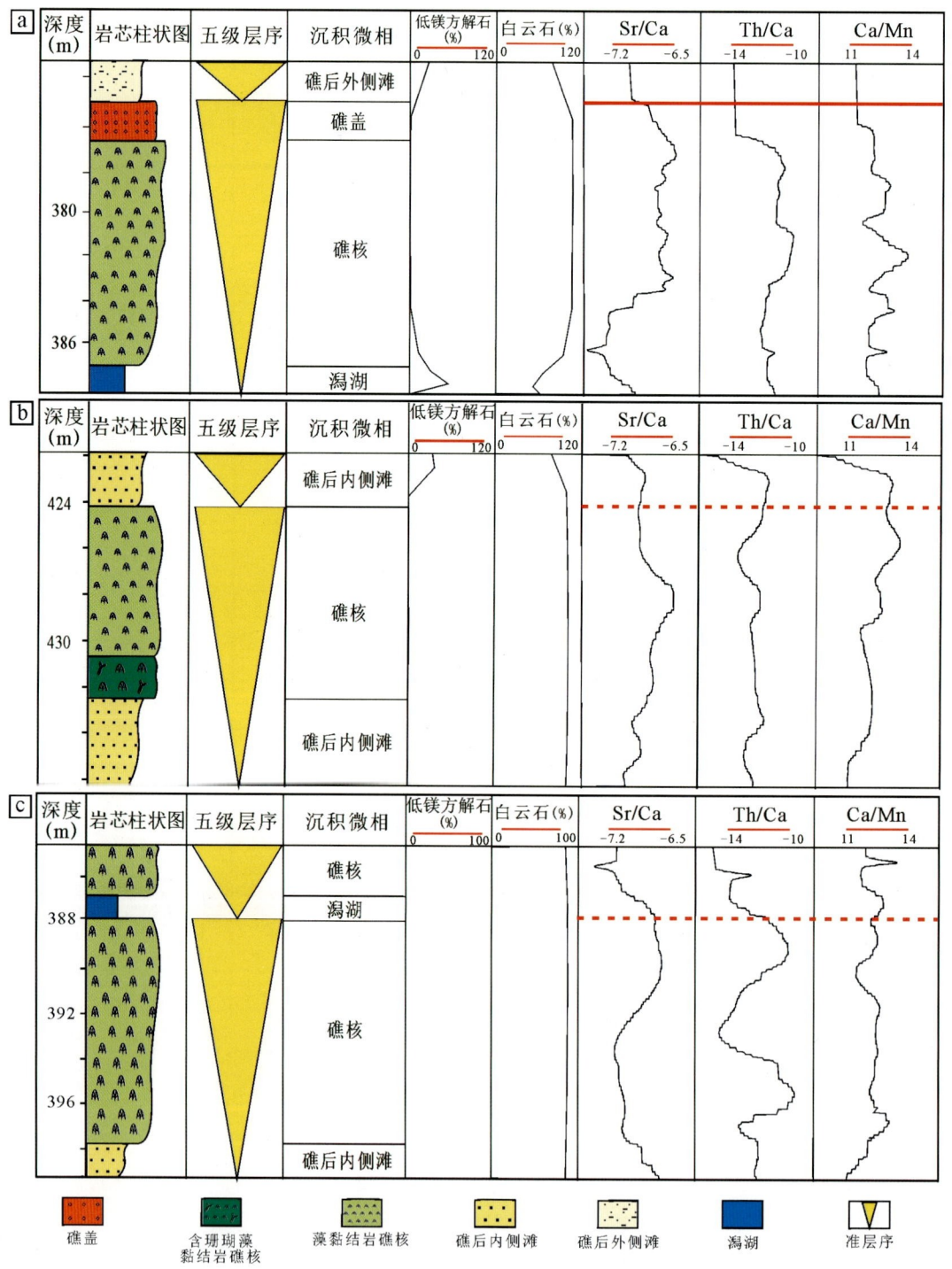

图 5-29 黄流组白云石段不同五级生长单元的元素比值差异性

a. 缓慢暴露型;b. 快速淹没型;c. 缓慢淹没型

5.3.4 梅山组方解石与白云石互层段生长单元的地化特征

根据宏观岩芯观察对梅山组方解石与白云石混合段进行生长单元类型识别,共识别出3种不同的生长单元样式,包括缓慢暴露型、快速淹没型、缓慢淹没型,所选元素 Si/Ca、Mg/Cu、Cl/Tl、Cu/Zr 比值在不同类型生长单元边界处显示出不同的变化组合特征(图 5-30)。缓慢暴露型中 Mg/Cu 比值表现为顶部突变,而 Si/Ca、Cl/Tl、Cu/Zr 均为渐变的变化特征;快速淹没型 Si/Ca 比值表现为底部突变,而 Mg/Cu、Cl/Tl、Cu/Zr 比值表现为渐变的变化特征;缓慢淹没型中 Si/Ca、Mg/Cu、Cl/Tl、Cu/Zr 均表现为渐变的变化特征。缓慢淹没型中指标均呈现为渐变的变化趋势,反映了环境变化较慢;而快速淹没型中存在 Si/Ca 比值在底部发生突变,反映了水体迅速加深,红藻含量迅速增高,其中吸附的 Si 含量迅速升高。

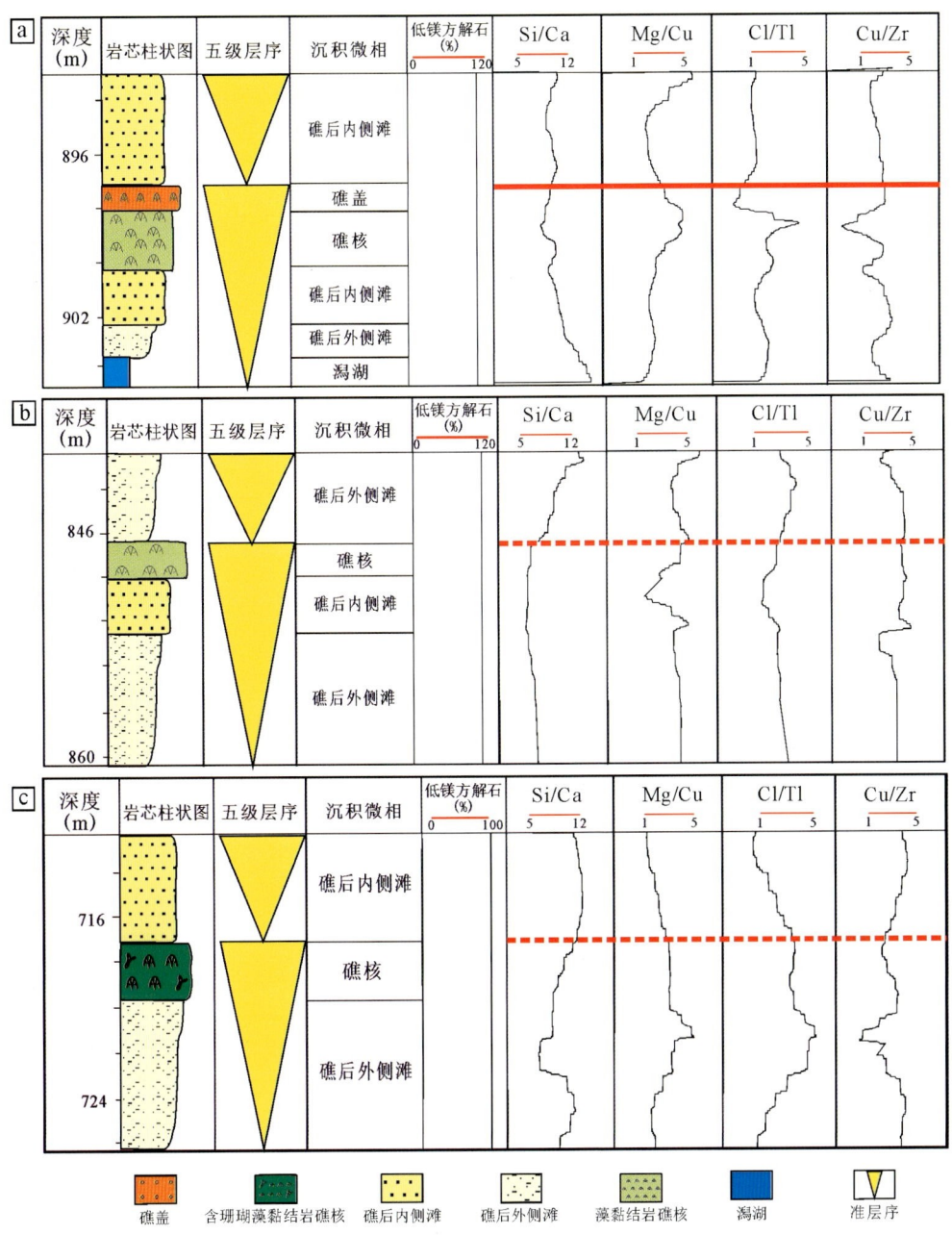

图 5-30 梅山组方解石与白云石混合段不同五级生长单元的元素比值差异性
a. 缓慢暴露型;b. 快速淹没型;c. 缓慢淹没型

5.3.5 三亚组一段生长单元的地化特征

根据宏观岩芯观察对三亚组一段进行生长单元类型识别,共识别出3种不同的生长单元样式,包括缓慢淹没型、缓慢暴露型、快速暴露型(图5-31)。

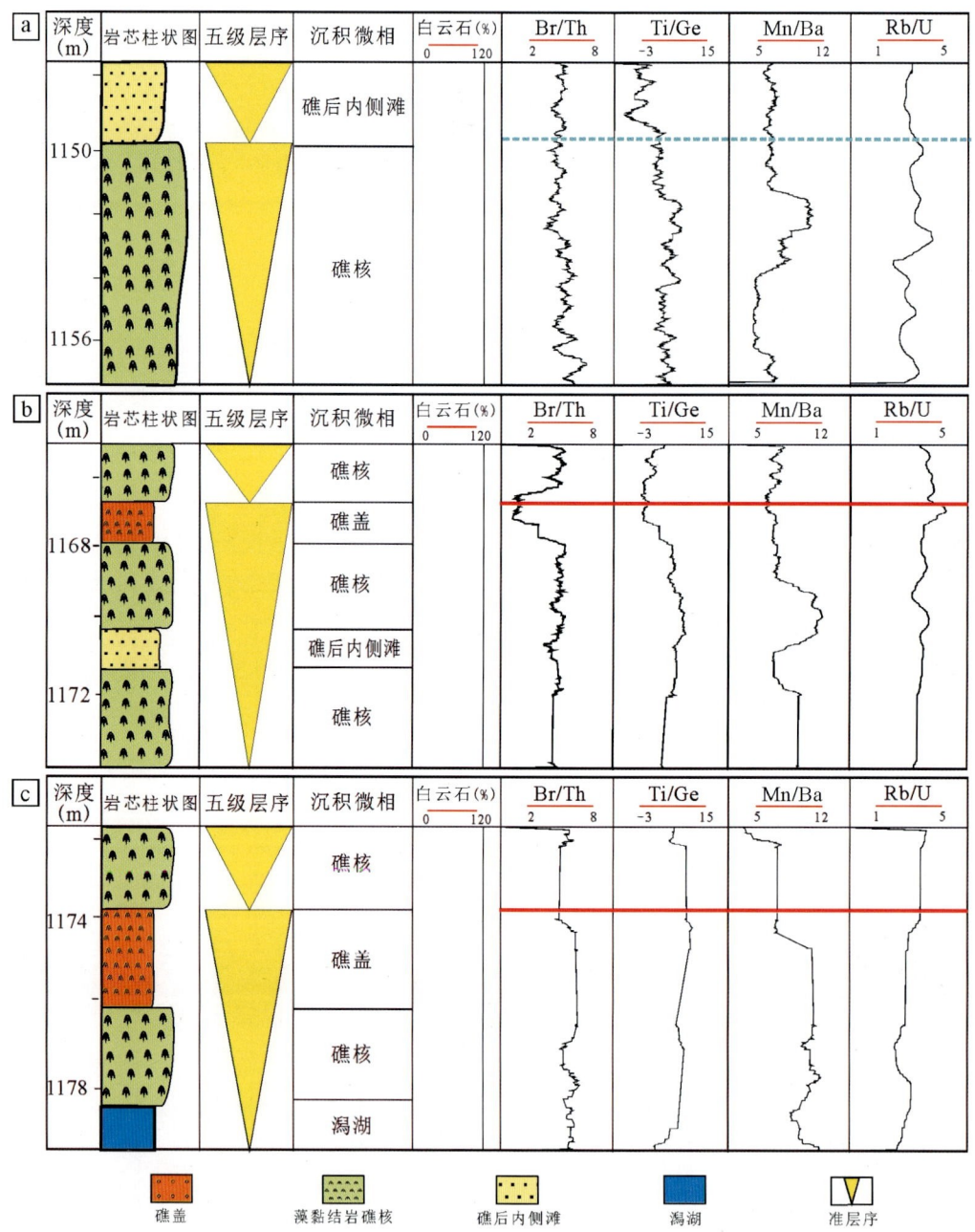

图5-31 三亚组一段不同五级生长单元的元素比值差异性
a. 缓慢暴露型;b. 快速淹没型;c. 缓慢淹没型

缓慢淹没型和缓慢暴露型中,Br/Th、Ti/Ge、Mn/Ba、Rb/U 比值均表现为渐变,而在快速暴露型中 Br/Th、Mn/Ba 比值表现为顶部突变,而 Ti/Ge、Rb/U 比值表现为渐变的变化特征。缓慢淹没型和缓慢暴露型中,所有指标均表现为渐变,反映了环境变化较慢时,物理化学条件变化较慢,从而所有的指标均体现为渐变;而在快速暴露型中,水体迅速下降,从而环境变化较快,这种快速的变化使得 Br/Th、

Mn/Ba 比值于界面附近发生突变。

5.3.6 三亚组二段生长单元的地化特征

三亚组二段开始发育较多的陆源碎屑沉积,形成混合碎屑滩,因此破坏了生物礁生存需要的干净水体,因此根据宏观岩性观察对三亚组二段进行生长单元类型识别,只能识别出两种不同的生长单元样式,包括缓慢暴露型和缓慢淹没型(图 5-32)。缓慢暴露型中,Mg/Ba、Si/Cl、Al/Cl、Ti/Cl 比值均表现为渐变;而在缓慢淹没型中 Mg/Ba 比值表现为底部突变,而 Si/Cl、Al/Cl、Ti/Cl 比值表现为渐变的变化特征。缓慢暴露型和缓慢淹没型中整体表现为渐变的变化趋势,反映了环境缓慢变化,元素指标缓慢变化,缓慢淹没型中 Mg/Ba 表现为底部突变,说明淹没型比暴露型更容易使得 Mg/Ba 比值发生变化。

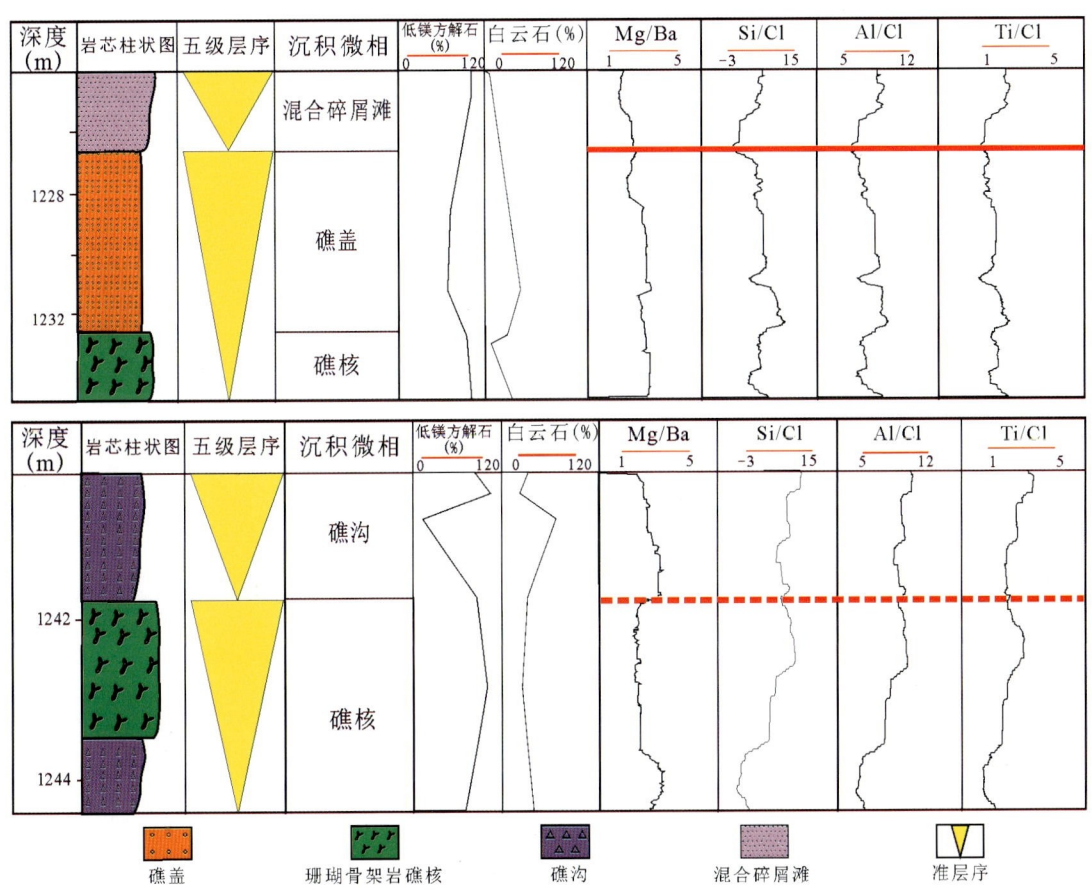

图 5-32 三亚组二段不同五级生长单元的元素比值差异性
a. 缓慢暴露型;b. 缓慢淹没型

5.3.7 西科 1 井高频层序地层单元划分

经过宏观岩性、微观薄片识别出典型的暴露面、海泛面,结合地球化学特征,对西科 1 井进行了三级—五级的层序地层划分,结果显示西科 1 井共存在 15 个三级层序,36 个准层序组,129 个五级层序(图 5-33),揭示出碳酸盐岩台地之上,由相对海平面变化引起的生物礁滩体系周期性发育过程。一方面,成礁期与成滩期交互出现,呈现出二级海平面变化旋回,不同类型的礁滩体生长单元交互出现,同时也呈现出高频海平面变化旋回,生物礁滩体可以说是相对海平面变化的忠实记录者,而另一方面,正是海平面的历史变化才塑造出生物礁生长、消亡,如此反复的丰富多彩的生物礁滩体系。

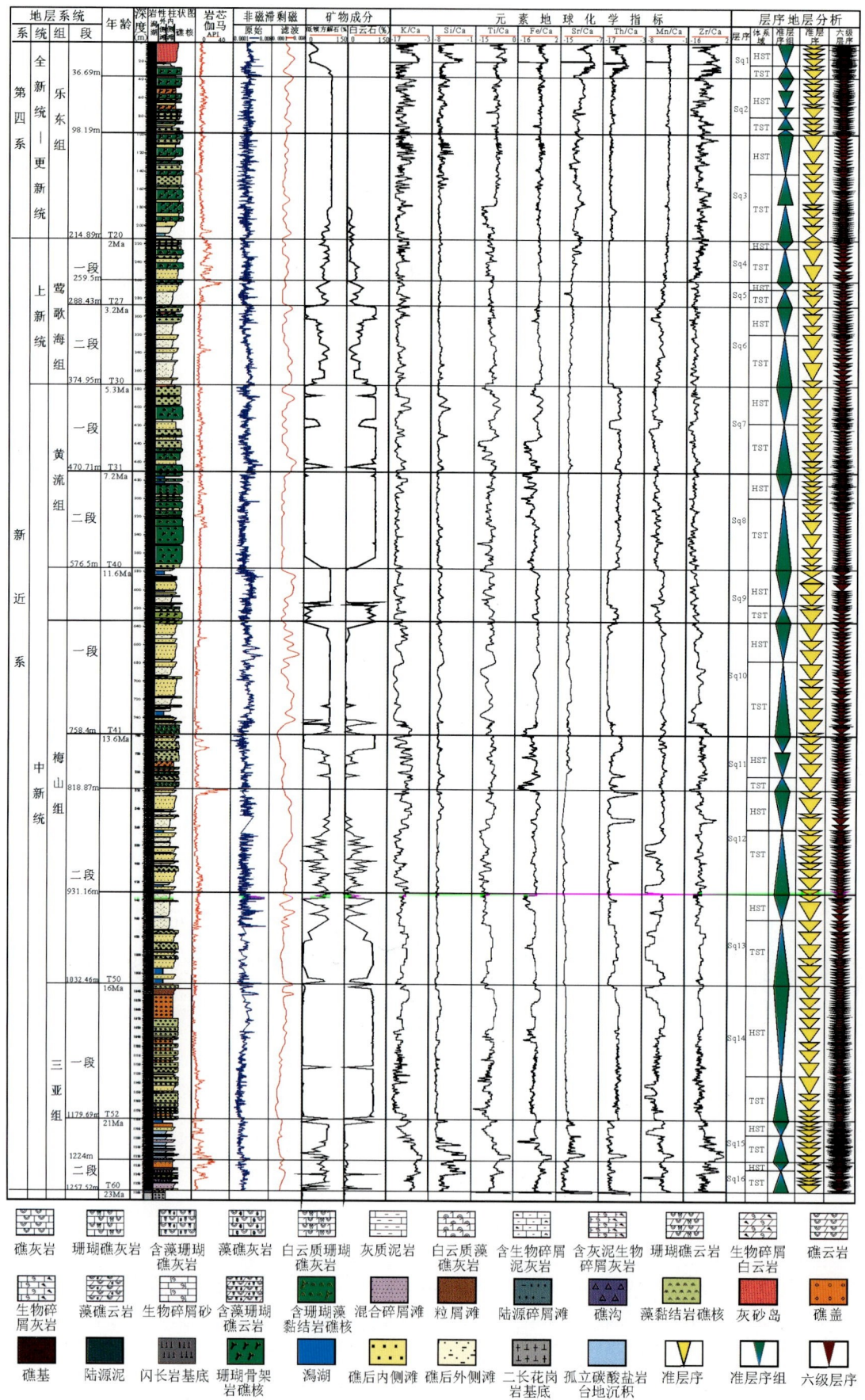

图 5-33　西科 1/1A 井高频层序地层划分

6 生物礁滩体系沉积演化及动态沉积模式

西科1井生物礁滩体系发育与西沙隆起古新统以来适宜的大地构造背景、古地理、古海洋、古气候条件密切相关。

6.1 西沙隆起生物礁滩体系发育演化阶段

西沙隆起是在华南古大陆裂解过程中分离出来的,在南海扩张中又逐渐远离大陆。中新世以前,西沙隆起为陆上暴露区,晚渐新世到早中新世之间发生沉降,以后逐渐发展成为孤立碳酸盐岩台地。至现今,大部分台地已被淹没,只有生物活动异常活跃的地区幸存下来,形成环礁。西沙碳酸盐岩台地形成及演化过程可以概括为以下几个阶段。

(1)早中新世:孤立台地形成。地震资料表明,早中新世海侵时,西沙碳酸盐岩台地限制在西沙隆起的西部和西南部的地形高点处,与现今西沙群岛的位置相吻合。从那时起,西沙隆起转变为浅海,可能部分仍为陆上暴露环境,琼东南盆地和中建南盆地之间被半深海的海槽相隔。该时期,无论华南大陆还是越南方向的陆源碎屑都不能到达西沙隆起,因此适宜发育碳酸盐岩台地。结果,在中生代花岗岩及断块上先前已经发育的浅海沉积物上形成了可达30 000km²的碳酸盐岩台地。该时期,生物礁开始在台地顶部的局部地区发育,主要类型包括沿台地边缘的裙礁、现今西沙群岛西部构造稳定区域的补丁礁(图6-1a)。

(2)中中新世早期:台地后退阶段。中中新世早期,西沙碳酸盐岩台地西部表现出退积样式。总体来说,该时期陆坡环境的碳酸盐岩生产率小于相对海平面上升速率,陆坡被淹没,台地退至更靠后的构造高点(图6-1b)。

(3)中中新世中晚期:台地大规模发育。中中新世中晚期,台地占据了西沙隆起的大部分区域。沉积相包括礁坪、碳酸盐斜坡和潟湖。沉积相特点符合理想的镶边台地相带分布模式。碳酸盐斜坡相通常出现在较陡的台地边缘,处在中建海槽内侧与临近台地边缘之间。中中新世时,碳酸盐斜坡沉积物主要来自台地和礁滩体碎屑物质。另外在早-中中新世期间,西沙台地内发育一些小型潟湖,提供了稳定的且无硅质碎屑物质的沉积环境,因此发育了许多补丁礁。总体来看,该时期碳酸盐岩生产率持平甚至大于相对海平面上升速率,台地加积或进积,生物礁大量发育(图6-1c)。

(4)晚中新世:台地淹没。中中新世晚期,海平面快速上升,一直持续到晚中新世。这导致了生物礁滩体的淹没。台地向陆地方向退至局部的高点,只有小部分碳酸盐岩建造得以幸存下来。单个台地面积减少,向东一直后退至现今宣德环礁的位置。钻井揭示宣德环礁在该时期也发育潟湖相。总体看,该时期碳酸盐岩生产率小于相对海平面上升速率,台地大部分被淹没,只有部分生物活动异常活跃的高点幸存,形成大型环礁(图6-1d)。

(5)上新世至今:孤立台地成熟。上新世以来,西沙隆起西侧的台地逐渐被淹没。只有西沙隆起中央地带的台地一直保留下来,一方面因为生长在构造高点,一方面边缘发育障壁礁。这些障壁礁逐渐转变为大型环礁,其中一些一直幸存到现在,比如永乐环礁和宣德环礁。

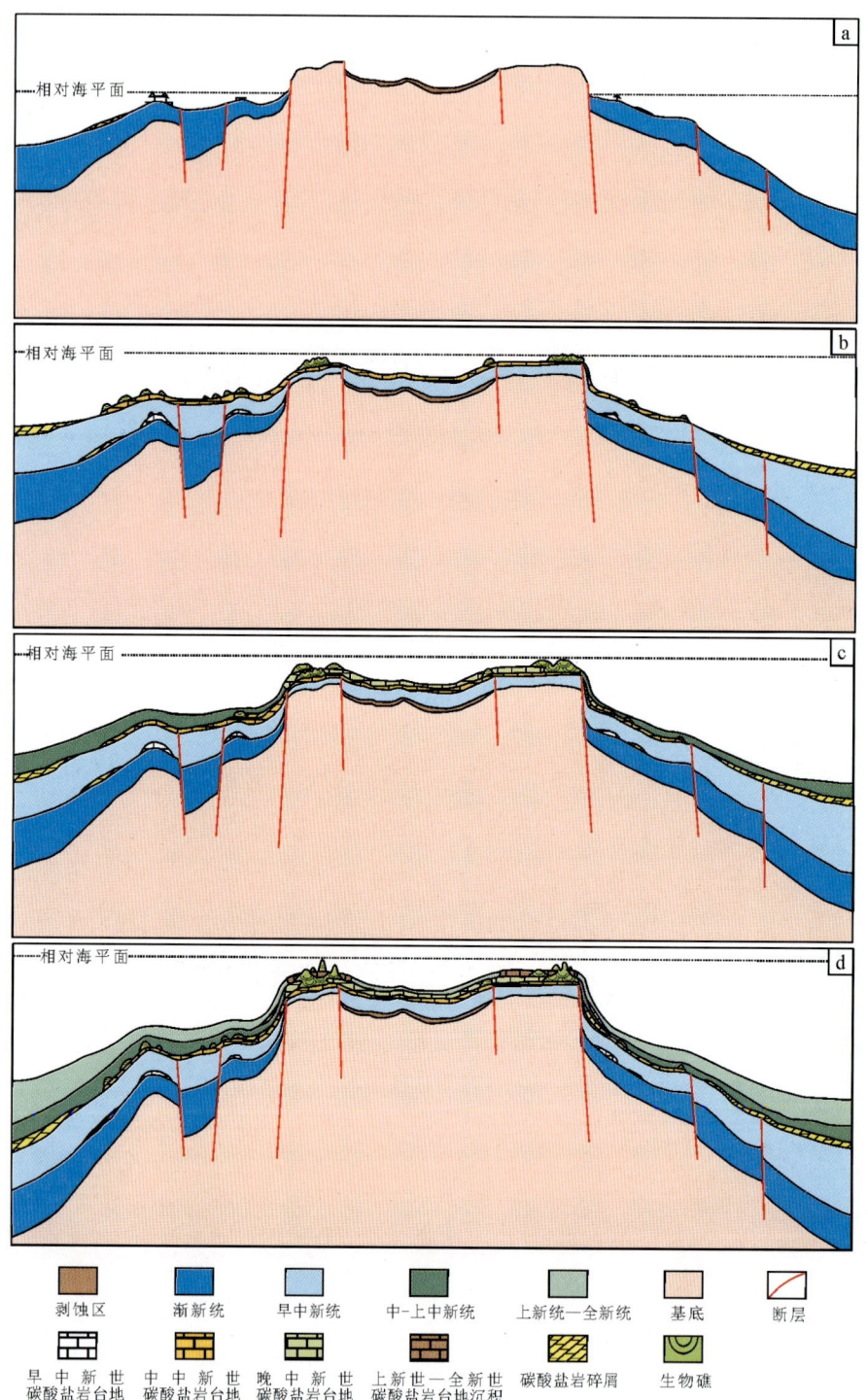

图 6-1　西沙海域孤立碳酸盐岩台地沉积演化（据 Wu et al, 2014）
a. 早中新世，孤立台地形成；b. 中中新世早期，台地后退阶段；c. 中中新世，台地大规模发育；d. 晚中新世，台地淹没

6.2　生物礁滩体系沉积演化控制因素

在西沙海域生物礁生长演化过程中，构造背景和相对海平面变化控制着台地边缘的初始形态和沉积物可容空间；碳酸盐沉积物的生产（沉积物供给）主要取决于台缘礁滩沉积体系中的生态因素，包括气

候、盐度、水体营养等，也包括能直接产生沉积物的生物演化。地质因素、环境因素和生物演化等多种因素的相互作用成就了形态和组成各异的碳酸盐岩台地礁滩沉积体系。

6.2.1 区域构造背景和基底沉降速率

区域的构造作用及基底的沉降速率变化对碳酸盐产率及生物礁生长发育具有重要的控制作用。强烈的构造运动（俯冲、碰撞、挤压等）后形成的适宜的构造高部位，稳定的沉降速率是碳酸盐和生物礁滩体系发育的必备条件。而生物礁滩体系及碳酸盐岩台地的增长是否适应基底沉降速率快慢变化（或海平面的快速升降变化），直接决定了生物礁滩体系层序中的不同级别间断面、层序单元形成及其内部成因相（沉积微相）的沉积构成。

Oscar M T 等（2011）通过断块的构造旋转和活动速率揭示了碳酸盐岩台地演化与层序发育、全球海平面变化与碳酸盐产率的相互关联，认为构造活动-断块连续旋转、全球海平面的升降及碳酸盐产率的耦合是导致台地淹没和暴露及各级层序单元及碳酸盐生物礁体系岩相和成因相（沉积微相）发育的主控因素（图6-2）。

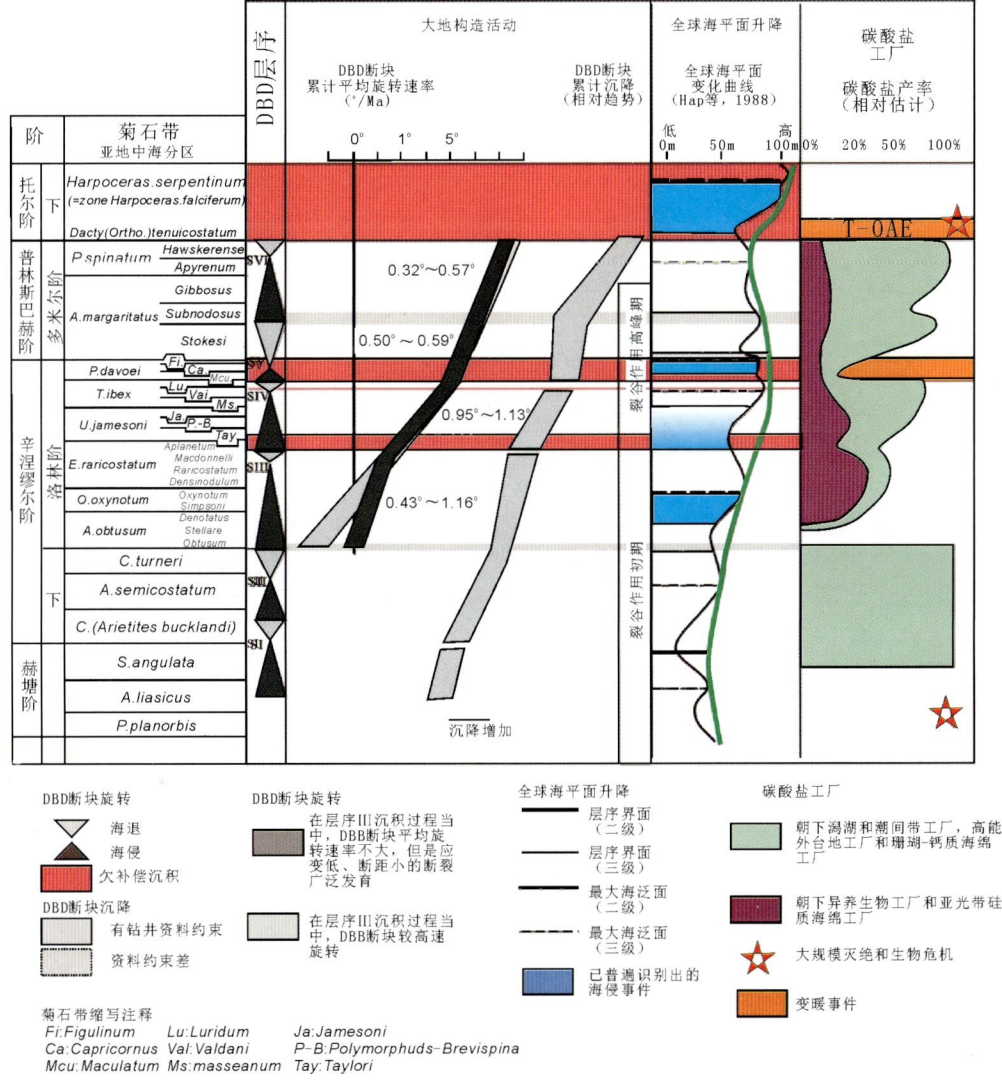

图 6-2 层序发育与构造作用、沉降速率、台地淹没和暴露及碳酸盐生产率关联图（Oscar et al，2011）

Schlager W(1981,1999)通过现代和地史时期实例对比研究发现,现代珊瑚礁和碳酸盐岩台地的增长潜能平均值为 1000mm/ka,洋壳下沉速率最大值为 250mm/ka,盆地下沉速率平均值为 10～100mm/ka,洋底扩张导致的海平面上升平均值小于 10mm/ka。通过以上数据可见,生物礁和碳酸盐岩台地的生长一般能赶上区域构造沉降和海平面上升。但在海平面的快速上升期或基底构造沉积速率过快时,可导致碳酸盐岩台地的淹没(图 6-3);而海平面快速下降期或基底构造沉降速率过慢时,可导致碳酸盐岩台地的暴露;只有在基底沉降速率和生物礁生长速率同步时,才会形成厚层或巨厚层的生物礁滩体。即使在数十个百万年时间尺度范围内,碳酸盐岩台地的增长速率大致与时间的平方根成反比,其平均沉积速率会降低,纯粹的海平面上升和热冷却下沉也不会导致台地淹没(Schlager W,1999)(图 6-3)。

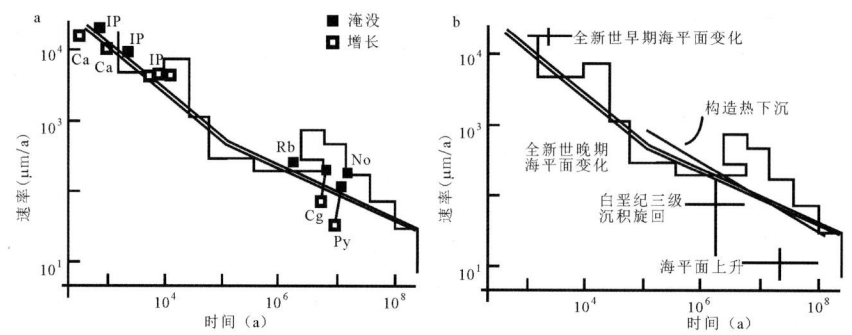

图 6-3 沉积速度和海平面上升对碳酸盐岩台地演化的影响(Schlager W,1999)

a. 碳酸盐岩台地沉积速度与台地演化(进积、退积和淹没)。注意发育健康的台地与淹没台地之间的分界线,与台地增生潜能曲线一样为负斜率。Ca. 加勒比全新统;Cg. 澳大利亚卡宁盆地泥盆系;IP. 印度洋-太平洋全新统;No. 奥地利阿尔卑斯上三叠统诺利阶;Py. 比利牛斯白垩系;Rh. 奥地利阿尔卑斯上三叠统瑞替阶。b. 相对海平面变化上升速率与台地淹没。全新世早期海平面上升速率超过估计的台地增长潜能,而全新世晚期的海平面上升速率低于估计的台地增长潜能。Haq(1987)曲线三级海平面变化旋回期间的海平面上升速率,以及与快速洋底扩张相伴的全球海平面上升速率低于台地增长潜能,因而不足以淹没健康生长的碳酸盐岩台地。新生洋壳热冷却下沉速率与台地增长潜能非常接近,因而在较长时间尺度演化过程中可以对碳酸盐岩台地系统构成威胁。

西沙群岛在中新世,区域上处于构造平静期,裂陷期发育的构造高地有利于碳酸盐岩建隆的发育和稳定存在,中新世以后,发生区域性快速沉降,使得西沙大部分地区的碳酸盐岩发育被淹没而停止发育,仅在台地边缘和构造高部位持续有碳酸盐岩礁滩体系的发育。根据西科 1 井资料计算晚中新世时期沉积速率为 31.99m/Ma,其中黄流组二段主要成礁期沉积速率为 24.18m/Ma;第四纪沉积速率为 90.15m/Ma,该时期为主要成礁期(图 6-4)。

6.2.2 海平面变化

由于海水深度直接控制了生物礁发育的生态条件,因此海平面变化对生物礁滩体系发育演化起着至关重要的作用。对于珊瑚礁而言,平均低潮线为其生长的上限,且下限通常为水深小于 40m(Abbey et al,2011)。一方面水深变化控制造礁生物类型及分布,另一方面海平面变化速率以及伴随的可容空间变化控制生物礁生长样式及其发育演化全过程。

造礁生物种属一般随着光照、水深条件而变化。图 6-5 系统地说明了随水深变浅,造礁珊瑚从叶片珊瑚向分枝珊瑚、板状珊瑚变化。在环礁周缘的高能环境,形成藻缘。造礁珊瑚种属随着水深变化而发生相应改变。

此外,随着海平面变化,生物礁发育演化及其堆积样式也会发生相应变化。图 6-6 说明了 Caribbean 和大堡礁全新世海平面变化情况及其生物礁发育样式。当海平面上升很快时,生物礁可能会被淹没;如上升相对缓慢一些,就可能形成后退式生物礁(图 6-6b);有时,生物礁生长速率与海平面上升速率保持一致,或稍低于海平面,就可以形成追赶礁;当可容纳空间较小,或海平面下降时,则容易导致生物礁前积,有时则形成礁坪(图 6-6e,f)。

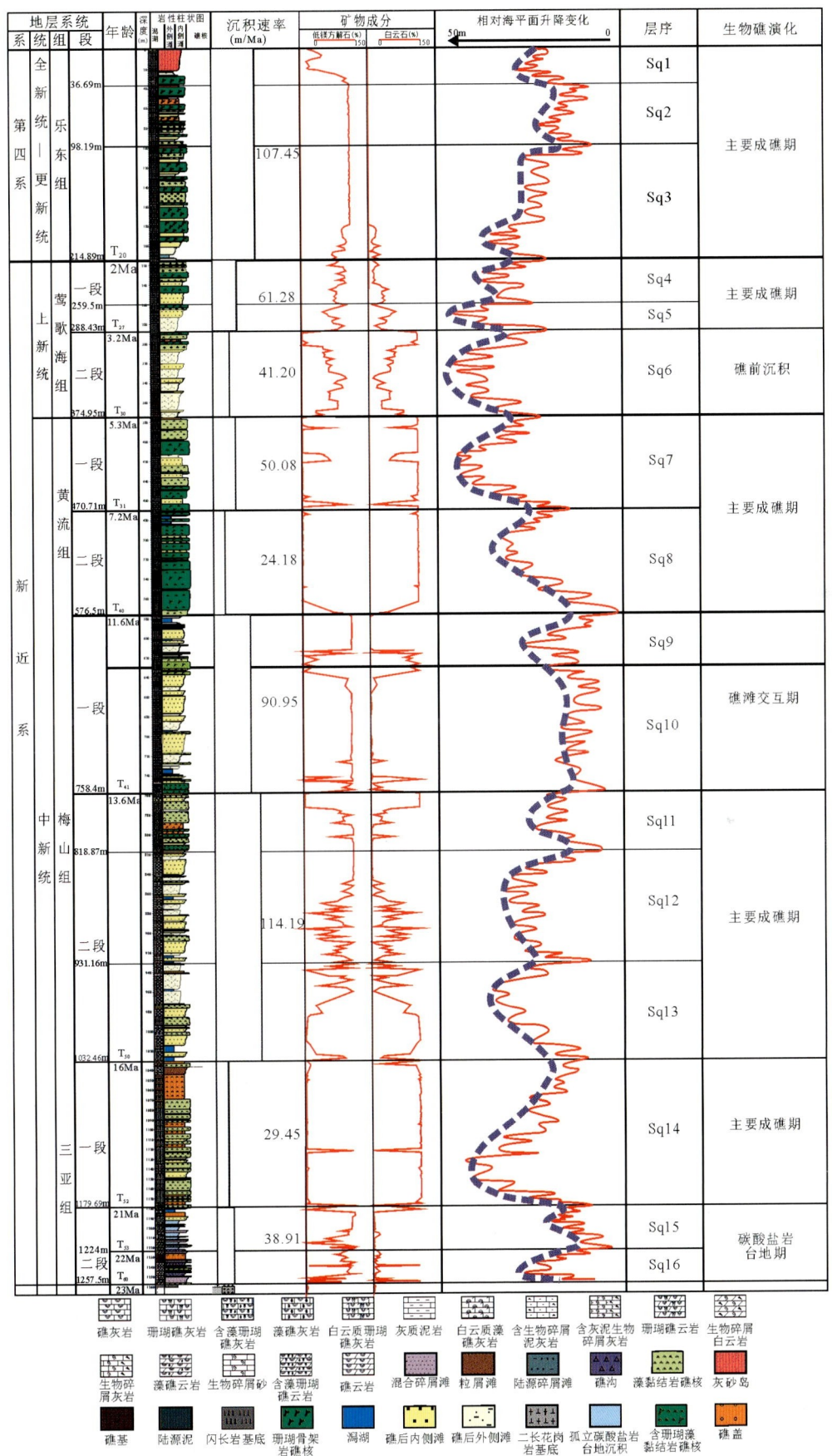

图 6-4 西科 1 井沉积速度对生物礁发育的影响

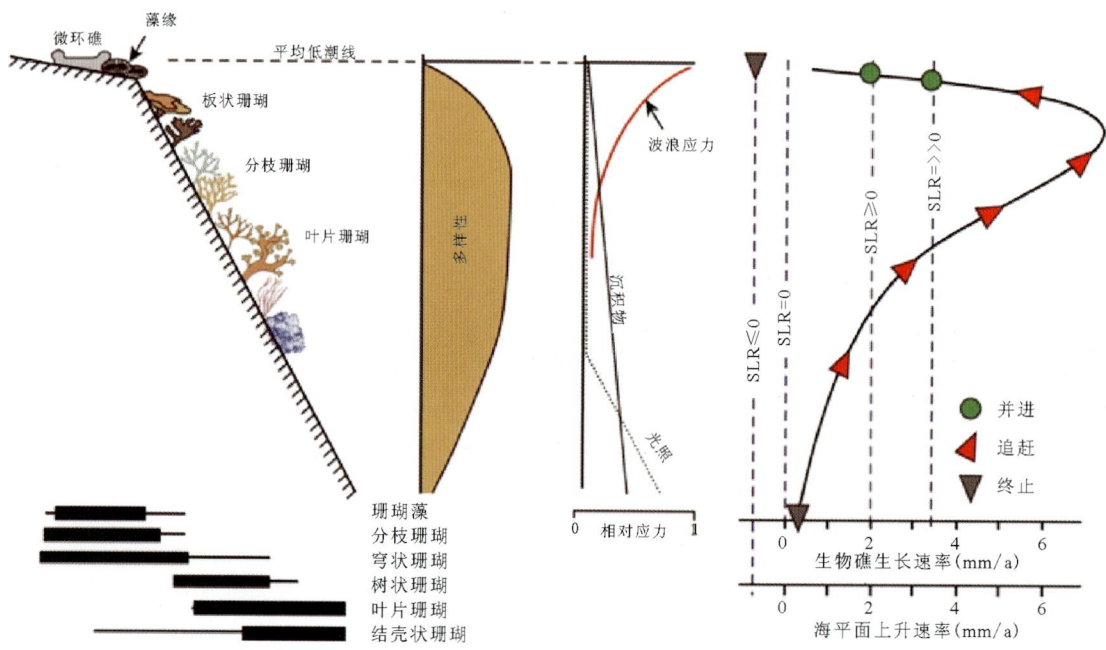

图6-5 珊瑚礁生长样式及其与水深的关系(Chappell,1980;Woodroffe C D & Webster J M,2014)

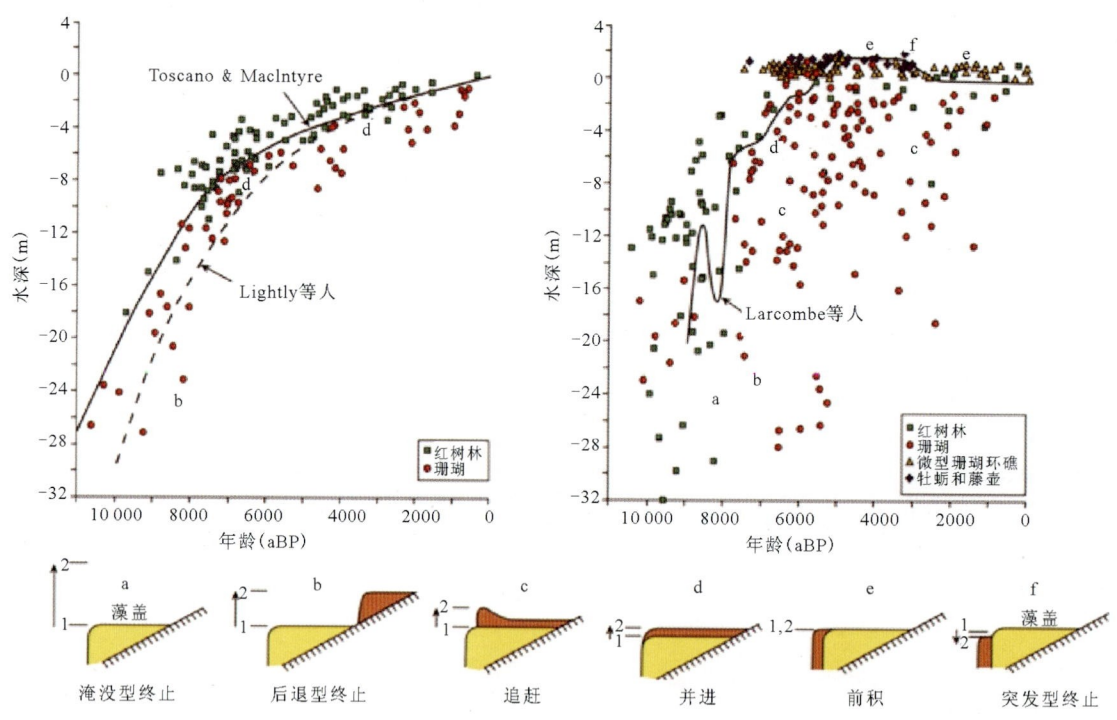

图6-6 Caribbean(左)和大堡礁(右)全新世海平面变化及其生物礁发育
(Toscano & Macintyre,2003;Lewis et al,2013;Woodroffe & Webster,2014)

显然,海平面变化成为生物礁滩体系发育演化的关键要素。在沉积速率与海平面上升保持平衡的情况下,碳酸盐岩台地边缘以加积作用为主,形成同步礁,高碳酸盐生产速率和沉积速率使得碳酸盐岩台地边缘地形起伏增加,这些同步礁可形成台地边缘障壁;当海平面上升速率大于碳酸盐沉积速率时,台地边缘相逐渐向陆地方向退却,或者说前期生物礁被淹没,生物礁生长终止,深水沉积物覆盖在古生物礁体之上;当台地边缘碳酸盐生产和堆积速率超过海平面上升速率时,台地边缘逐渐向盆地进积;当海平面下降时,台地边缘及伴生生物礁均暴露于水面之上遭受剥蚀作用,这样生物礁向海前积或在台地前斜坡可以发育一个浅水碳酸盐生长的狭窄带。

从西科1井来看,早中新世早期(三亚组二段,Sq15和Sq14),二级海平面缓慢上升,三级海平面位置相对较低,该段发育碳酸盐岩台地相,可见陆源碎屑和碳酸盐混合堆积(图6-7)。早中新世晚期(三亚组一段,Sq13),二级海平面稳定处于较高水平,三级海平面存在一定范围的波动,整体而言,水深相对珊瑚而言较大,而相对于红藻则较适中,从而该段只发育藻礁灰岩,而骨架礁灰岩不发育,该段大套的藻礁灰岩说明在海平面变化过程中,红藻始终能跟上海平面变化的节奏,而仅在局部位置被淹没或者暴露,分别形成内侧滩或者礁盖。在三亚组一段顶部,由于海平面下降时间较长,生物礁滩体长期处于暴露状态,从而发育了较厚的礁盖相,此外,在厚层礁盖形成之后,可能是又一期短暂的水体加深,形成了薄层粒屑滩和礁核(图6-7)。

中中新世早期(梅山组二段,Sq12～Sq10),二级海平面稳定或缓慢下降,三级海平面处于上升阶段,总体处于较高位置,导致该区主要发育滩相沉积,且可见大段的潟湖相或礁后外侧滩细粒沉积。至梅山组二段的晚期阶段,二级海平面下降至相对较低的位置,三级海平面也处于下降半旋回的晚期阶段,因此该时期,海水深度达到适应造礁生物生长的条件,发育了厚层的礁核相。在高频旋回尺度上,海平面降低幅度较大的话,会导致礁滩体暴露发育礁盖相(图6-7)。

中中新世晚期(梅山组一段,Sq9),二级海平面先缓慢下降后又缓慢上升,三级海平面只在梅山组一段最早期经历了一小段较快速上升后转为较快速下降,至梅山组一段末期,三级海平面下降至最低点。因此,该时期的早期阶段,在梅山组二段最晚期礁核相发育的基础上,虽然三级海平面较快速上升,但上升速度处于造礁生物的增长潜能内,发育了一段的礁核相。而后,三级海平面经历了长时间的持续下降阶段。有意思的是,在这样的低海平面条件下,生物礁相发育却甚少,主要为生屑滩相,只在Sq9海进体系域的晚期发育了礁核相(图6-7)。一个可能的解释是,由于相对海平面大幅下降,比西科1井所在位置更高的区域碳酸盐生产率一段时期内远远大于可容空间增长速率,导致生物碎屑等从台地边缘向两侧搬运。由于西科1井处在礁核靠潟湖的内侧,搬运至此的碎屑使环境恶化,不适宜造礁生物生长,使得梅山组一段的中晚期内生物礁相发育规模较小。

晚中新世早期(黄流组二段,Sq8),二级海平面在经历了大规模下降后开始显著上升(图6-7)。整个晚中新世海平面不断上升,造礁生物生长速率与其保持了很好的协调关系,大多数时候处于造礁生物适宜生长的环境,只在某些高频海平面的上升时期生物礁短暂被生屑滩取代(图6-7)。相比来看,晚中新世晚期(黄流组一段,Sq7)造礁生物生长环境稍逊于早期(Sq8),生屑滩比例稍大(图6-7)。

上新世早期(莺歌海组二段,Sq6),二级海平面逐渐上升到最大高度,海平面上升速率大于生物礁生长速率,主要以生屑滩相为主(图6-7)。Sq6上部,二级海平面达到最大高度后,造礁生物经过调整重新繁盛,发育了18m左右的生物礁相沉积(图6-7)。上新世中晚期(莺歌海组一段,Sq5和Sq4),二级海平面缓慢下降,但仍处于很高的水平,该时期高频海平面表现为频繁震荡,生物礁和生屑滩以薄层状互层(图6-7)为主。事实上,该时期是西沙海域礁滩体被大规模淹没的主要时期,只有西沙隆起的少数构造高点才能幸存下来。这些构造高点处的造礁生物在反复的高频海平面下降时"抓住机会"一次次重新繁盛起来,维持在堡礁阶段,最终在第四纪期间演化为大型环礁。

进入更新世—全新世之后,二级海平面有所下降(图6-7),三级海平面处于波动状态,此时的海平面已再度成为适合造礁生物,特别是珊瑚生长的范围。珊瑚繁盛生长,成为中新世以来生长最旺盛的阶段,形成厚层的珊瑚骨架礁,仅在局部位置夹杂生屑滩。该阶段海平面整体呈现出下降的趋势,Sq3内造礁单元顶界面大部分为淹没面,仅在98.19m附近出现暴露,形成礁盖相;进入Sq2后,随着海平面的又一次小幅上升,重新出现淹没滩,而当海平面下降之后,很快就出现典型的礁盖相,整个Sq2高位体系域内均呈现出典型的暴露标志;进入Sq1后,海平面又进一步下降,形成了石岛特色的灰砂岛沉积,露出水面(图6-7)。

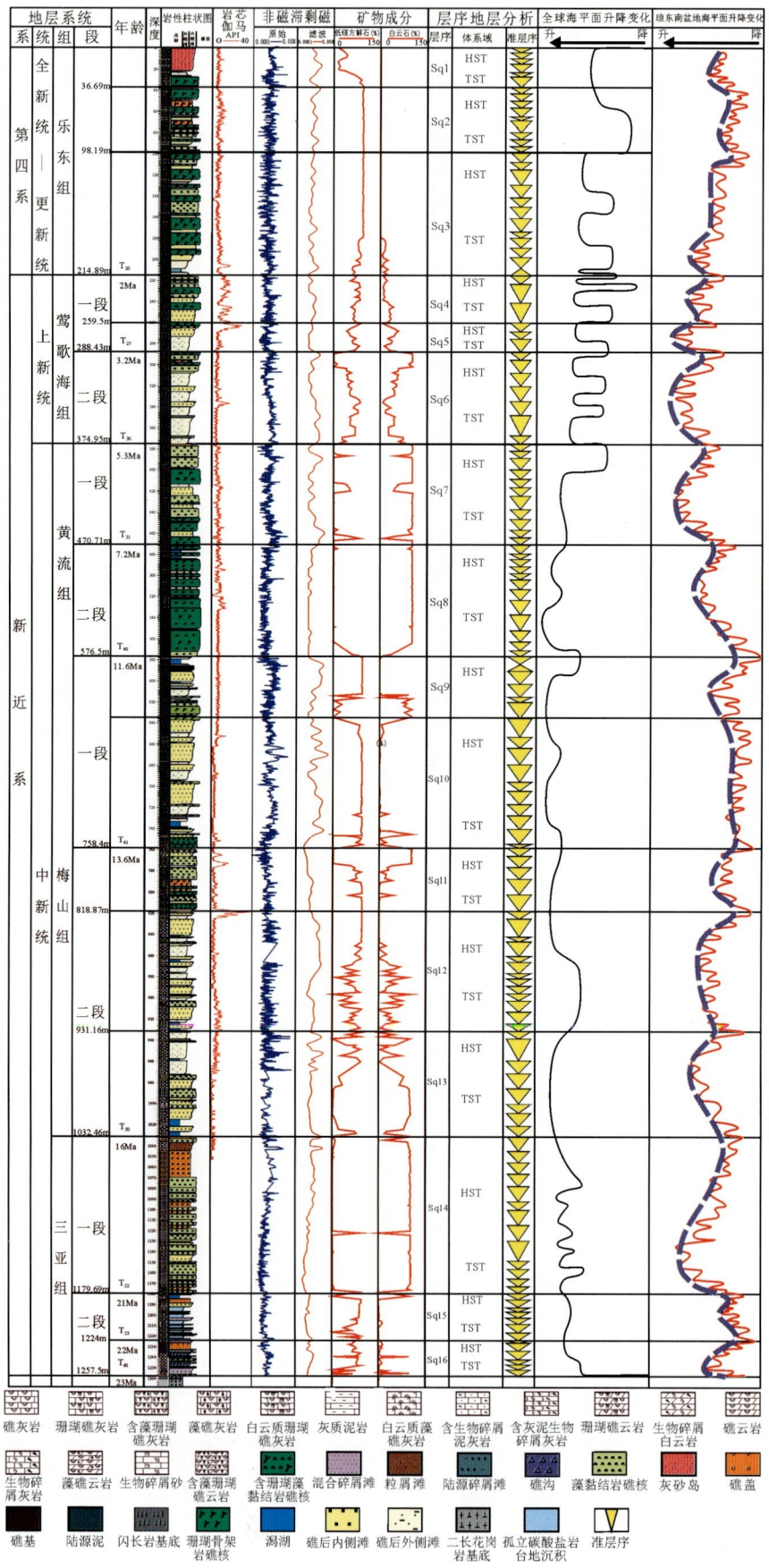

图 6-7 西科 1 井海平面变化与礁滩体系发育关系

诚然,生物礁发育演化既受控海平面变化影响,还受控于古温度、古气候、古营养条件,甚至还可能受东亚季风的影响。后者尚需进一步研究以补充相应证据。

6.2.3 陆源碎屑物质供应、水体营养条件和古气候

陆源碎屑物质通常是指由地表径流及其搬运的粗碎屑或细粒物质,它的供给情况控制着大陆架的沉积环境与沉积相类型,同时也是影响生物礁发育的因素之一。同时生物礁的形成需要特殊的环境,海水的温度、盐度及清洁度等,如最适合生物礁生长的温度介于25~29℃之间,盐度为22‰~40‰,这些因素都与生物礁所处的古地理位置和古气候密切相关。陆源碎屑物质供应、水体营养条件和古气候都属于环境生态条件。

西沙海域陆源碎屑主要来自于北部的华南地块和西南部的中南半岛,这些陆缘碎屑的输入,使得西沙隆起周缘的低洼部位难以发育碳酸盐岩礁滩体系,仅在构造高部位发育。后期在西沙隆起之上发育的碳酸盐岩礁滩体系,受到剥蚀和海浪冲蚀也会提供部分碳酸盐岩碎屑,这些碎屑同样也会影响到周缘西沙隆起上低洼部位碳酸盐岩建隆的发育。这两类碎屑的影响使得碳酸盐岩礁滩体系的发育仅出现在构造高部位。

在陆缘碎屑物质注入的同时常常伴随有营养物质供给的增加,加剧了碳酸盐生产的环境变化(Fyhn et al,2009)。低营养环境有利于生物成因的碳酸盐的生产,尤其是生物礁;在高营养环境下,生产碳酸盐的造架生物珊瑚明显被藻类、海绵或软体珊瑚等所代替。现代的实例包括东爪哇海和印度尼西亚等,在水深15m以下珊瑚变得非常稀少,取而代之的是绿藻。营养物质含量增加可用来解释研究区东部远离进积硅质碎屑陆架的碳酸盐岩台地停止生长的原因。与此情况类似,研究区附近越南南部岸外的Phanh Rang碳酸盐岩台地也大约在晚中新世时期停止发育(Fyhn et al,2009)。因此,硅质碎屑物质注入以及营养物质含量增加导致环境恶化,水体条件不再适合生物礁及碳酸盐岩台地的生长,这很可能是研究区碳酸盐岩台地被淹没与消亡的最主要因素。

在生物礁形成的所需环境中,光照强度随着水深的增加呈指数降低,而有机质的生长速率随着光照强度呈指数的降低而呈双曲正切关系降低,生物学家认为该区带内光合作用产出的氧和生物呼吸所消耗的氧处于平衡状态。在地质记录中,适合于光合作用的生物,如绿藻、珊瑚等繁殖的环境,通常处于透光带之内。海水的养分也是重要因素之一,高养分的环境不一定适合生物礁的生长,在高养分的环境中,生物礁会被软体竞争者如肉质藻、软体珊瑚或海绵所排挤,并随着养分的增加,生物侵蚀会加剧生物礁骨架的破坏。

赤道碳酸盐系统是近年来由Moyer等科学家提出来的;是指介于南北纬13°之间的地区。在这个区带内,环境特征表现为碎屑、清水、营养物质注入、大降雨量、高热(大于18℃,通常大于20℃且温度的变化小于2℃)、相对湿度高(通常70%~90%)等特征,整体表现为"定期潮湿"和"季节性"。这种温暖的、受波浪和洋流搅动的浅海中往往也发育大量的碳酸盐,这与常见的蓝水系统(贫瘠营养生物、多样化生物群落)具有很大的差别性。东南亚地区恰恰是处在这样一个区带上(图6-8)。

东南亚地区是典型的赤道碳酸盐系统。因此,该地区受到来自太平洋的热带暖流影响,发育的生物多为光能自养型。以文石或钙质矿物为主,缺少包粒和团块,常常与碎屑岩伴生,台地类型分散(图6-8)。

赤道碳酸盐系统是与该地区的气候环境密切相关的。以东南亚地区为例,该区的降雨量非常多,最多的地区可以达到3m/a。但是,这种降雨是不均一的,通常在炎热的夏季月份(大于20℃)具有一个明显的潮湿季节(500~1500mm/a),同时这种多雨性气候与雷雨天气有密切关系。这种气候促进了温水碳酸盐的发育(图6-9)。

东南亚一直是一个具有大量大陆架海洋环境的地区,由大大小小的岛屿组成,海底高地在整个新生界时期被弯曲的海道分隔(Tomascik et al,1997)。这种潜在碳酸盐岩发育地区的范围和多样性在其他赤道地区是不能相比的,这使得东南亚称为研究沉积过程和沉积多样性的理想天然实验室。东南亚地

区多样性由非常复杂、活跃的构造作用控制,大量的微型大陆断块、盆地和火山岛弧并列发育在欧亚和澳大利亚板块之间的碰撞带(Hall,1996,2002;Wilson & Hall,2010)。这种复杂构造区,伴随着大量降雨和丰富的热带植物,通常导致火山碎屑岩、硅质碎屑岩、淡水和营养物质汇聚到这个区域的沿海水域(Tomascik,1997;Wilson & Lokier,2002)。本地的季风气候引起了强烈的季节性地表径流以及风和径流模式的改变(Umbgrove,1947;Park等,2010)。东南亚是赤道附近仅剩的海洋通道,允许太平洋和印度洋之间通过大范围的印度尼西亚穿越洋流进行海水交换(Gordon,2005)。因此,这个地区的气候和水流系统会受到全球海洋和大气现象的影响,并且与其发生相互作用。这个过程在不同时间尺度上改变海洋表面的温度,使局部比周围环境温暖或变冷,同时,营养物质与碎屑物也会受到影响。

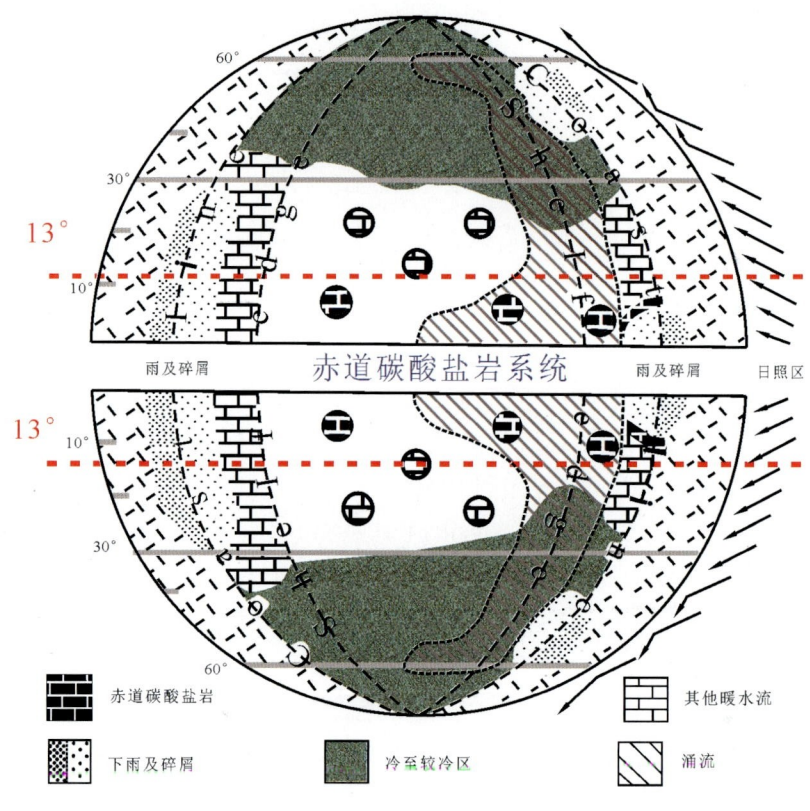

图 6-8 现代碳酸盐的分布

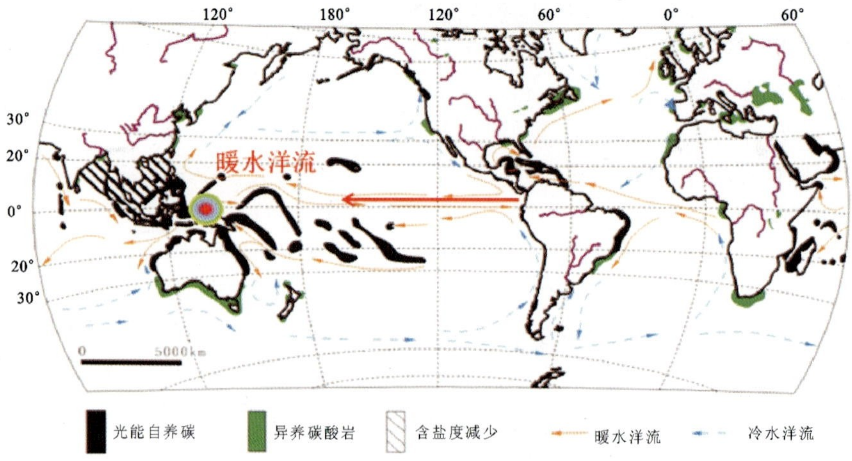

图 6-9 现代洋流及碳酸盐的分布

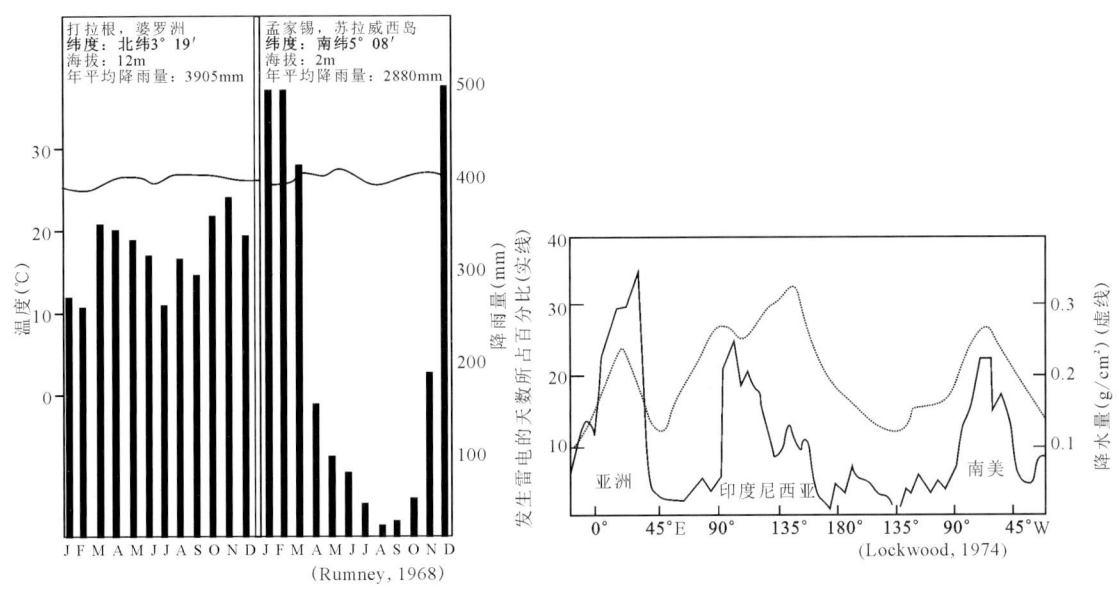

图 6-10 东南亚和赤道热带气候环境

6.2.4 海水化学成分和生物演化

生物作为碳酸盐沉积的主要生产者,其生长发育和演化自然与海水化学成分有着密切的联系。前人研究表明,钙质壳和硅质壳生物均参与了海水化学成分的演化。海水化学成分发生巨大变化的同时也必将影响生物的演化。寒武纪初期海水钙离子浓度的增加,显然为大量带壳生物化石的出现和发育提供了良好的条件;新生代早期,钙质超微化石骨骼随海水钙离子浓度的降低,逐渐呈现"缺钙"的特点。海水地球化学成分在显生宙期间经历了显著的周期性变化,变化最明显的是海水的 Mg/Ca 比值,它直接影响碳酸盐沉积原生矿物类型(颜佳新,伍明,2006),海水的 Mg/Ca 值为小于 2、2~5.3 和大于 5.3 时所沉积的碳酸盐原生矿物分别为低镁方解石、高镁方解石+文石、文石(Lowensteid T K et al,2001)。因此,显生宙海水化学成分的周期性变化,导致不同时期碳酸盐沉积原生矿物的差异,文石海时期与方解石海时期碳酸盐沉积早期成岩作用方式也有显著差别。

虽然人们早已认识到碳酸盐沉积物形成于盆地内部,其成因主要与生物或者生物化学作用有关,但是直到 20 世纪后期人们才认识到海水成分、生物演化与碳酸盐沉积之间关系密切。近年研究进展表明,全球洋中脊扩张速率的周期性变化,导致海水成分发生周期性变化,进而深刻地影响到碳酸盐沉积原生矿物的类型和生物钙化。地史时期海水成分的显著波动性变化,使得不同时期碳酸盐岩台地边缘鲕粒滩的钙质鲕粒有着不同的原生矿物组成。由于文石和高镁方解石为准稳定矿物,它们在早期成岩作用过程中将转化为稳定的低镁方解石,势必导致文石海时期与方解石海时期碳酸盐沉积早期成岩作用方式的差异。

此外,海水化学成分差异也不同程度地影响了生物矿化(Stanley & Hardie,1998;刘喜停等,2009)。生物骨骼中 Mg 的分馏模式与非骨屑碳酸盐矿物类似,也随海水中 Mg/Ca 摩尔比的增加而增加(Ries J B,2006)。不同生物在人造海水中的养殖试验表明,海水的 Mg/Ca 摩尔比变化对生物矿化的影响可以超过生物本身的控制作用,生物在有利于自身矿物组成的海水中的钙化具有明显竞争优势(刘喜停,颜佳新,2009)。

海水化学成分对生物矿化的影响,无疑直接影响到浅水碳酸盐沉积。海水化学成分变化对碳酸盐沉积的影响,集中体现在对台地边缘生物礁的影响和对产生大量碳酸盐沉积物的生物的影响,从而可以很好地解释台地边缘生物礁的造礁生物群落的构成及其演替。大多数造礁生物如藻类、珊瑚等对壳体分泌的化学环境控制较弱,主要受海水的 Mg/Ca 摩尔比值影响,因此其发育情况在很大程度上依赖于海水的化学条件。方解石海时期造礁生物主要为方解石质的珊瑚和层孔虫,文石海时期的造礁生物主要为文石质的海绵、藻类和珊瑚及高镁方解石质的红藻,文石质石珊瑚和高镁方解石质珊瑚藻则是现代主要的造礁生物(Stanley S M,2006)。

6.3 西科1井礁滩体系演化区域对比

6.3.1 西沙海域连井剖面对比

西沙海域同属于永乐隆起大环带上,在西科1井钻探之前已打了4口钻井,分别是西永1井、西琛1井、西永2井、西石1井。西永1井位于西沙隆起宣德环礁永兴岛上,完钻井深1384.68m,钻遇了近1251m的生物礁地层,时代为中新世至今,基底为花岗片麻岩。同样,西科1井完钻井深为1268.02m,钻遇了1257.52m的生物礁滩地层,时代为中新世至今,基底为片麻岩与二长花岗岩。这些地层侧向厚度变化不大,可以很好地对比(图6-11),同时,总体而言,西科1井生物礁发育的比例远超过其余4口井,说明西科1井位置更加靠近礁核,而其余4口井则相对靠近生屑滩和潟湖。每口井内均可见到数个溶蚀暴露面或者灰砂岛沉积,反映了在区域上整个生物礁滩体系发育过程中,发生过数次海平面的升降变化。

垂向演化上,不同的井之间亦显示出相似的垂向沉积变化序列,其中西琛1井发育:浅海碎屑滩相(梅山组)—潟湖碎屑滩交互相(黄流组)—潟湖相(莺歌海组)—潟湖礁核交互相(乐东组)。西永1井发育:滨浅海碎屑滩相(三亚组、梅山组)—潟湖礁核交互相(黄流组)—潟湖碎屑滩交互相(莺歌海组)—潟湖礁核交互相(乐东组)。西科1井发育:台地、礁核相(三亚组)—礁滩交互相(梅山组)—礁核相(黄流组)—礁滩交互相(莺歌海组)—礁核相(乐东组),共同反映了相对海平面变化对区域沉积相变的控制作用。乐东组更新统晚期,所有的井开始发育生物礁格架相,井间可以进行很好的对比,反映了区域海平面的下降,形成了适合造礁生物繁盛生长的环境。随着末次冰期到来,海平面进一步下降,使得西沙群岛开始露出水面,在季风的作用下,生物礁滩沉积发生侵蚀、搬运、堆积,最终形成了灰砂岛沉积相。此外,西琛1井、西永1井、西科1井中白云岩发育层段均为黄流组强烈发育、莺歌海组部分发育,也可以很好地横向对比,反映了白云岩的发育是由于区域上的海平面下降引起的,与气候事件有关。

6.3.2 生物礁发育区域对比

为了更好地了解和解释生物礁在区域上的分布规律,我们选取一条西科1井附近的地震剖面对生物礁区域演化进行分析(图6-12),指示了生物礁发育演化与盆内沉积体系发育演化之间的关系。

通过追踪闭合同相轴,将区域内地层划分出中新统三亚组、梅山组、黄流组,上新统莺歌海组和第四系乐东组。通过外部形态、内部结构等地震相特征,识别出了多期生物礁,生物礁通常显示为丘形反射,顶部振幅强,内部振幅弱,单个生物礁个体较小,多见生物礁垂向加积和侧向加积。

早中新世三亚组时期(T_{60}—T_{50}),西沙海域受周缘陆源碎屑影响较小,该期生物礁只在局部的构造高部位发育,包括台地之上和盆地内构造高点。琼东南盆地内孤立台地显示在三亚组下部存在一组丘形强反射,反映了生物礁的叠置生长,到了三亚组上部,丘形强反射厚度增大,反映了生物礁发育规模增大,这些特征与西科1井三亚组一段为主要成礁期较为一致。该时期的生物礁在区域上发育范围小,代表生物礁发育的初级阶段。

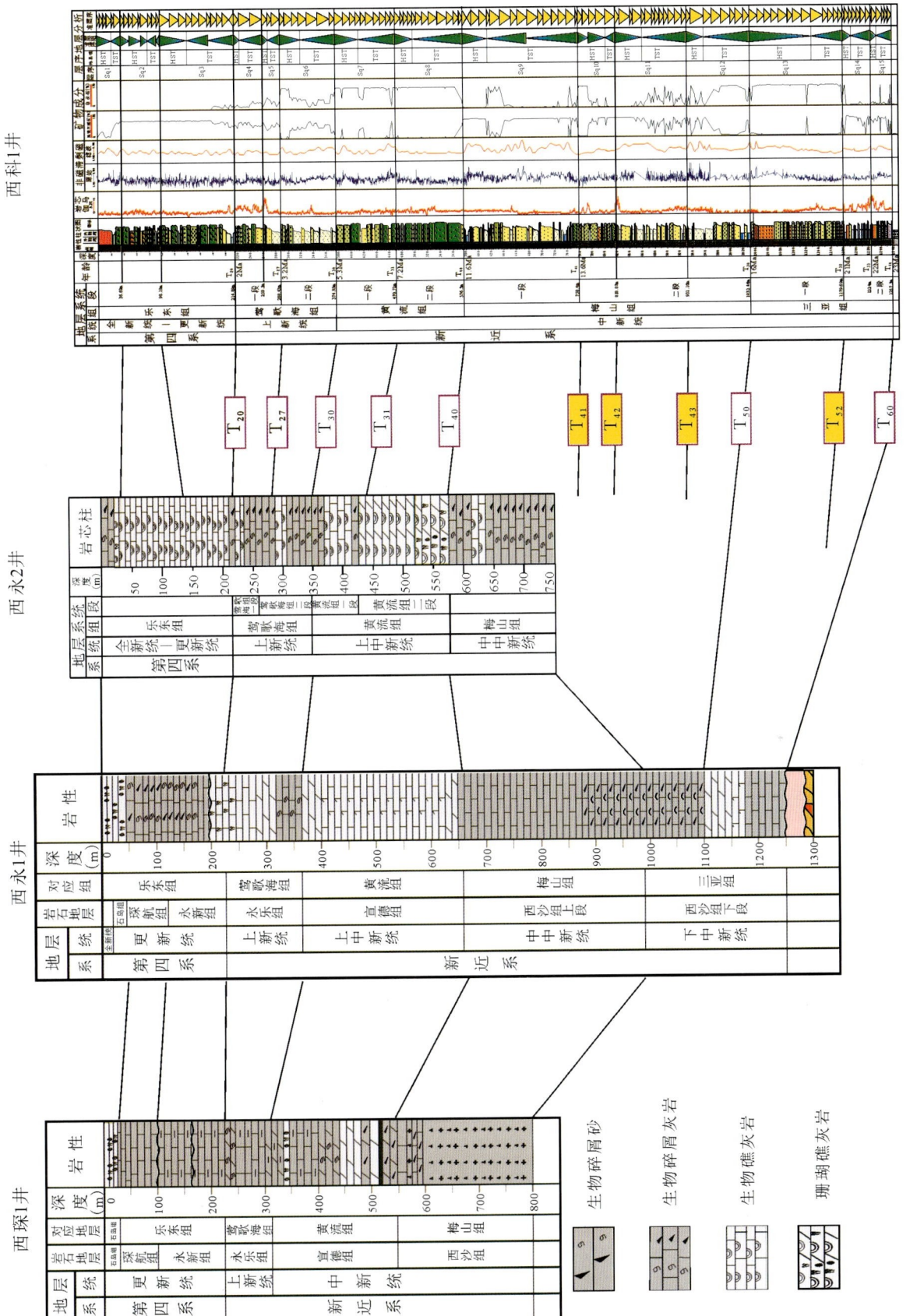

图 6-11 西沙海域各钻井地层单元对比

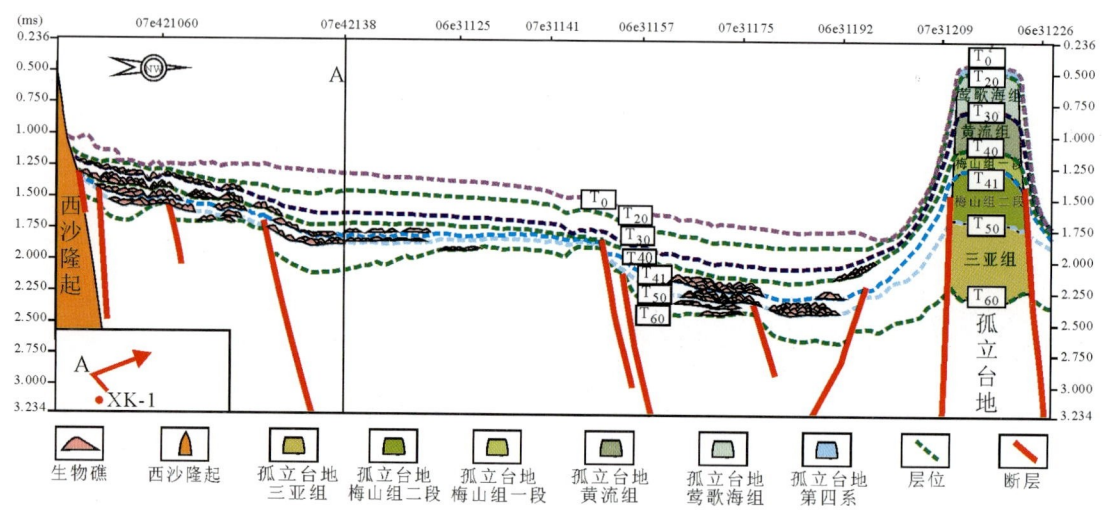

图 6-12 西科 1 井附近区域生物礁时空演化图

中中新世梅山组时期（T_{50}—T_{40}），海平面略有上升并较为稳定，生物礁分布范围得到了迅速扩张，台地之上和南部隆起区大部分位置均有生物礁发育，该时期的大部分时间内生物礁的生长速率与相对海平面的上升速率保持持平，甚至超过了相对海平面上升速率，垂向加积和侧向加积现象普遍，是全区生物礁发育最繁盛的时期。但是，随着海平面的进一步升高，盆内生物礁逐渐被淹没，而台地仍可以产生大量生屑滩，搬运至周缘盆地，覆盖在淹没的生物礁之上，特别是在梅山组一段，生物礁顶部可见明显的强振幅进积体，代表相邻台地生屑滩搬运沉积。琼东南盆地内孤立台地之上，梅山组二段（T_{50}—T_{41}）整体振幅比一段（T_{41}—T_{40}）要强，反映了梅山组二段的生物礁发育更繁盛，同时，隆起区识别出的生物礁复合体亦是梅山组二段比一段分布范围更广，厚度更厚，与西科 1 井梅山组二段为主的成礁期可以进行较好的对比。总体而言，该时期为生物礁发育的鼎盛阶段。

晚中新世黄流组时期（T_{40}—T_{30}），海平面上升幅度进一步加大，生物礁开始往构造高点和台地逐渐迁移，整体分布范围逐渐减小。随着生物礁往台地斜坡等高部位后退生长，隆起区开始出现中振幅连续性好的地震相，反映了低能量条件下的碳酸盐自生沉积。琼东南盆地内部孤立台地黄流组振幅最强，反映了该期厚层的生物礁沉积，与西科 1 井黄流组厚层生物礁能够很好地对比。总体而言，该时期生物礁发育程度较梅山组减弱。

上新世莺歌海组时期（T_{30}—T_{20}），海平面继续上升，生物礁进一步往构造高点迁移，最终只在西沙隆起斜坡带发育，而琼东南盆地孤立台地斜坡带则不发育，同时，此时的生物礁生长速率小于相对海平面上升的速率，生物礁发育方式以退积为主，垂向加积为辅。生物礁进一步的退却，使得该时期盆内堆积了巨厚的稳定碳酸盐岩沉积。琼东南盆地内孤立台地之上莺歌海组为中振幅相，反映了礁滩交互沉积，与西科 1 井莺歌海组交互沉积能较好地对应。该时期生物礁区域上发育程度进一步减弱。

第四纪时期（T_{20}—T_{0}），海平面迅速上升，琼东南盆地内孤立台地生物礁发生淹没，至此，只有西沙隆起还在发育生物礁沉积。西沙隆起仍有大量生屑搬运至斜坡发生沉积，在风暴、地震等机制作用下，可以促发碳酸盐重力流沉积，而琼东南盆地内孤立台地相邻斜坡，由于缺乏物源，从而接受自生碳酸盐沉积，局部可发育等深流沉积。

虽然台地和盆内均有生物礁发育，但它们发育的时间却有所差异。在低水位时期，台地之上不发育生物礁沉积，甚至暴露水面，形成溶蚀构造，而此时在盆内水深合适处，生物礁可以繁茂生长。比如：三亚组时期，盆内局部高地位置生长生物礁；梅山组时期，区域内水深条件、营养条件均合适，是区域内发育大面积生物礁的沉积时期，其分布面积最广；进入中中新世，随着区域下沉和海平面的上升，盆内生物礁生长受到抑制，生物礁渐渐往高地迁移，而台地之上则成为生物礁发育的良好场所；至高水位期，盆内生物礁发生淹没,只有台地之上生物礁还在发育,此时,台地上繁盛的生物礁经过波浪破碎作用,形成生屑滩,往盆内搬运沉积,丰富的生屑物质可以形成典型的高位域进积楔,覆盖于盆内淹没生物礁之上,如梅山组一段。

6.4 生物礁滩体系沉积演化动态模式

虽然西科1井莺歌海组和乐东组只识别出潟湖、礁后外侧滩、礁后内侧滩、礁基、礁核和礁盖成因相,但根据区域地质背景及经典生物礁沉积模式,还应发育礁前内侧滩、礁前外侧滩和斜坡等成因相(图3-12)。

莺歌海组造礁生物主要为红藻,基本未见珊瑚。相比于乐东组,生屑滩较发育。比如莺歌海组二段373~306m,发育达68m的礁后滩,礁后内侧滩和礁后外侧滩互层,两者总比例相仿。相应地,莺歌海组生物礁层段相比较薄,且主要集中在莺歌海组一段。莺歌海组的3个三级层序海进体系域均比高位体系域厚较多,因此退积型成因相组合序列占主要部分。

乐东组造礁生物包括珊瑚和红藻,礁核很发育,单层厚度较大。礁核之间为相对较薄的生屑滩,有时为更薄的礁基。相比莺歌海组,乐东组可见较多溶蚀层段,对应于礁盖成因相乐东组,除紧邻莺歌海组的三级层序(Sq5)之外的4个三级层序(Sq4~Sq1)高位体系域均比海进体系域厚很多,因此进积型成因相组合序列在这4个三级层序中占主要部分。但Sq5的海进体系域稍厚于高位体系域,退积型成因相组合序列稍占优势。

中中新世以后,构造活动已经趋于稳定。因此,中中新世—上新世期间,生物礁滩体系的主要控制因素为相对海平面变化。据此,建立了在此期间西沙海域生物礁滩沉积体系演化的动态模式(图6-12)。

低位体系域时,海平面下降到台地边缘以下,台地发生暴露。地表遭受风化、剥蚀、溶蚀等破坏作用,土壤化或发育喀斯特地貌,形成礁盖成因相。这种破坏作用可强可弱,对下伏地层影响范围不一,这与海平面下降幅度和持续时间有关。国外曾见到在相对海平面急剧下降时整个上新世生物礁地层被剥蚀殆尽的报道。地表暴露后,在潮湿气候条件下,台地地层内将形成淡水透镜体,透镜体的厚度及其作用范围与台地暴露的面积有关。西科1井中,可见有的暴露面以下长达十几米的岩芯呈淡黄色—黄褐色,岩芯凹凸不平,镜下发育较多铸模孔或粒内溶孔。在潜流带内,许多亮晶方解石沉淀在原始粒间孔隙内,使孔隙度大幅减小。另外,根据前人研究成果,地层内断续的白云岩楔形体也与低位体系域时发育的淡水透镜体有关,形成于咸淡水混合成岩环境中。

海进体系域时,相对海平面快速上升,可容纳空间增长速率较大,激发碳酸盐生长潜能,生物礁滩增长速率也较大,但总体来说略小于可容纳空间增长率,礁滩体地层表现为退积。海进体系域由若干个高频海平面旋回构成。虽然三级相对海平面总体表现为上升,但在高频海平面旋回级别,既发育淹没型生长单元,也发育暴露型生长单元。只是在海进体系域内,暴露型生长单元相比淹没型生长单元要少。因此,西科1井中识别出来的潟湖相、礁后外侧滩、礁后内侧滩、礁基、礁核以及礁盖在海进体系时均可发育。

高位体系域初期,可容纳空间增长速率大致等于礁滩生长速率,表现为加积;至高位体系域中后期,可容纳空间增长速率小于礁滩生长速率,表现为侧向进积。在高频海平面旋回级别,暴露型生长单元明显增多,但仍可见淹没型生长单元。同样,该时期发育了井上可见的所有的成因相。

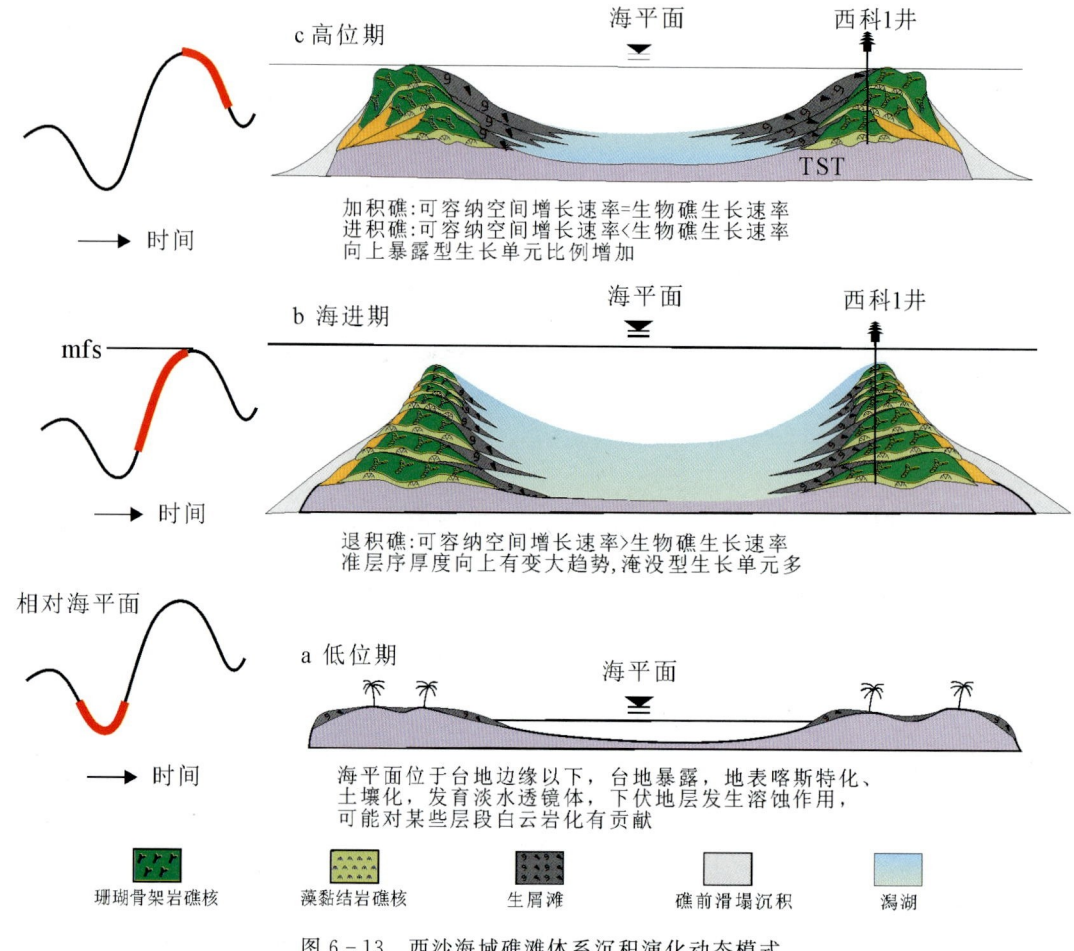

图 6-13 西沙海域礁滩体系沉积演化动态模式

7 主要结论

本项目针对西科1井展开岩石学及成因相的精细分析,完成西科1井岩性相类型识别、沉积相分析,建立以三级层序为单元的西科1井层序地层格架;分析西科1井生物礁发育过程及阶段,建立相关沉积模式。基于西科1井宏观观察,薄片描述矿物组成、地球化学、分子化合物、磁性地层的精细解剖,为南海生物礁滩体系研究提供了极具代表性"铁柱子"(图7-1),为南海生物礁滩体系对比提供了典型的范例。主要取得如下成果和认识。

(1)识别出17种宏观岩性相类型和32种微观岩性相类型。宏观岩相的礁岩类型包括礁灰岩、珊瑚礁灰岩、藻礁灰岩、含藻珊瑚礁灰岩、白云质珊瑚礁灰岩、白云质藻礁灰岩、礁云岩、珊瑚礁云岩、藻礁云岩、含藻珊瑚礁云岩;粒屑岩类型包括生物碎屑砂、生物碎屑灰岩、含灰泥生物碎屑灰岩、含生物碎屑泥灰岩、灰质泥岩、灰质生物碎屑白云岩、生物碎屑白云岩等。其中,常见的类型包括藻礁云岩、白云质藻礁灰岩、生物碎屑灰岩、含灰泥生物碎屑灰岩、含生物碎屑泥灰岩及泥灰岩。微观岩相礁岩类型包括红藻珊瑚骨架礁灰岩、珊瑚骨架礁灰岩、红藻黏结礁灰岩、珊瑚障积岩,以及微异地堆积的砾屑灰岩和漂浮灰岩、红藻黏结礁灰云岩、红藻黏结礁云岩、残余红藻黏结礁灰云岩、残余红藻黏结礁云岩10类。粒屑岩包括生屑灰岩、含泥晶生屑灰岩、含亮晶生屑灰岩、亮晶生屑灰岩、泥晶生屑灰岩、生屑泥晶灰岩、内碎屑泥晶灰岩、内碎屑生屑泥晶灰岩、泥晶灰岩10类灰岩;生屑云灰岩、泥晶生屑云岩、生屑泥晶云灰岩、含生屑泥晶云灰岩及泥晶云灰岩5类云灰岩;生屑灰云岩和残余生屑灰云岩2类灰云岩,残余生屑云岩、残余生屑粉晶细晶云岩、粉晶细晶云岩、细晶粉晶云岩和粉晶云岩5类云岩。其中,最常见的微观岩相包括红藻黏结礁灰岩、红藻黏结礁灰云岩、红藻黏结礁云岩、残余红藻黏结礁灰云岩、残余红藻黏结礁云岩、生屑灰岩、亮晶生屑灰岩、泥晶生屑灰岩、生屑泥晶灰岩、内碎屑泥晶灰岩、内碎屑生屑泥晶灰岩、泥晶灰岩、残余生屑云岩、粉晶细晶云岩、细晶粉晶云岩等。

(2)查明了西科1井发育9大类生物类型及其垂向分布特征。西科1井中发育9种古生物化石,包括珊瑚、红藻、有孔虫、棘皮类、绿藻、腹足、腕足、双壳和介形虫。其中,红藻和珊瑚为造礁生物,其他为附礁生物。原地红藻为主要的造礁生物,多为珊瑚藻种属,呈皮壳状、分枝状,黏结缠绕其他生物骨屑和泥晶方解石造礁。珊瑚为次要的造礁生物,单体之间相互搭建形成礁骨架,为其他生物提供庇护所。原地红藻和珊瑚在其造礁的层段含量高。部分原地红藻和珊瑚被打碎后呈碎片状就近或搬运到其他环境中沉积下来。有孔虫为最重要的附礁生物,分为底栖型和浮游型。底栖型种类众多,结构复杂,呈椭圆形—圆形、纺锤形、棒状等,大多0.5~1.5mm,局部层段含量可超过50%,平均含量15%左右;浮游型结构较为简单,呈环状,大多0.2~0.5mm,含量较低,通常只有2%~3%,个别层段局部可达10%左右。棘皮类为较重要的附礁生物,镜下多见圆形棘皮刺,几乎在所有层段均可见,但整体含量不高,平均5%左右。绿藻为次要附礁生物,节片状,只在个别层段集中出现,含量可达30%~40%,仅为少数层段沉积物的重要来源。其余的腹足、腕足、双壳和介形虫均为极次要的附礁生物,含量极少。

(3)揭示了生物礁滩体系成因相类型及沉积特征,进而总结了相应的沉积模式。根据岩石组构特征及水动力条件,首先划分了3类成因相组合类型,分别为生物礁、生屑滩和潟湖成因相组合。生物礁包括礁基、礁核和礁盖3种成因相。生屑滩包括礁后内侧滩和礁后外侧滩。礁基常见岩性包括泥晶灰岩、生屑泥晶灰岩、泥晶生屑灰岩、生屑灰岩,处于两个礁核之间,较潟湖相、滩相薄,小于50cm,代表短期的海泛面;礁核是礁滩体系的主体部分,其他成因相均是在它的基础上衍生出来的,对应各种礁岩;礁盖是在生物礁滩发生暴露形成的,对于识别层序边界具有重要意义,主要对应被溶蚀的礁岩,有时对应被溶蚀的粒屑岩。礁后内侧滩水动力较强,主要由大量的生物骨屑构成,常见对应生屑灰岩、亮晶生屑灰岩等;礁后外侧滩水动力较弱,由较多的生屑和泥晶构成,常见对应的泥晶生屑灰岩和生屑泥晶灰岩。潟湖相水动力条件最弱,代表较长时间的海泛面,主要由大量的灰泥构成,有时可见较多的生物骨屑或内碎屑。垂向上,成因相组合序列包括两类,分别为进积型和退积型。进积型主要发育在高位体系域,而退积型则主要发育于海进体系域。两类成因相组合序列反映了相对海平面不同的升降方式和升降速度。

(4)建立了研究区层序地层格架,提出了3种生物礁生长单元类型以及高频层序划分方案。晚中新世以来共识别出12个暴露面、3个淹没面,据此将西科1井划分为16个三级层序。在每个三级层序中,只发育两个体系域,即海进体系域(TST)和高位体系域(HST),每个体系域里面发育数目不等的准层序组和准层序。识别出生物礁3种生长单元类型,包括淹没型、淹没暴露交互型和暴露型;通过宏观岩芯识别出51个准层序,其中含9个退积层序(反旋回)和42个进积层序(正旋回);36个准层序组,其中含18个退积准层序组和18个进积准层序组。

(5)识别了暴露型和淹没型两类礁滩生长单元类型,划分了三级层序格架下的高频层序地层。根据成因相序列组合形式及海泛面和暴露面的识别,划分出暴露型和淹没型两类礁滩生长单元类型。暴露型生长单元进一步划分为硬基底和软基底暴露型。硬基底暴露型生长单元礁核生长于礁后内侧滩,而后发生暴露;软基底暴露型生长单元礁核生长在潟湖或礁后外侧滩上,生长单元结束时的最后一个成因相发生暴露。淹没型生长单元进一步划分为快速淹没型和慢速淹没型。快速淹没型生长单元结束时被海泛面淹没,之后发育的成因相比海泛沉积要浅;慢速淹没型生长单元在向上变浅的成因相序列结束后,转变为向上变深的成因相序列。与快速淹没型不同的是,这个向上变深的成因相序列反映了海平面缓慢上升的过程,随后开始发育向上变浅的成因相序列。在两类生长单元识别的基础上,在三级层序格架下划分了高频层序。每个三级层序内发育7~18个数目不等的高频层序。暴露型生长单元更多地发育在高位体系域,淹没型生长单元更多地发育在海进体系域,并且快速淹没型占大多数。

(6)查明了生物礁滩体系地球化学元素分布特征。首次利用高分辨率X射线岩芯扫描仪(Itrax多功能扫描仪)对西科1井全井段(1268m)岩芯进行扫描,获得了26种元素含量计数点,组成了325个元素比值,观察各元素比值随深度的变化趋势,从层序角度和成岩角度对其进行规律性总结。除了在三亚组个别位置可见少量的长英质矿物、黏土矿物外,西科1井其他层段基本不含陆源矿物,而以碳酸盐岩为主,且低镁方解石和白云石在纵向上显示出明显的分段性;Mg/Ca、K/Ca、Si/Ca、Ti/Ca、Fe/Ca、Sr/Ca、Th/Ca、Mn/Ca、V/Ni、Zr/Ca等元素比值可较好地用于三级层序及高频层序划分,为生物礁滩体系高频单元划分提供有效参数及分析方法。

(7)提出了构造作用、海平面升降以及环境因素是控制西沙海域礁滩体系沉积演化的关键因素。构造控制作用表现在3个方面:首先,构造活动形成了许多断层控制的断块,后期成为水下隆起,为生物礁生长发育提供了适宜的地形地貌条件,逐渐形成了大规模生物礁;其次,构造活动使得西沙地块远离周缘大陆,并且逐渐被深坳陷所围,将陆源沉积体系阻挡在西沙隆起之外,清洁的环境利于生物礁滩发育;最后,中新世以后,稳定的构造环境,适中的基底沉降速度,为碳酸盐岩台地及生物礁的大规模发育奠定了基础。二级海平面的升降变化控制了中新世—上新世各时期造礁生物的繁盛程度,从而控制了生物礁与生屑滩的发育。另外,南海乃至西沙海域,冰期时表层水温及盐度仍适于造礁生物生长,不会对礁滩体体系的发育造成破坏。

(8)建立了西沙海域生物礁滩体系随海平面变化的沉积演化动态模式。低位体系域时,台地发生暴露,地表遭受风化等破坏作用,造成土壤化或形成喀斯特地貌。海进体系域时,相对海平面快速上升,可容纳空间增长速率较大,礁滩增长速率也较大,但总体来说略小于可容纳空间增长率,生物礁滩体地层表现为退积,淹没型生长单元多于暴露型。一般而言,高频层序单元向上沉积厚度有变大的趋势。高位体系域初期,可容纳空间增长速率大致等于礁滩生长速率,表现为加积;至高位体系域中后期,可容纳空

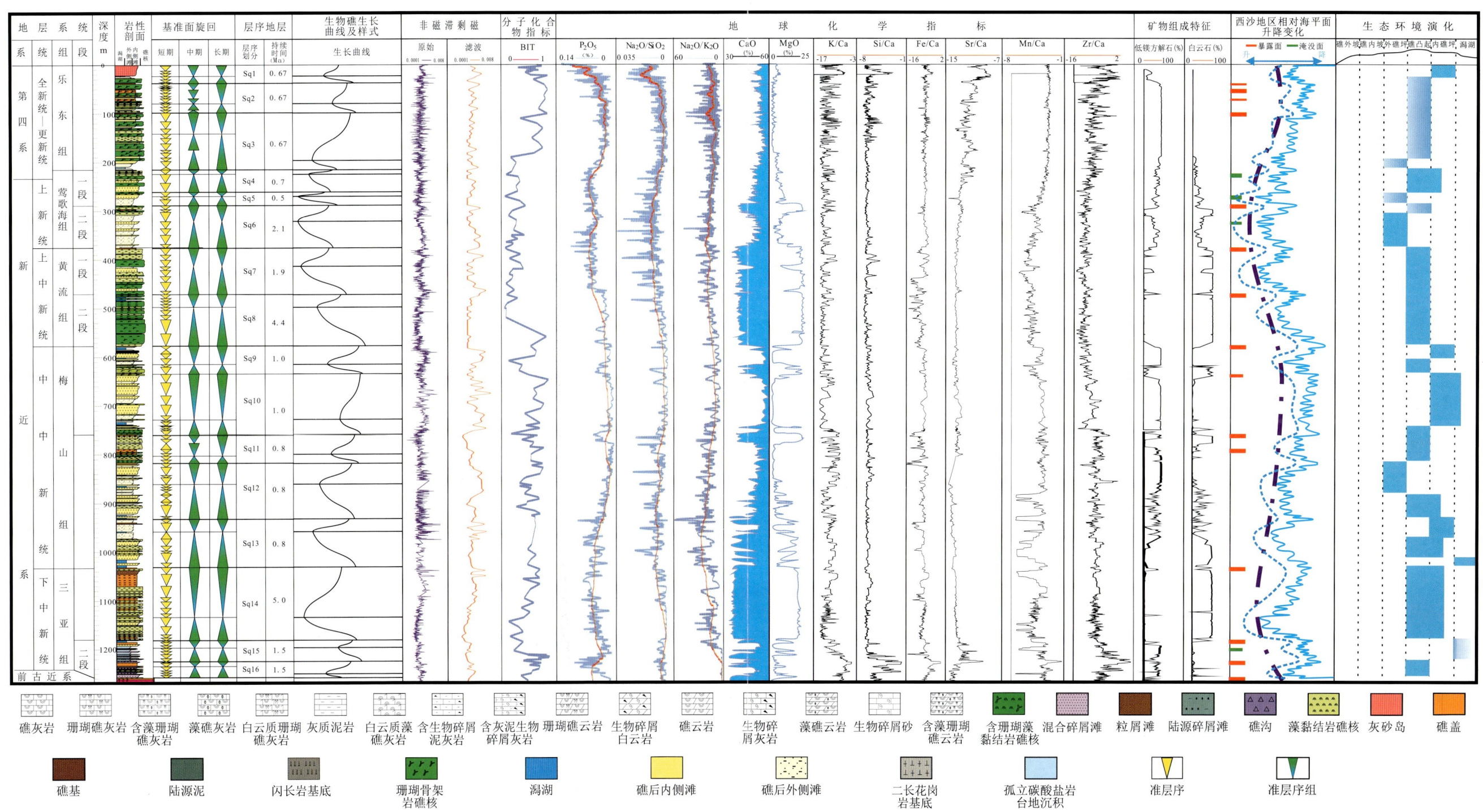

图7-1 南海西科1井新生代以来生物礁滩体系发育演化特征汇总

间增长速率小于礁滩生长速率,表现为侧向进积。暴露型生长单元明显增多,但仍可见淹没型生长单元。从西科1井来看,三亚组早期为碳酸盐岩台地发育时期,之后在碳酸盐岩台地之上发育了第一个成礁期(三亚组一段),随后分别在梅山组、黄流组和乐东组分别有生物礁发育期,其他层段则以生物滩相为主。总体来看,当沉积速率较慢时,海平面缓慢上升适宜于生物礁发育,如三亚组一段、黄流组;但第四纪乐东组尽管沉积速率较快时,也适宜于生物礁发育。

参考文献

蔡峰,许红,等.西沙-南海北部新近生物礁的比较沉积学研究[J].沉积学报,1996,14(4):61-69.

陈国威.南海生物礁及礁油气藏形成的基本特征[J].海洋地质动态,2003(8):32-37.

范嘉松,田树刚,吴亚生.东昆仑阿尔格二叠纪生物礁的特征及其古地理古气候的意义[J].古地理学报,2004,6(3):329-338.

龚再升,李思田,等.南海北部大陆边缘盆地分析与油气聚集[M].北京:科学出版社,1997.

郭峰,郭岭.桂中坳陷中泥盆统罗富组层序地层与沉积体系[J].桂林理工大学学报,2011(1):23-27.

郝诒纯,陈平富,万晓樵,等.南海北部莺歌海-琼东南盆地新近纪层序地层与海平面变化[J].现代地质,2000(03):237-245.

胡平忠,王金中.珠江口盆地第三纪生物礁:中国生物礁与油气[M].北京:海洋出版社,1996.

解习农,任建业,王振峰,等.南海大陆边缘盆地构造演化差异性及其与南海扩张耦合关系[J].地学前缘,2015,22(1):77-87.

解习农,张成,任建业,等.南海南北大陆边缘盆地构造演化差异性对油气成藏条件控制[J].地球物理学报,2011,54(12):3280-3291.

金庆焕.南海地质与油气资源[M].北京:地质出版社,1989.

李家彪.中国边缘海形成演化与资源效应[M].北京:海洋出版社.2008.

李杰,林畅松,陈平富.琼东南盆地莺歌海组—黄流组海平面变化与层序年代地层[J].地质论评,1999(5):514-520.

李思田,焦养泉.碳酸盐岩台地边缘带沉积体系露头研究及储层建模[M].北京:地质出版社,2014.

刘军,施和生,杜家元,等.东沙隆起台地生物礁、滩油藏成藏条件及勘探思路探讨[J].热带海洋学报,2007,26(1):22-27.

刘喜停,颜佳新.海水化学演化对生物矿化的影响综述[J].古地理学报,2009(4):446-454.

吕炳全,徐国强,王红罡,等.南海新生代碳酸盐岩台地淹没事件记录的海底扩张[J].地质科学,2002,37(4):405-414.

吕彩丽,姚永坚,吴时国,等.南沙海区万安盆地中新世碳酸盐岩台地的地震响应与沉积特征[J].地球科学——中国地质大学学报,2011(5):931-938.

吕修祥,金之钧.碳酸盐岩油气田分布规律[J].石油学报,2000,21(3):8-12.

马永生,牟传龙,谭钦银,等.达县-宣汉地区长兴组—飞仙关组礁滩相特征及其对储层的制约[J].地学前缘,2007,14(1):182-192.

马玉波,吴时国,杜晓慧,等.西沙碳酸盐岩建隆发育模式及其主控因素[J].海洋地质与第四纪地质,2011(4):59-67.

庞雄,陈长民,施和生,等.相对海平面变化与南海珠江深水扇系统的响应[J].地学前缘,2005(3):167-177.

秦国权.微体古生物在珠江口盆地新生代晚期层序地层学研究中的应用[J].海洋地质与第四纪地质,1996,16(4):15-16.

秦国权.珠江口盆地新生代晚期层序地层划分和海平面变化[J].中国海上油气地质,2002(1):2-11.

邱燕,王英民.南海第三纪生物礁分布与古构造和古环境[J].海洋地质与第四纪地质,2001(1):65-67.

任建业,雷超.莺歌海-琼东南盆地构造地层格架及南海动力变形分区[J].地球物理学报,2011,54(12):3303-3314.

商志垒,孙志鹏,解习农,等.南海西科1井上新世以来礁滩体系内部构成及其沉积模式[J].地球科学——中国地质大学学报,2015,40(4):697-710.

汪品先.追踪边缘海的生命史:"南海深部计划"的科学目标[J].科学通报,2012,57(20):1807-1826.

王国忠.南海珊瑚礁区沉积学[M].北京:海洋出版社,2001.

卫平生,刘全新,张景廉,等.再论生物礁与大油气田的关系[J].石油学报,2006,27(2):38-42.

魏喜,邓晋福,谢文彦,等.南海盆地演化对生物礁的控制及礁油气藏勘探潜力分析[J].地学前缘,2005(3):245-252.

魏喜,祝永军,尹继红,等.南海盆地生物礁形成条件及发育趋势[J].特种油气藏,2006(1):10-15.

吴时国,姚根顺,董冬冬,等.南海北部陆坡大型气田区天然气水合物的成藏地质构造特征[J].石油学报,2008(3):324-328.

吴时国,袁圣强,董冬冬,等.南海北部深水区中新世生物礁发育特征[J].海洋与湖沼,2009(2):117-121.

吴时国.全球深水油气勘探与研究进展[C]//中国石油学会第四届石油地质年会论文集[M].北京:石油工业出版社,2011.

夏斌,崔学军,谢建华,等.关于南海构造演化动力学机制研究的一点思考[J].大地构造与成矿学,2004,28(3):221-227.

谢锦龙,黄冲,向峰云.南海西部海域新生代构造古地理演化及其对油气勘探的意义[J].地质科学,2008(1):133-153.

许红.中国海域及邻区含油气盆地生物礁的对比研究[J].海洋地质与第四纪地质,1992,12(4):41-52.

曾鼎乾.北部湾石炭纪礁油藏简介[C]//中国生物礁与油气[M].北京:海洋出版社,1996.

曾鼎乾.南海北部大陆架第三纪生物礁研究及礁油藏勘探历史的回顾[J].南海石油,1989,6(3):1-7.

张光学,黄永样,祝有海.南海天然气水合物的成矿远景[J].海洋地质与第四纪地质,2002,22(1):75-81.

张广旭,吴时国,朱伟林,等.南海北部陆坡流花碳酸盐岩台地地球物理响应[J].海洋地质与第四纪地质,2011(4):105-112.

张明书,何起祥,韩春瑞.我国晚更新世风成石灰岩地层剖面及其古环境、古气候浅析[J].海洋地质与第四纪地质,1987(2):25-38.

赵撼霆.珠江口盆地东沙隆起生物礁碳酸盐岩沉积演化及储层特征[D].北京:中国科学院(海洋研究所),2011.

赵强.西沙群岛海域生物礁碳酸盐岩沉积学研究[D].北京:中国科学院(海洋研究所),2010.

周蒂,陈汉宗,吴世敏,等.南海的右行陆缘裂解成因[J].地质学报,2002,76(2):180-190.

朱伟林,王振峰,米立军,等.南海西沙西科1井层序地层格架与礁生长单元特征[J].地球科学——中国地质大学学报,2015,40(4):661-671.

朱伟林,张功成,高乐.南海北部大陆边缘盆地油气地质特征与勘探方向[J].石油学报,2008,29(1):1-9.

朱伟林.南海北部大陆边缘盆地天然气地质[M].北京:石油工业出版社,2007.

朱伟林.南海北部深水区油气地质特征[J].石油学报,2010,31(4):521-527.

Alsharhan A S. Geology and reservoir characteristics of carbonate buildup in giant Buhasa oil field, Abu Dhabi, United Arab Emirates[J]. AAPG Bulletin, 1987, 71:1304-1318.

Barron J A, Baldauf J G, Barrera E, et al. Biochronologic and magnetochronologic synthesis of leg 119 sediments from the Kerguelen Plateau and Prydz Bay, Antarctica[C]. Proceedings of the Ocean Drilling Program, Scientific Results, 1991, 119.

Blatt H, et al. Separation of quartz and feldspars from mudrocks[J]. Journal of Sedimentary Petrology,1982,52(2):660-662.

Dingle R V, Marenssi S A, Lavelle M. High latitude Eocene climate deterioration: evidence from the northern Antarctic Peninsula[J]. Journal of South American Earth Sciences,1998,11(6):571-579.

Ditchfield P W, Marshall J D, Pirrie D. High latitude palaeotemperature variation: New data from the Thithonian to Eocene of James Ross Island, Antarctica[J]. Palaeogeography, Palaeoclimatology, Palaeoecology,1994,107(1-2):79-101.

Dunham R J. Classification of carbonate rocks according to depositional texture[J]. AAPG Bulletin,1962,1:108-171.

Dunham R J. Sratigraphic reefs versus ecologic reefs[J]. AAPG Bulletin,1970,54:1931-1932.

Eberli G P, Anselmetti F S, Kroon D, et al. The chronostratigraphic significance of seismic reflections along the Bahamas Transect[J]. Marine Geology,2002,185(1-2):1-17.

Embry A, Kloven J E. A late Devonian reef tract on north-eastern Banks Island, Northwest Territories[J]. Bull. Can. Pet. Geol.,1971,19:730-781.

Folk R L. Petrology of sedimentary rocks[M]. Austin:Hemphill,1968.

Folk R L. Spectral subdivision of limestone types[J]. Mem. Am. Assoc. Pet. Geol.,1962(1):62-68.

Ginsburg R N. Subsurface geology of a prograding carbonate platform margin, Great Bahama Bank: Results of the Bahama Drilling Project[M]. SEPM Special Publication,2001:70.

Grammer G M, Crescini C M, McNeill D F, et al. Quantifying rates of syndepositional marine cementation in deeper platform environments - New insight into a fundamental process[J]. Journal of Sedimentary Research, 1999, 69:202-207.

Grammer G M, Ginsburg R N. Highstand vs. Lowstand deposition on carbonate platform margins: Insight from Quaternary foreslopes in the Bahamas[J]. Marine Geology,1992,103:125-136.

Hall R. Cenozoic geological and plate tectonic evolution of SE Asia and the SW Pacific: computer-based reconstructions, model and animations[J]. Journal of Asian Earth Sciences,2002,20(4):353-431.

Hallock P. Coral reefs, carbonate sediments, nutrients, and global change[C]//Stanley G D. The history and sedimentology of ancient reef systems[M]. New York: Kluwer Academic and Plenum Publishers,2001,387-427.

Haq B U, Hardenbol J, Vail P R. Chronology of Fluctuating sea levels since the Triassic[J]. Science,1987,235:1156-1167.

Harris P M. Delineating and quantifying depositional facies patterns in carbonate reservoirs: in sight from modern analogs[J]. AAPG Bulletin, 2010, 94(1): 61-86.

Heldt M, Lehmann J, Bachmann M, et al. Increased terrigenous Influx but no drowning: Palaeoenvironmental evolution of the Tunisian Carbonate Platform Margin during the Late Aptian[J]. Sedimentology, 2010,57(2):695-719.

Hutchison C S. Marginal basin evolution: the southern South China Sea[J]. Marine and Petroleum Geology. 2004,21(9):1129-1148.

Jack Wendte. Depositional facies analysis and modeling of the Judy Creek reef complex of the Upper Devonian Swan Hills, Alberta, Canada: Discussion[J]. AAPG Bulletin,2011, 95:169-171.

James N P. Reefs[M]//Walker R G. Faees models. Geoscience Canada RePrint Series I,1979:121-133.

Kennett J P, Warnke D A. The antarctic paleoenvironment: A Perspective on global change[M]. Washington D C: American Geophysical Union,1993:1-25.

Klett T R, Wandrey C J, Pitman J K. Assessment of undiscovered petroleum resources of the north and east margins of the Siberian craton north of the Arctic circle[C]//Petroleum Geology Conference Proceedings[M]. 2010, 7 (Vol. I and II):621-631.

Kusumastuti A,Van Rensbergen P, Warren J K. Seismic sequence analysis and reservoir potential of drowned Miocene carbonate platforms in the Madura Strait, East Java, Indonesia[J]. AAPG Bulletin, 2002,86(2): 213-232.

Kuznetov V G. Hydrocarbon occurrences in Permian strata of the common wealth of independent states[M]//Scholle P A, Peryt T M,Scholle U. The Permian of Northern Pangea, 2, Sedimentary Basins and Economic Resources. 1995: 2732-291.

Kuznetov V G. Oil and gas in reef reservoirs in the former USSR[J]. Petroleum Geoscience, 1997, 3:65-71.

Lees A, Buller A T. Modern temperate-water and warm-water shelf carbonate sediments contrasted[J]. Marine Geology,1972,13(5):M67-M73.

Lees A. Possible influence of salinity and temperature on modern shelf carbonate sedimentation[J]. Marine Geology,1975, 19(3):159-198.

Lowenstein T K,Timofeeff M N,Brennan S T,et al. Oscillations in Phanerozoic seawater chemistry: Evidence from fluid inclusions[J]. Science,2001,294(5544):1086-1088.

Majid A H, Veizer J. Deposition and chemical diagenesis of Tertiary carbonates, Kirkuk oil field, Iraq[J]. AAPG Bulletin, 1986, 70:898-913.

Mazzullo S J,Wilhite B W,Woolsey I W. Petroleum reservoirs within a spiculite-dominated depositional sequence: Cowley Formation (Mississippian: Lower Carboniferous), south-central Kansas[J]. AAPG Bulletin, 2009,93:1649-1689.

Miller K G, Kominz M A, Browning J V, et al. The Phanerozoic record of global sea-level change[J]. Science,2005, 310:1293-1298.

Mutti M, Hallock P. Carbonate systems along nutrient and temperature gradients: some sedimentological and geochemical constraints[J]. International Journal of Earth Sciences,2003,92(4):465-475.

Pinnell M L, Wood G, Moulton F C,et al. Giant oil and gas fields of the central Utah hingeline-overthrust, reservoired in ississipian carbonate rocks[J]. AAPG Pacific Section (June 2011), 2011, 600-613.

Roehl P O, Choquette P W. Carbonate petroleum reservoirs[M]. Berlin, Heidelberg, New York: Springer Verlag, 1985.

Ronchi P, Ortenzi A, Borromeo O,et al. Depositional setting and diagenetic processes and their impact on the reservoir quality in the late Visean-Bashkirian Kashagan carbonate platform (Pre-Caspian Basin, Kazakhstan)[J]. AAPG Bulletin, 2010,94:1313-1348.

Sadooni N, Alsharhan A S. Stratigraphy, microfacies, and petroleum potential of the Mauddud Formation (Albian – Cenomanian) in the Arabian Gulf Basin[J]. AAPG Bulletin, October 2003,87:1653 – 1680.

Saller A H. Diagenesis in thick ice – house carbonates cycles:implications to reservoir development[J]. American Association of Petroleum Geologists,2007,122.

Sandberg P A. An oscillating trend in Phanerozoic non – skeletal carbonate mineralogy[J]. Nature,1983,305(5929):19 – 22.

Schlager W. Scaling of sedimention rates and drowning of reefs and carbonate platforms[J]. Geology,1999,27(2): 193 – 186.

Schlager W. The paradox of drawned reefs and carbonate platfoms[J]. Geologieal Soeiety America Bulletin,1981,92: 197 – 210.

Shen J W, Webb G E, Jell J S. Platform margins, reef facies, and microbial carbonates: a comparison of Devonian reef complexes in the Canning Basin, Western Australia, and the Guilin region, South China[J]. Earth – Science Reviews, 2008, 8: 33 – 59.

Snyder W S, Spinosa C, Dav Ydov V I, et al. Petroleum geology of the southern pre – Uralian fore deep with reference to the northeastern Pre – Caspian Basin[J]. International Geology Review, 1994, 36:452 – 472.

Stanley S M, Hardie L A. Secular oscillations in the carbonate mineralogy of reef – building and sediment – producing organisms driven by tectonically forced shifts in seawater chemistry[J]. Palaeogeography, Palaeoclimatology, Palaeoecology, 1998,144(1 – 2): 3 – 19.

Stanley S M. Influence of seawater chemistry on biomineralization throughout Phanerozoic time:paleontological and experimental evidence[J]. Palaeogeography, Palaeoclimatology, Palaeoecology, 2006,232(2 – 4):214 – 236.

Stott L D, Kennett J P, Shackleton N J, et al. The evolution of Antarctic surface waters during the paleogene: inferences from the Stable Isotopic Composition of Planktonic Foraminifers, ODP LEG 113[C]. Proceedings of the Ocean Drilling Program, Scientific Results, 1990,113.

Tucker M E, Wright V P, Dickson J A D. Carbonate sedimentology[M]. Oxford:Wiley – Blackwell,1990.

Verwer K, Eberli G P, Weger R J. Effect of pore structure on electrical resistivity in carbonates[J]. AAPG Bulletin,2011, 95(2):175 – 190.

Vest E L. Oil fields of Pennsylvanian – Permian horseshoe at oil, West Texas[A]//Halbouty M T. Geology of Giant Petroleum Fields[M]. AAPG Memoir, 1970, 14:185 – 203.

Wang P, Prell W, Blum P, et al. Exploring the Asian Monsoon through Drillong in the south china sea[J]. JOIDES Joumal, 1999,25(2),8 – 13.

Wang P X, Li Q Y. The South China Sea[M]. Springer,2009.

Wilson J L. Limestone and dolomite reservoirs[M]//Hobson G D. Developments in Petroleum Geology. London: Applied Science Publishers Ltd. , 1980:1 – 51.

Wilson M E, Hall R. Tectonic influences on SE Asian carbonate systems and their reservoir development[M]. Cenozoic Carbonate Systems of Australasia:SEPM, Special Publication,2010,95:13 – 40.

Wright J D, Miller K G, Fairbanks R G. Early and Middle Miocene Stable Isotopes: Implications for deepwater circulation and climate[J]. Paleoceanography,1992,7(3):357 – 389.

Wu S G, Yang Z, Wang D W, et al. Architecture, development and geological control of the Xisha carbonate platforms, northwestern South China Sea[J]. Marine Geology,2014,350:71 – 83.

Zachos J, Pagani M, Sloan L, et al. Trends, rhythms,and aberrations in global climate 65Ma to present[J]. Science, 2001,292(5517): 686 – 693.

Zampetti V, Schlager W, van Konijnenburg J H, et al. Architecture and growth history of a Miocene carbonate platform from 3D seismic reflection data, luconia province, offshore sarawak, malaysia[J]. Marine and Petroleum Geology, 2014,21(5): 517 – 534.

Zempolich W, Alberti C. Appraisal of a supergiant: The Kashagan Field, North Caspian Basin, Kazakhstan[C]//Presentation at the 2005 AAPG International Conference and Exhibition,2005.

Ziegler A M, Hulver M L, Lottes A L. Uniformitarianism and palaeoclimates: inferences from the distribution of carbonate rocks[M]//Brenchley P. Fossils and climate. John Wiley&Sons Ltd. ,1984:3 – 25.

图版

图版 I

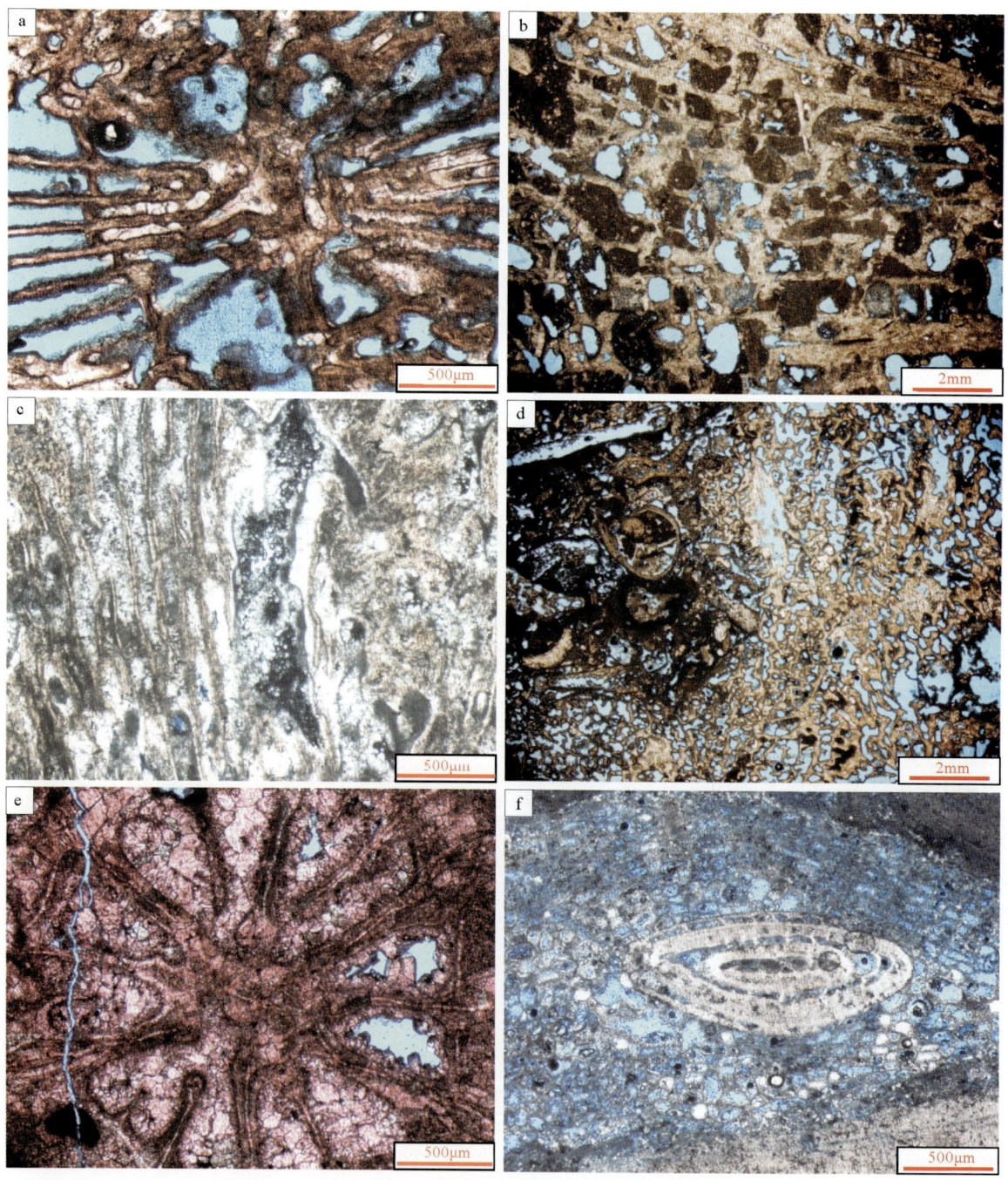

礁灰岩:a.30.44m,骨架灰岩中珊瑚;b.34.37m,珊瑚骨架灰岩中珊瑚格架孔被亮晶或基质充填;c.68.75m,红藻珊瑚骨架灰岩中珊瑚;d.77.43m,红藻珊瑚骨架灰岩中珊瑚化石,含生物碎片;e.161.69m,骨架灰岩中珊瑚;f.311.45m,礁灰岩中有孔虫被红藻缠绕

图版 Ⅱ

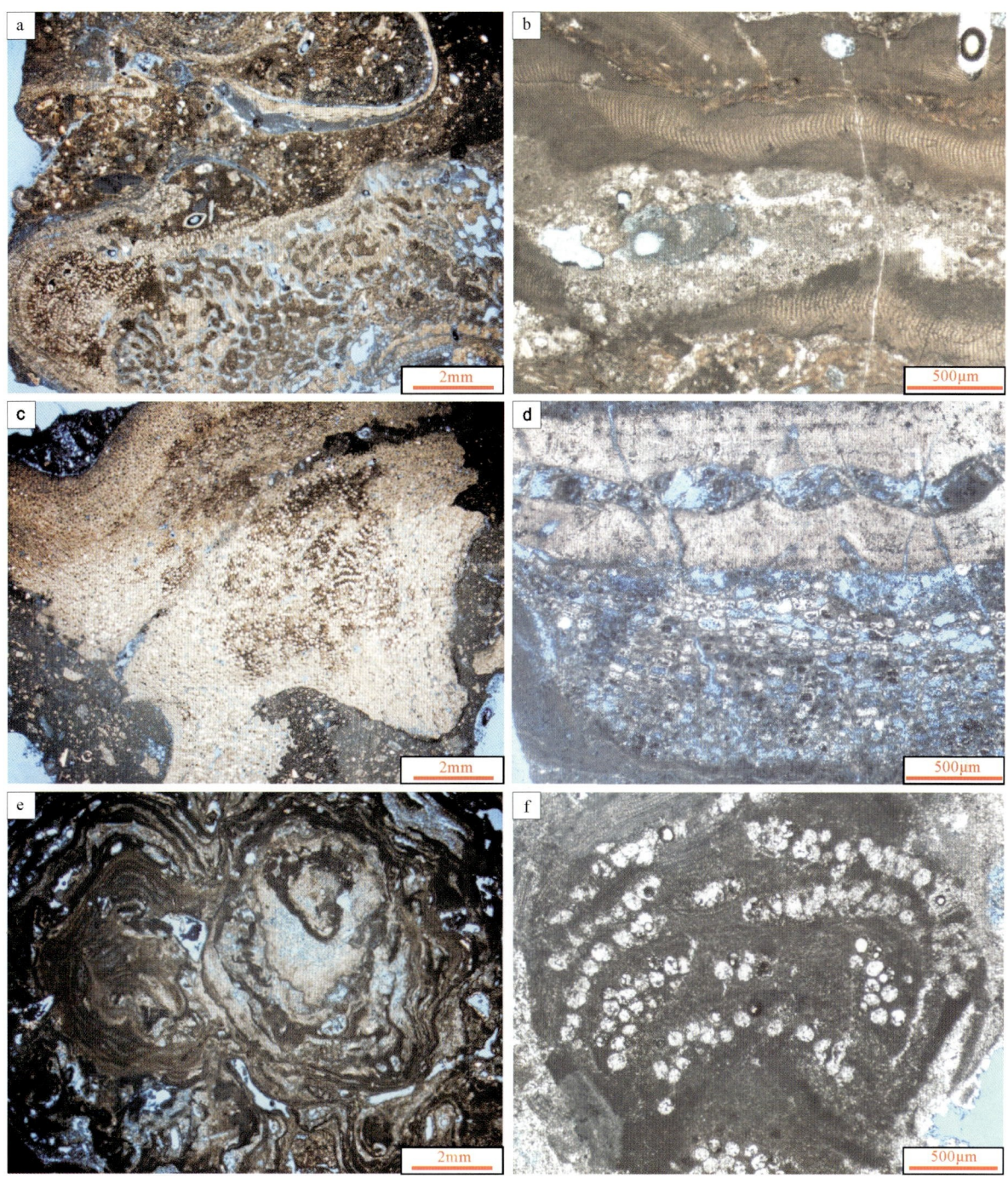

礁灰岩:a.14.25m,红藻珊瑚骨架灰岩中珊瑚及生物碎片;b.34.37m,红藻珊瑚骨架灰岩中红藻;c.225.32m,泥晶红藻灰岩中红藻;d.311.75m,红藻黏结灰岩;e.452.84m,含残余生屑粉晶云岩中红藻;f.455.79m,残余红藻黏结云岩中红藻

图版 Ⅲ

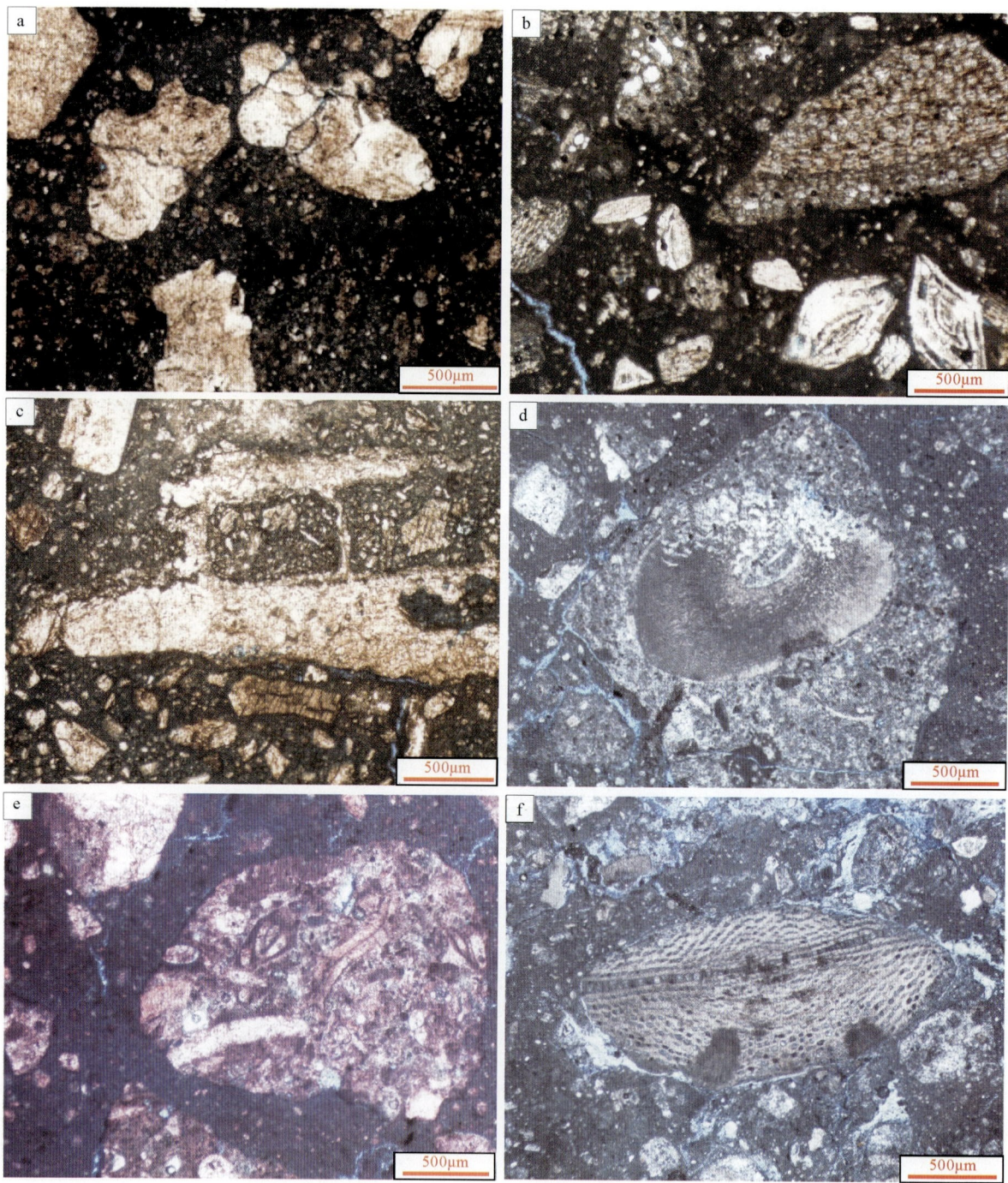

漂砾灰岩:a.104.09m,泥晶内碎屑灰岩;b.236.4m,含有孔虫等生物碎屑粒泥灰岩;c.236.4m,生物碎屑粒泥灰岩,含珊瑚碎片;d.588.24m,亮晶内碎屑灰岩;e.592.03m,内碎屑泥晶灰岩;f.603.65m,内碎屑泥晶灰岩

图版 Ⅳ

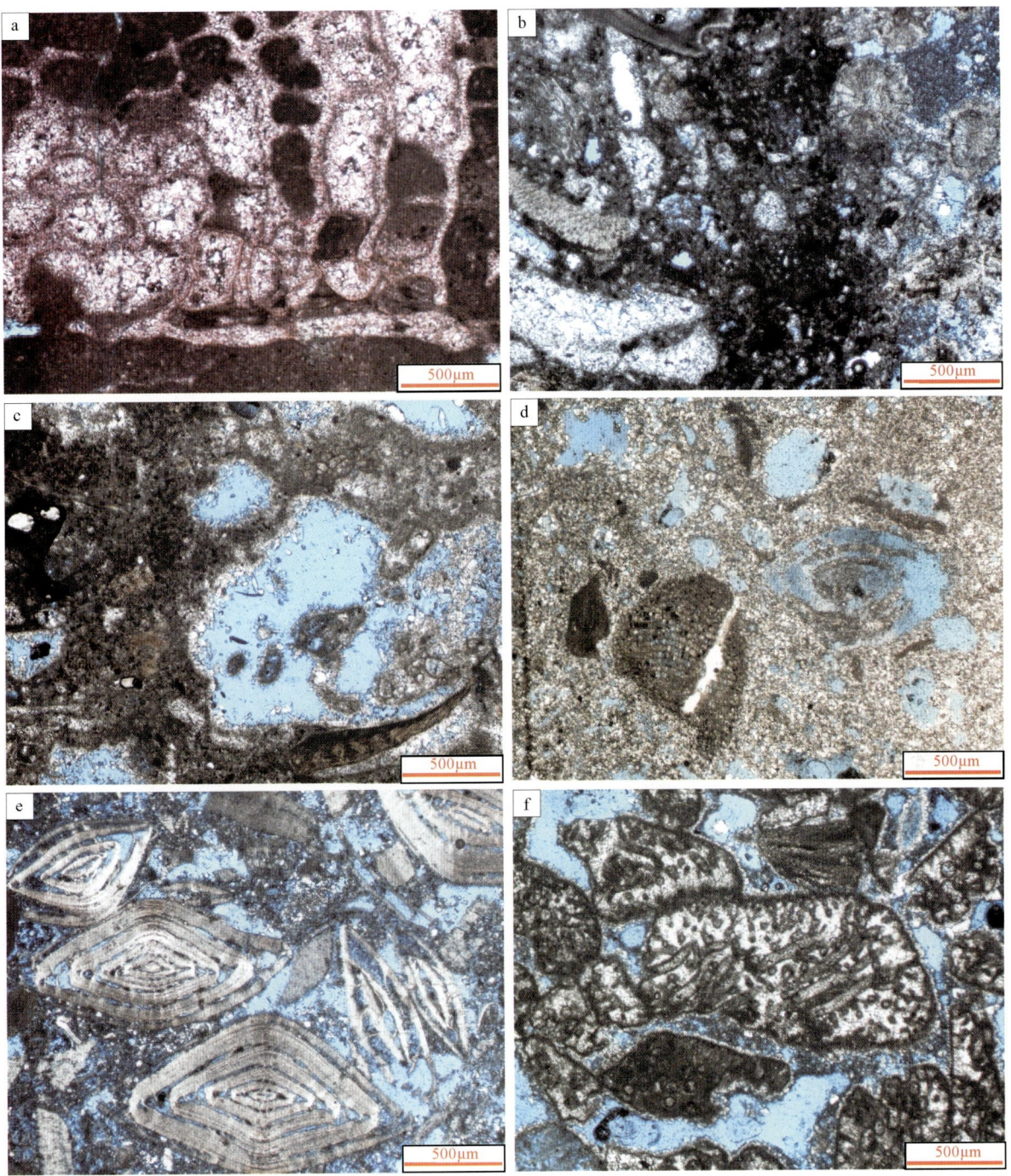

礁云岩:a.170.96m,礁云岩中珊瑚格架孔被亮晶充填;b.189.82m,泥晶生屑云岩;c.197.13m,亮晶生屑云岩;
d.290.56m,含残余红藻粉晶灰质云岩;e.312.92m,保存完整有孔虫及生物碎片;f.458.87m,残余生屑粉晶云岩,
见仙掌藻

图版 V

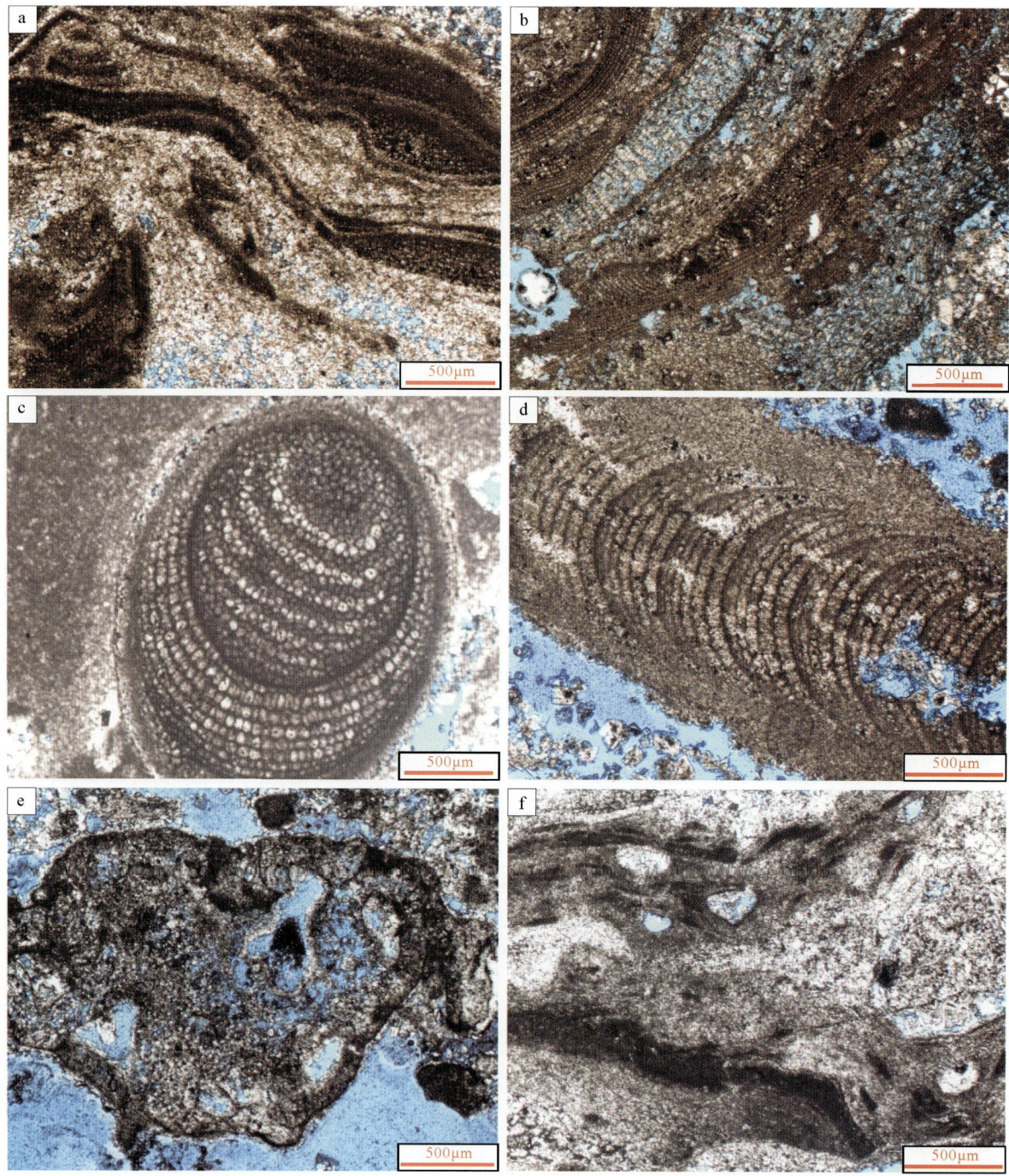

礁云岩：a.457.21m，残余红藻黏结云岩；b.458.57m，残余红藻黏结云岩；c.513.25m，残余红藻粉晶云岩中红藻；d.529.12m，含残余红藻粉晶云岩中红藻；e.542.85m，含残余红藻粉晶云岩；f.546.75m，含残余红藻粉晶云岩

图版 Ⅵ

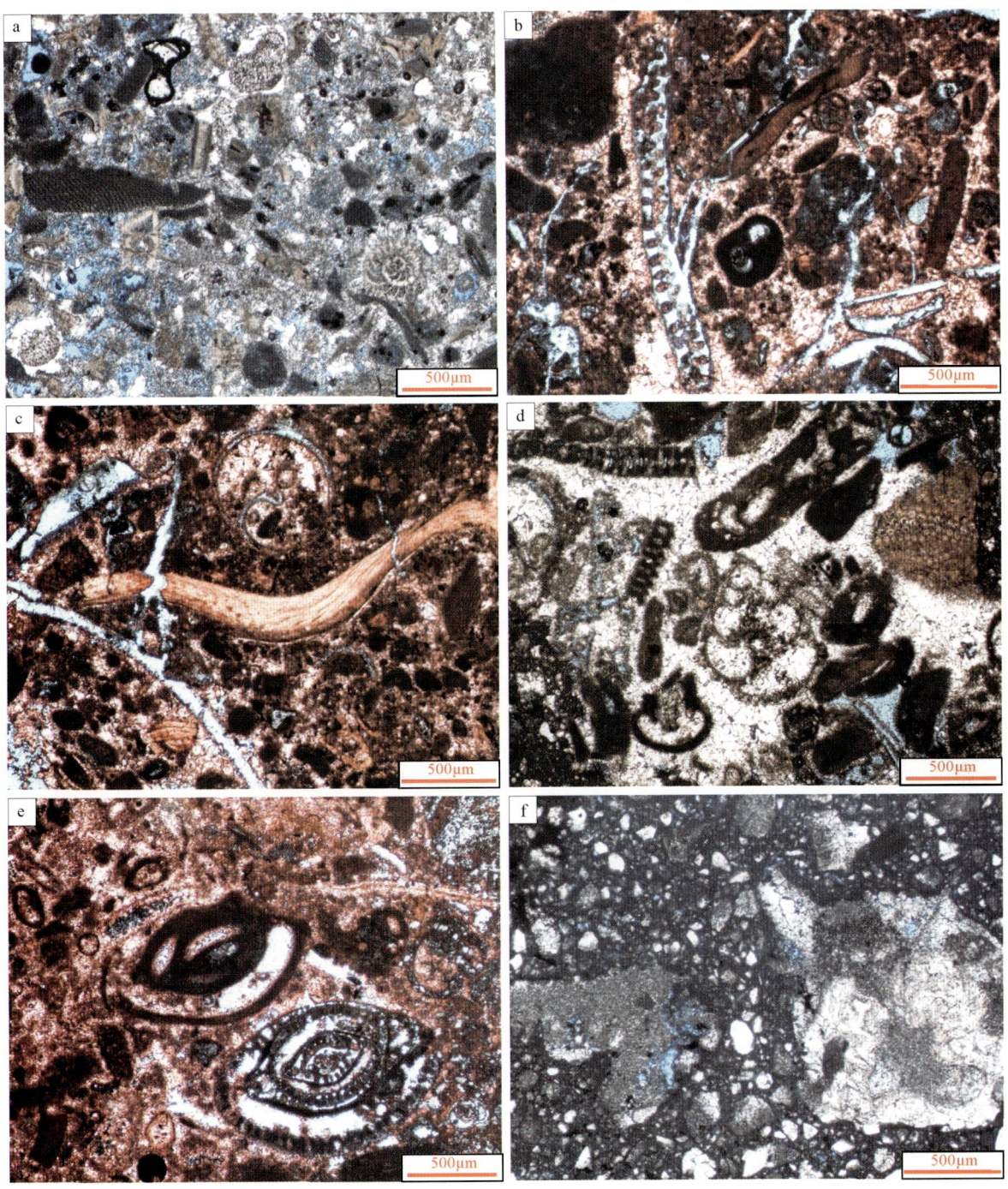

粒屑灰岩:a.194.75m,生屑颗粒灰岩,含红藻、有孔虫、苔藓虫碎片;b.656.72m,生物颗粒灰岩,含有孔虫等碎片;
c.656.72m,生物颗粒灰岩,含钙藻、腕足、腹足碎片;d.657.58m,有孔虫颗粒灰岩;e.702.00m,有孔虫泥粒灰岩;
f.891.47m,内碎屑泥粒灰岩

图版 Ⅶ

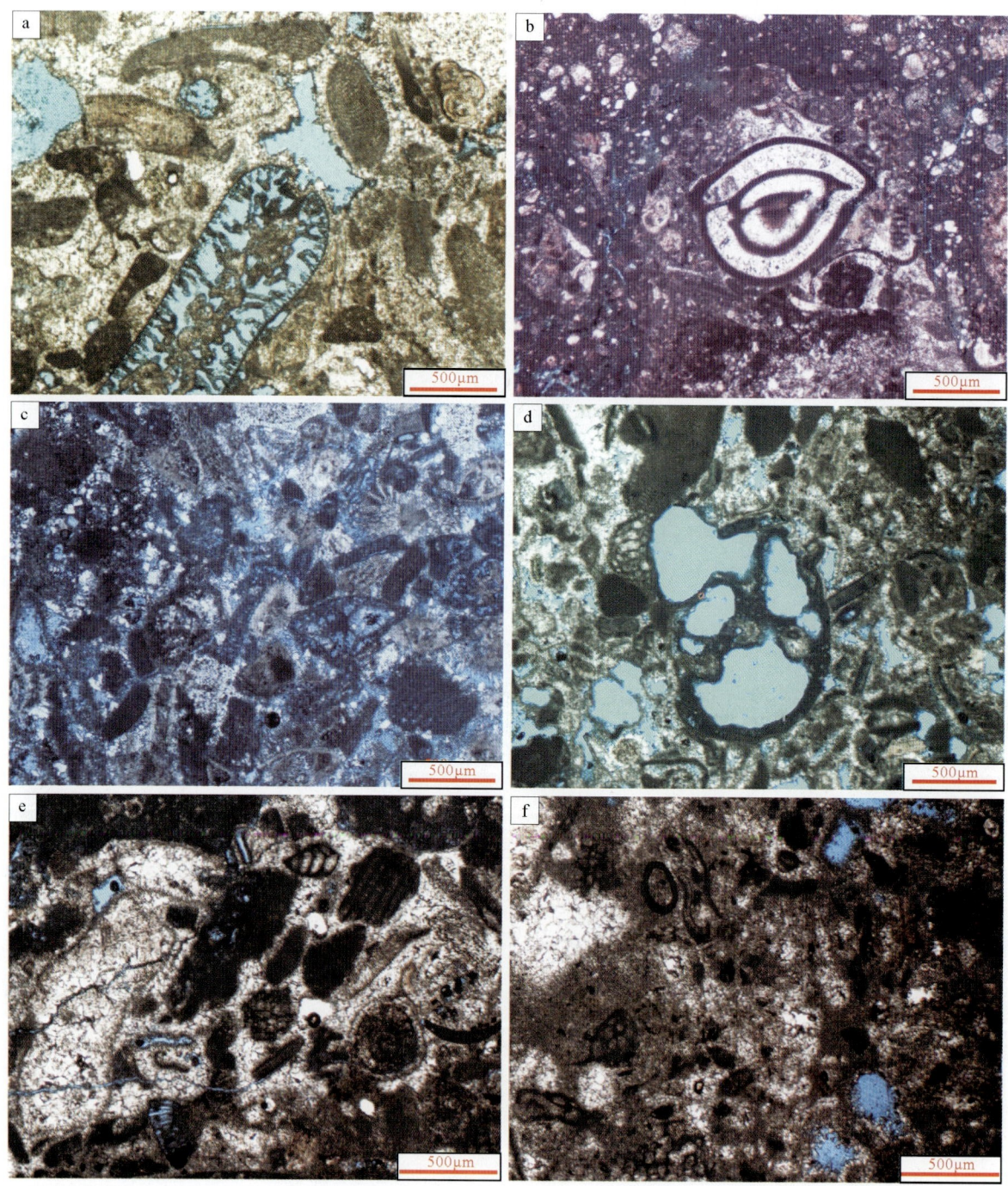

粒屑灰岩：a. 126.9m，泥晶生屑灰岩，含仙掌藻等碎片；b. 596.55m，内碎屑泥晶灰岩，含完整有孔虫；c. 617.34m，泥晶生屑灰岩；d. 868.29m，泥晶生屑灰岩；e. 888.15m，生屑泥晶灰岩；f. 888.72m，生屑泥晶灰岩

图版 Ⅷ

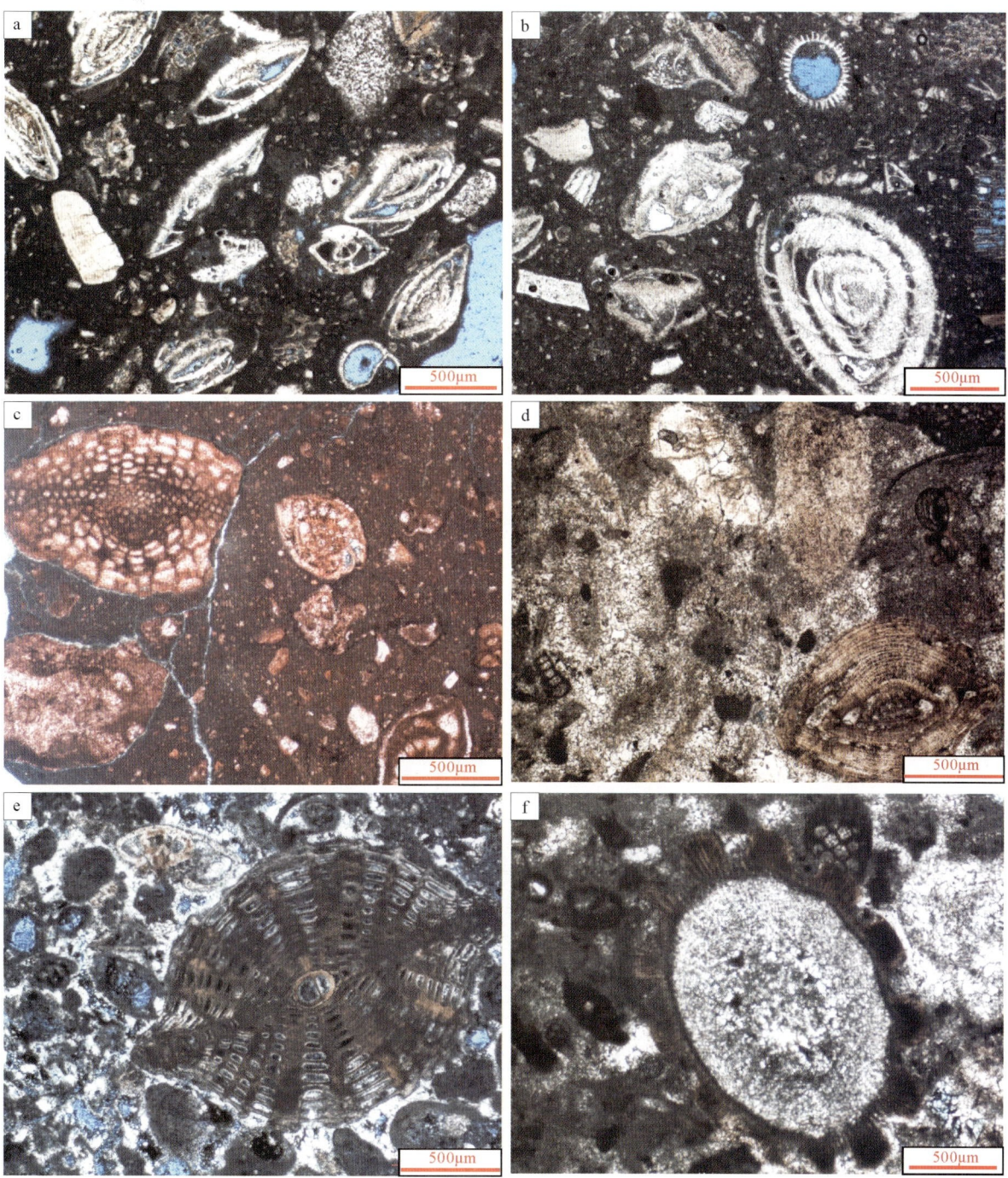

粒屑灰岩:a.237.45m,含有孔虫粒泥灰岩;b.683.63m,粒泥灰岩,含有孔虫、钙藻碎片;c.701.39m,含有孔虫粒泥灰岩;d.888.72m,生物碎屑泥粒灰岩;e.889.95m,含有孔虫颗粒灰岩;f.891.09m,生物碎屑灰岩

图版 IX

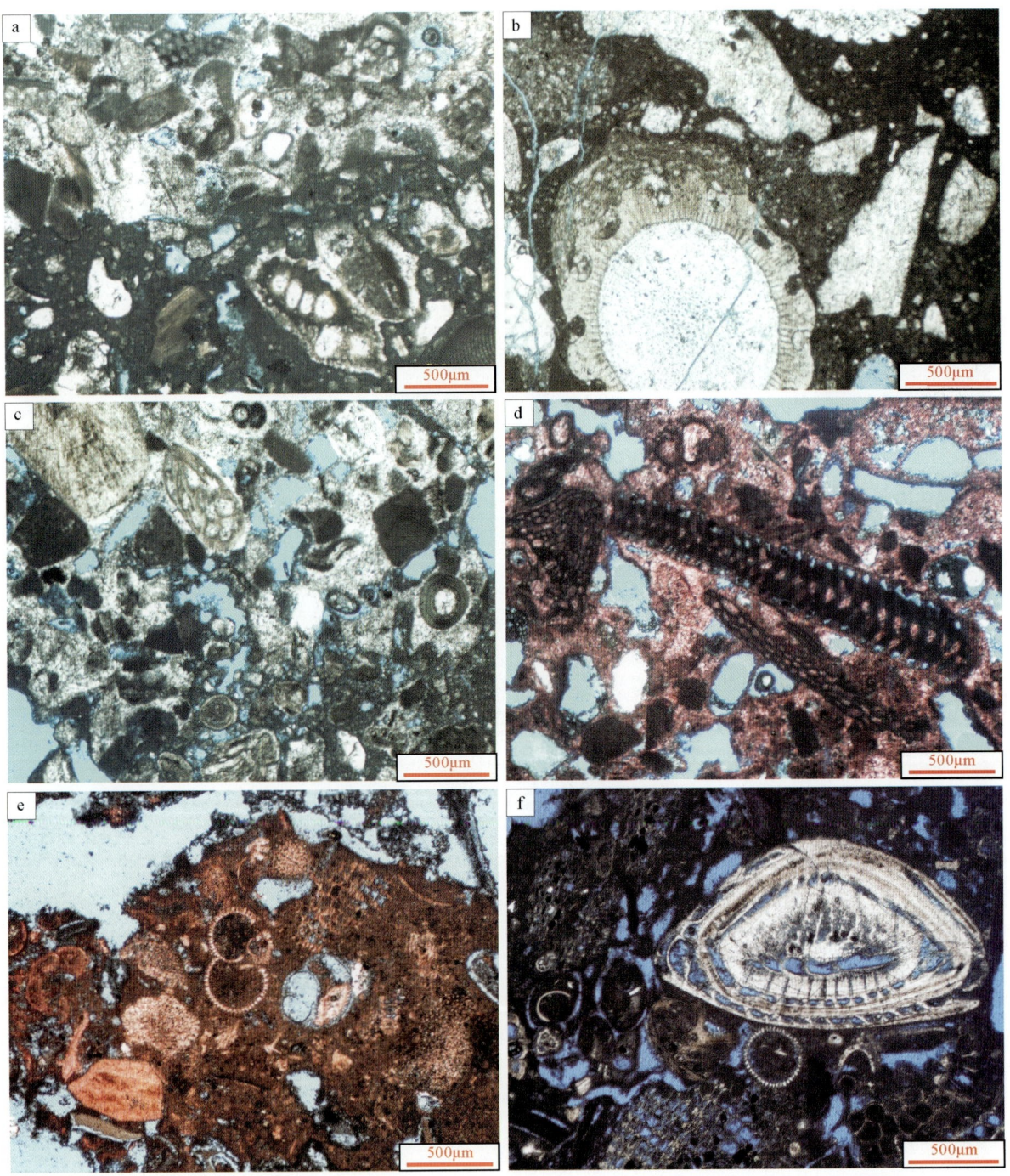

粒屑灰岩;a.856.78m,生屑泥粒灰岩;b.867.08m,生屑粒泥灰岩;c.867.35m,生屑颗粒灰岩;d.868.79m,生屑颗粒灰岩;e.938.66m,细晶粉晶云岩,含生物碎片;f.939.76m,残余生屑粉晶云岩,含有孔虫、藻类碎片

图版 X

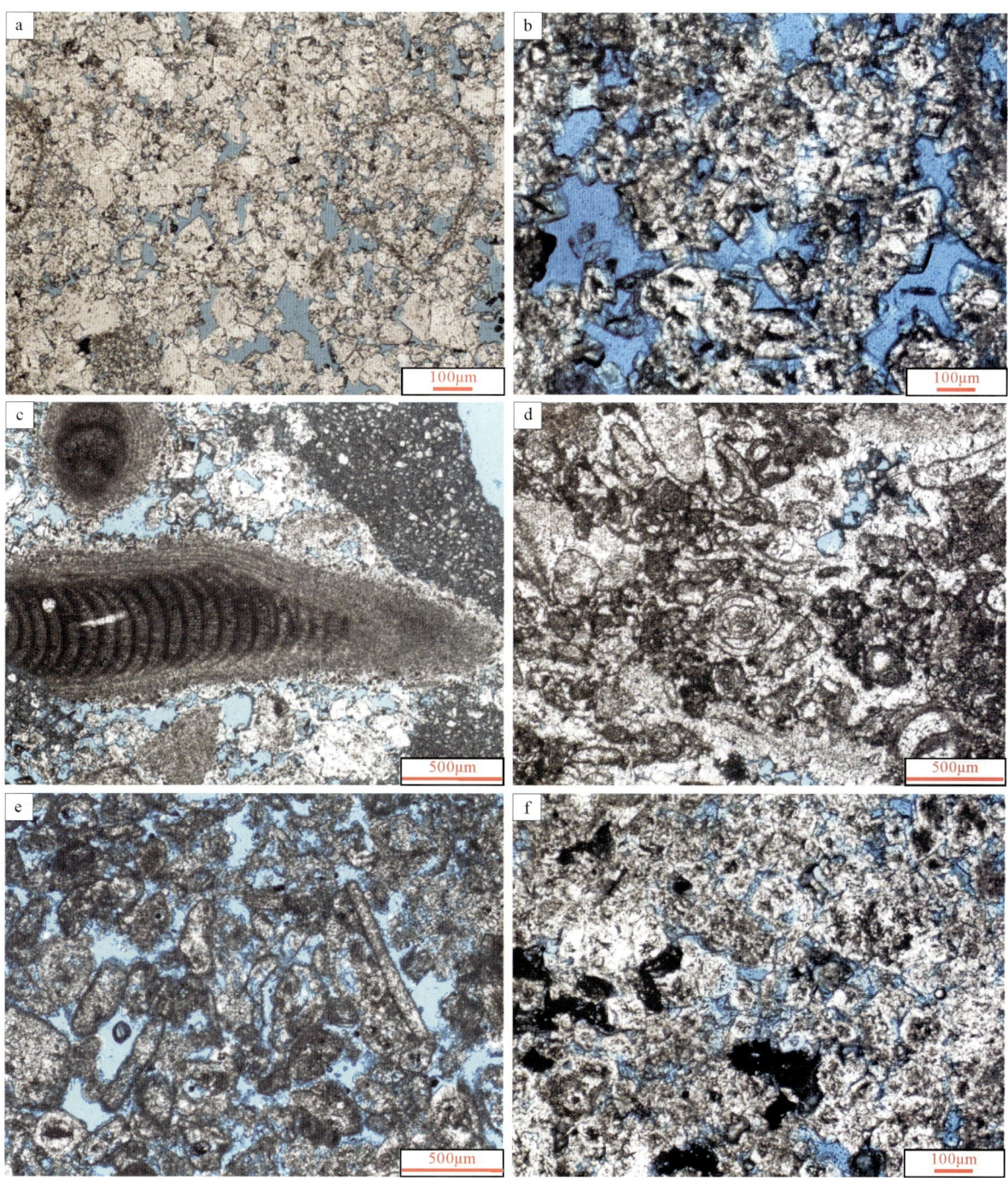

白云岩:a.514.44m,含残余红藻粉晶云岩;b.540.67m,含残余红藻粉晶云岩;c.541.89m,残余红藻粉晶云岩;
d.544.07m,生屑粉晶云岩;e.545.96m,残余红藻黏结云岩;f.547.03m,残余红藻粉晶云岩

图版 XI

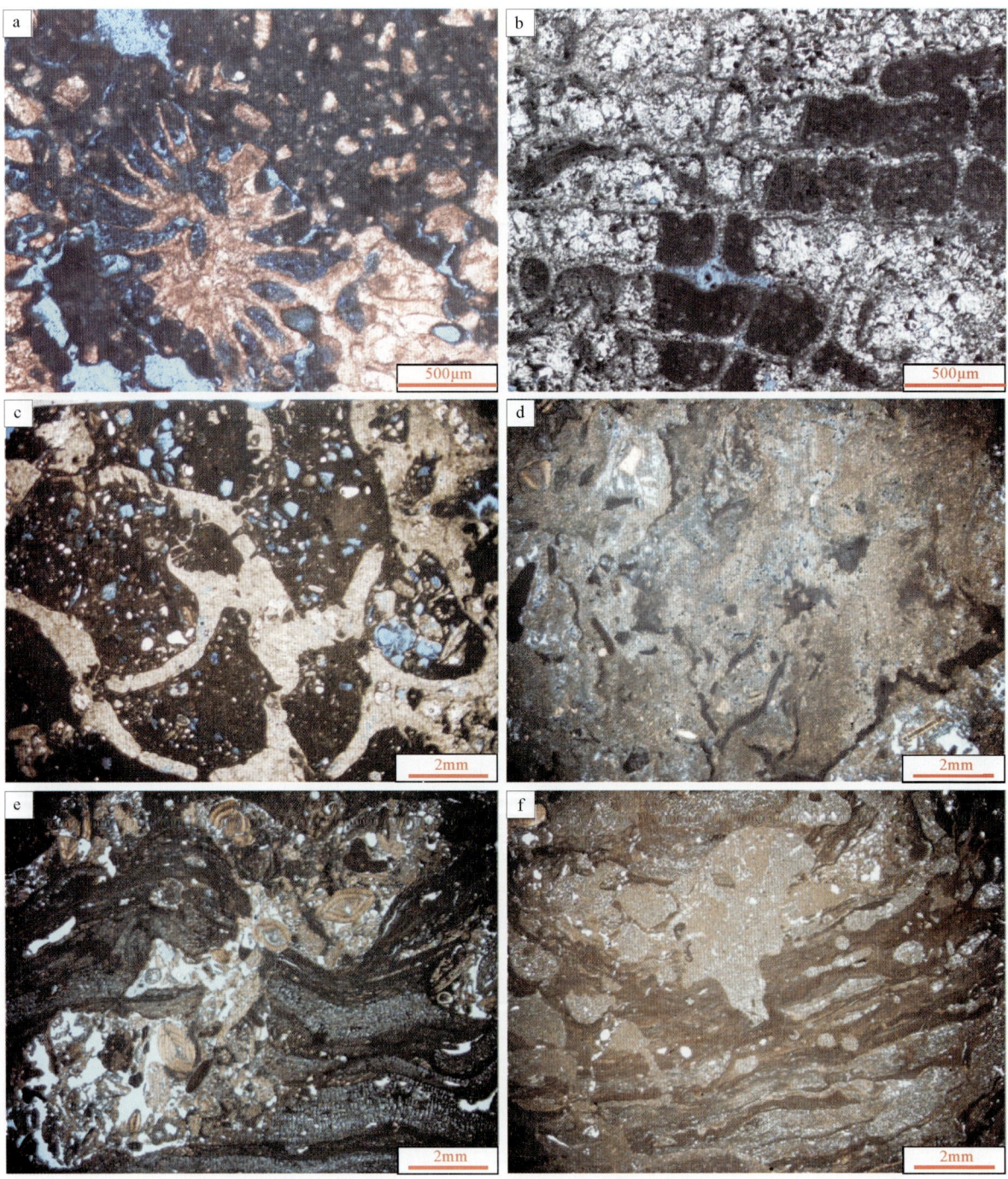

礁盖相：a. 30.79m，生屑灰岩，单体珊瑚间夹生物碎片；b. 170.96m，珊瑚骨架灰岩，珊瑚格架孔被亮晶或泥晶充填；c. 178.06m，珊瑚骨架灰岩，珊瑚格架不同程度溶蚀，格架孔被泥晶及生物碎屑充填；d. 381.81m，生屑粉晶云岩，局部可见黑褐色残留物；e. 383.67m，红藻黏结云岩，红藻溶蚀坑中充填生物碎片；f. 386.65m，红藻黏结云岩，见虫孔

图版 XII

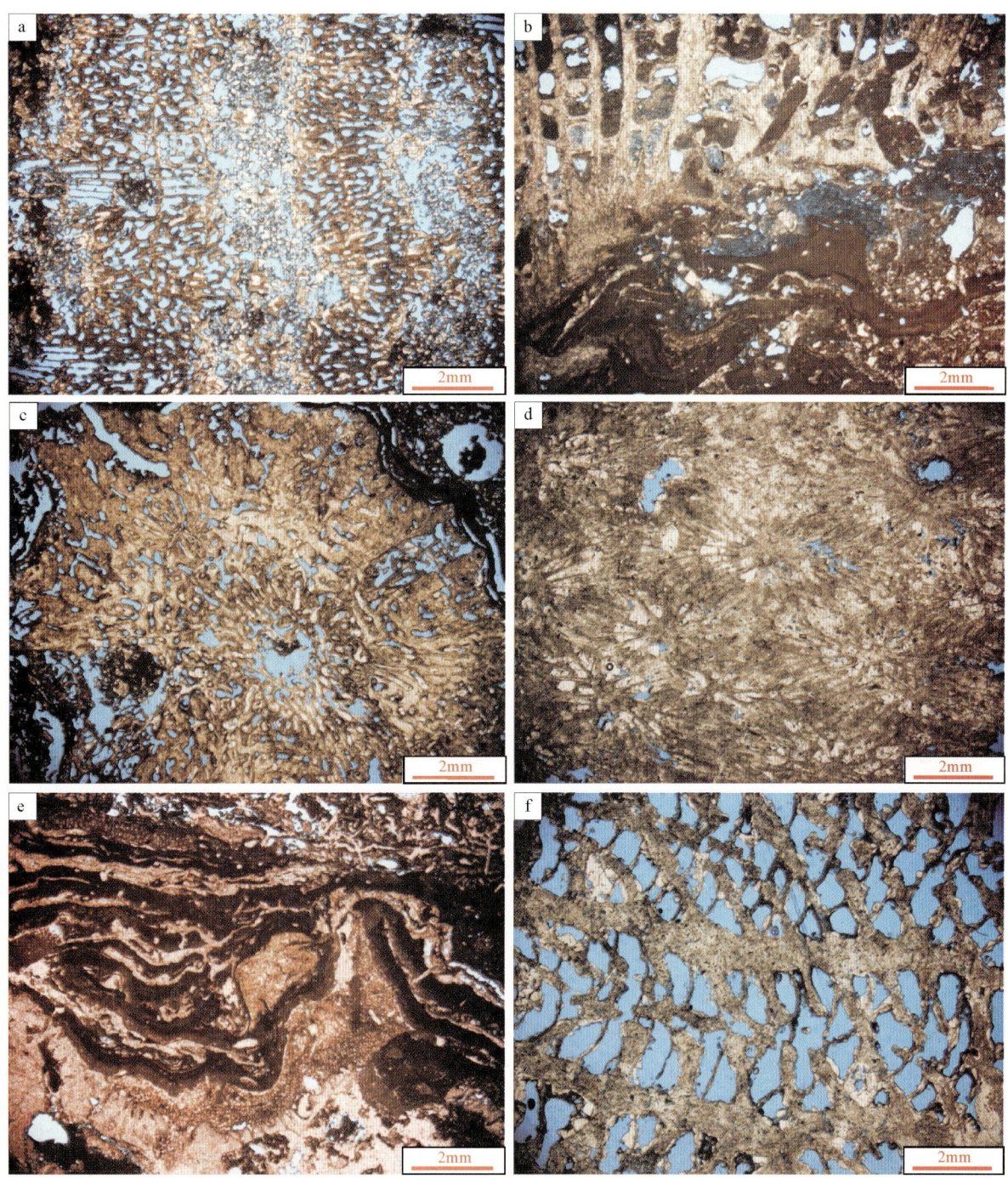

礁核相:a.30.44m,珊瑚骨架灰岩中珊瑚;b.34.37m,红藻珊瑚骨架灰岩中珊瑚和红藻;c.46.43m,红藻珊瑚骨架灰岩中珊瑚;d.104.75m 含白云石泥晶珊瑚骨架灰岩中珊瑚;e.132.67m,红藻黏结灰岩;f.138.44m,珊瑚骨架灰岩中珊瑚

图版 XIII

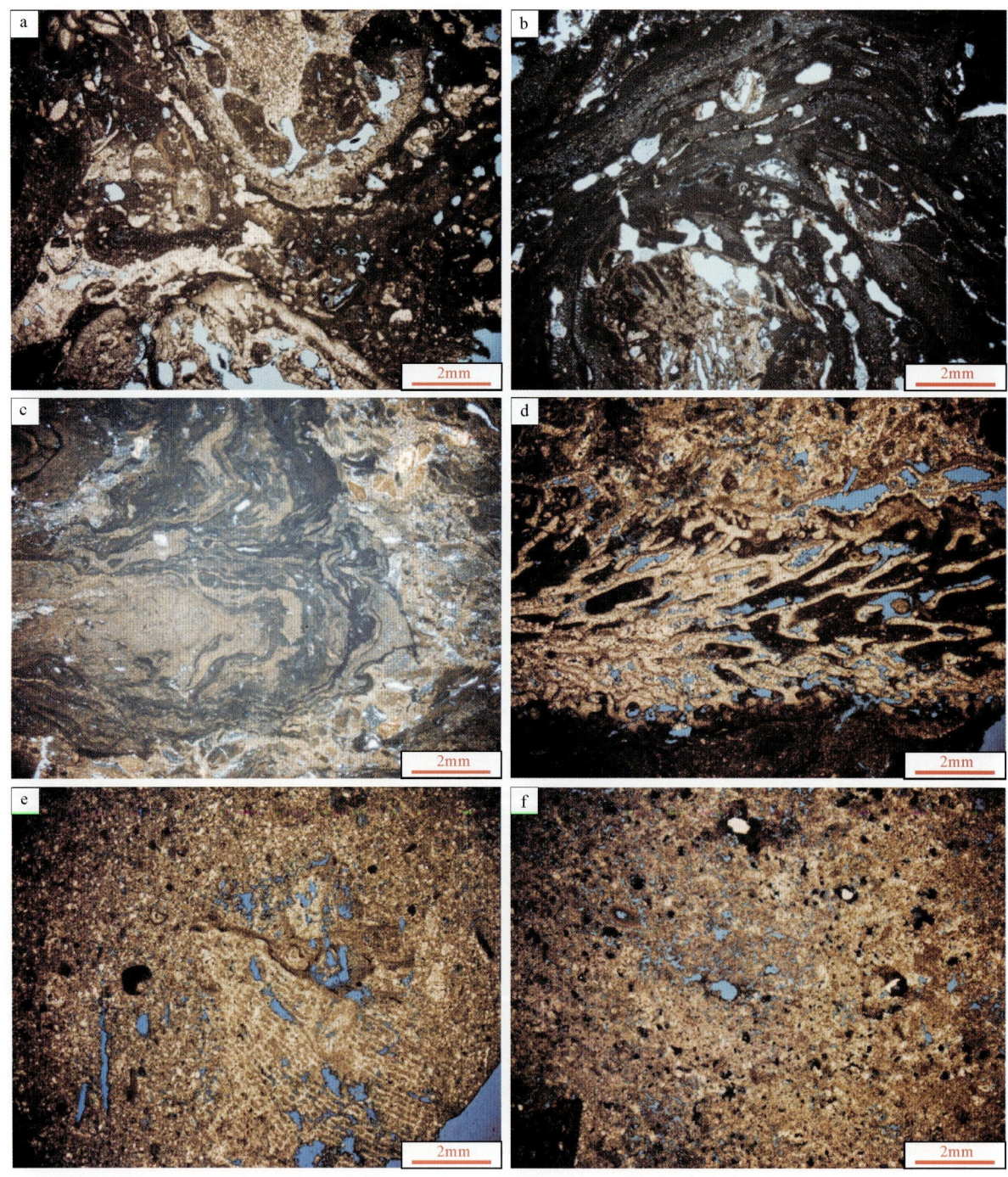

礁核相:a.145.11m,红藻黏结灰岩;b.383.67m,残余红藻黏结云岩;c.469.18m,残余红藻云岩;d.511.95m,含残余红藻云岩;e.535.32m,含生屑珊瑚云岩,较强白云岩化;f.547.03m,残余红藻粉晶云岩,强烈白云岩交代

图版 XIV

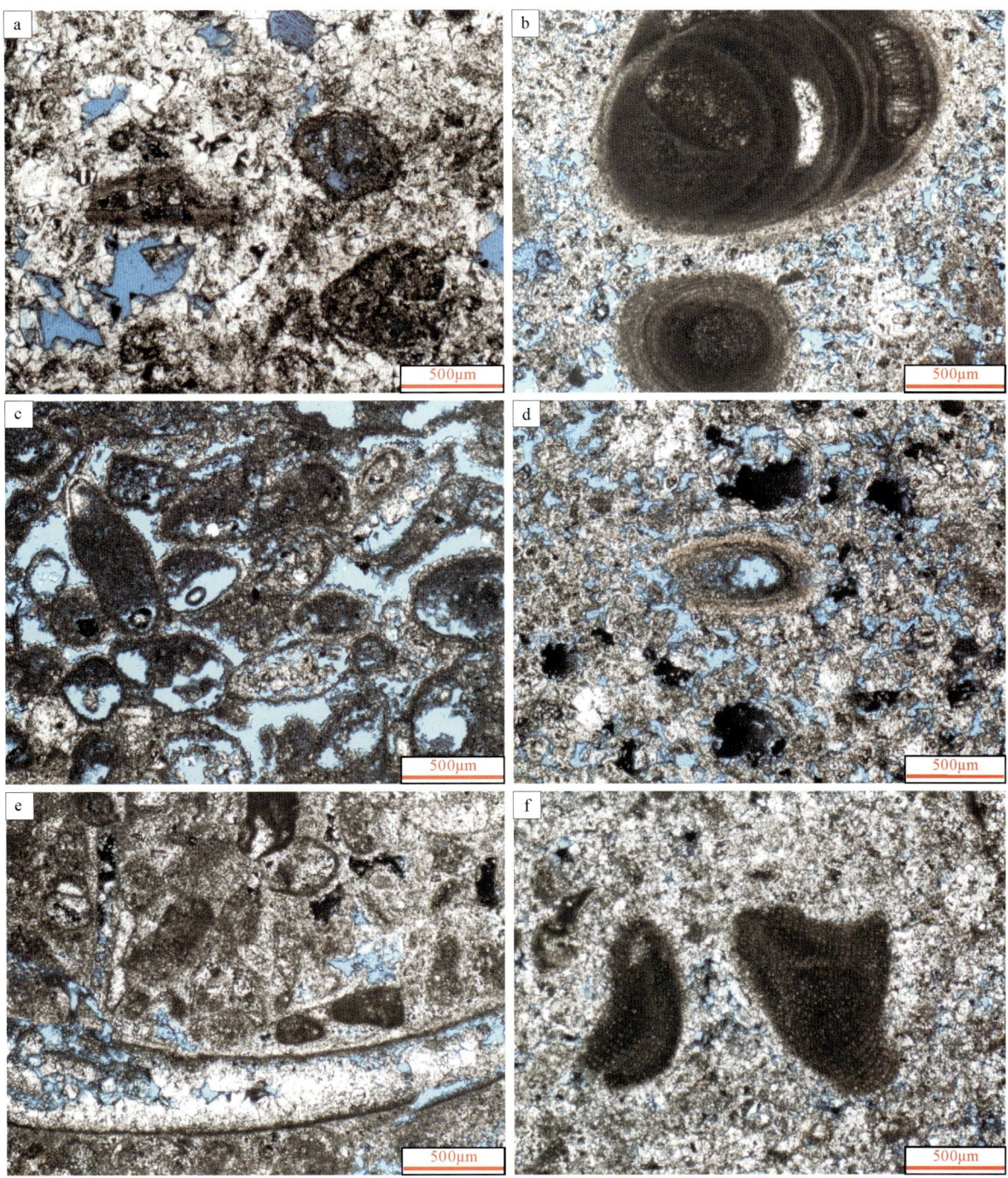

礁核相:a.48.91m,残余红藻黏结云岩;b.541.32m,残余红藻生屑粉晶云岩;c.546.21m,残余红藻黏结云岩;
d.547.03m,残余红藻粉晶云岩;e.547.03m,残余红藻粉晶云岩;f.548.91m,残余红藻黏结云岩

图版 XV

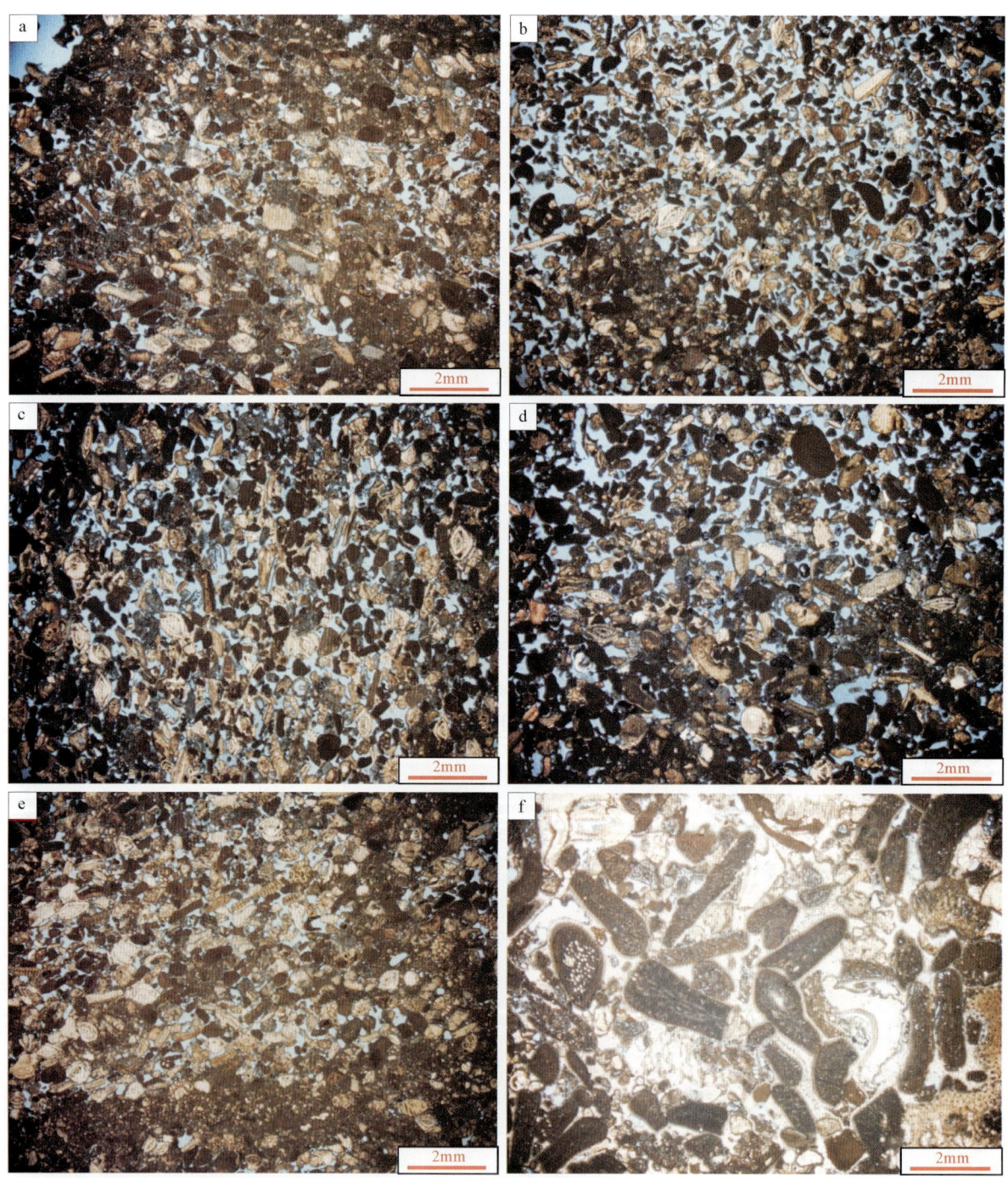

松散灰沙滩相(未成岩生物碎屑滩相):a.3.85m,泥晶生屑沙,含等粒的红藻、有孔虫、棘皮和腹足碎片;b.4.48m生屑沙,含等粒有孔虫、棘皮、腕足和腹足碎片;c.5.84m,生屑沙,含红藻、有孔虫、棘皮和腕足碎片;d.6.54m,生屑沙,含红藻、有孔虫、棘皮和腕足碎片;e.9.31m,含泥灰生屑沙,含红藻、有孔虫、棘皮和腕足碎片。f.28.27m,含珊瑚生屑沙,含珊瑚、绿藻、红藻、有孔虫和棘皮等碎片

图版 XVI

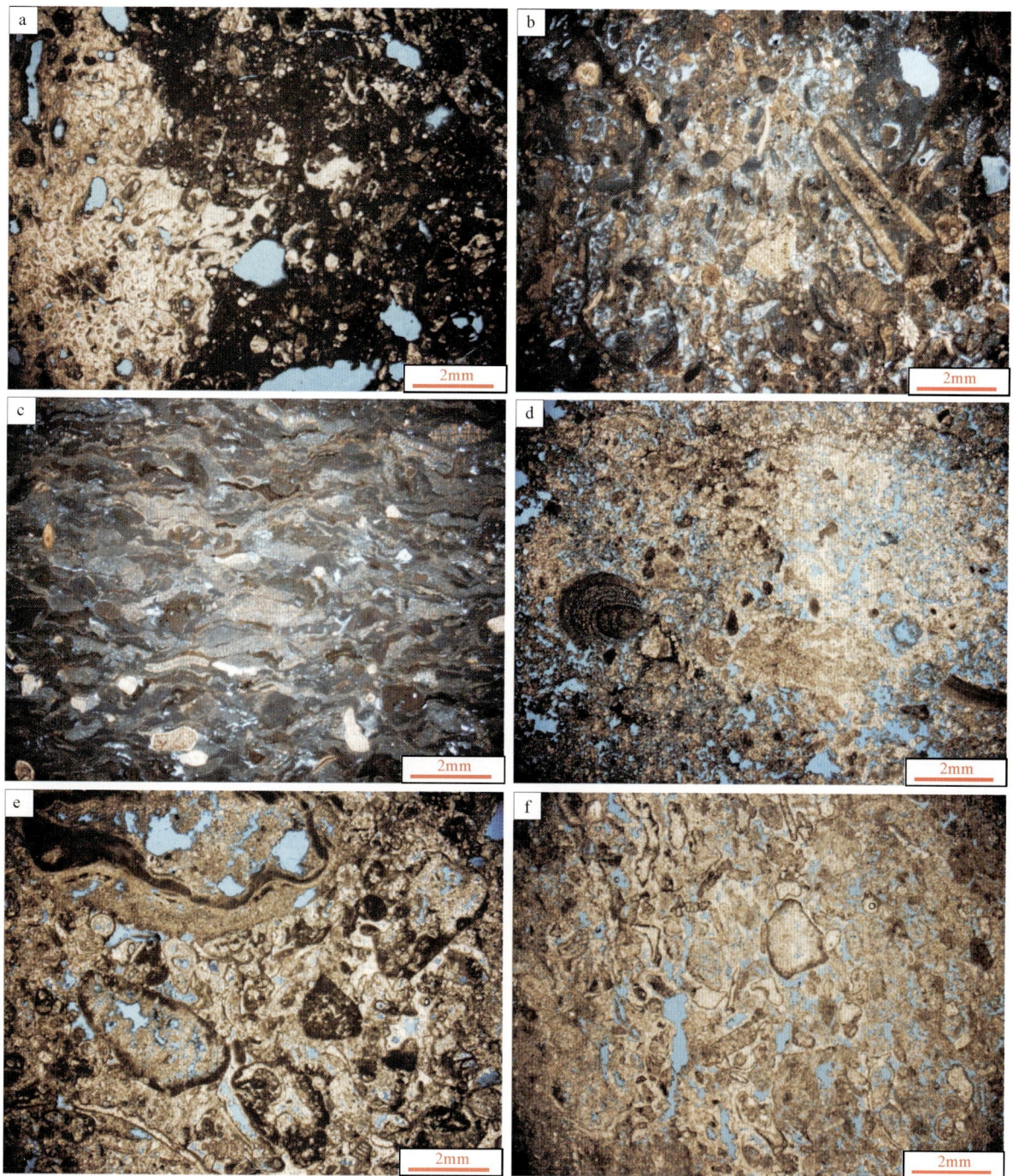

内侧滩相：a.59.47m,含珊瑚碎片泥晶灰岩；b.197.52m,生屑泥晶灰岩；c.374.7m,残余红藻黏结云岩；d.565.22m, 含残余红藻细晶粉晶云岩；e.568.75m,残余生屑粉晶云岩；f.575.84m,残余有孔虫粉晶细晶云岩

图版 XVII

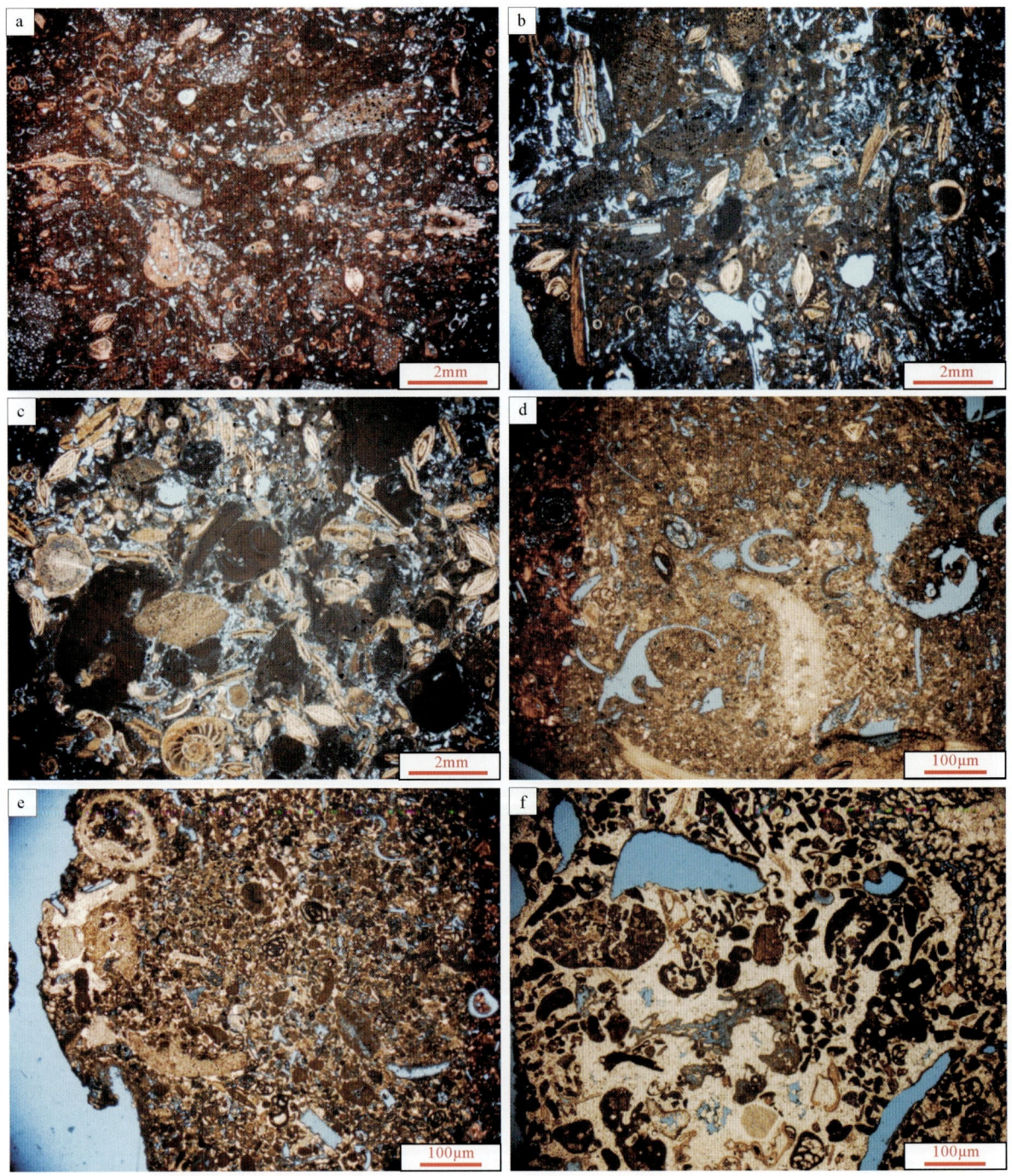

内侧滩相:a.228.11,红藻泥晶灰岩;b.252.33m,泥晶红藻灰岩,含有孔虫等碎片;c.256.79m,残余红藻黏结云岩,含有孔虫、红藻等碎片;d.650.71m,含有孔虫泥晶灰岩;e.653.64m,亮晶生屑灰岩;f.746.15m,亮晶生屑灰岩

图版 XVIII

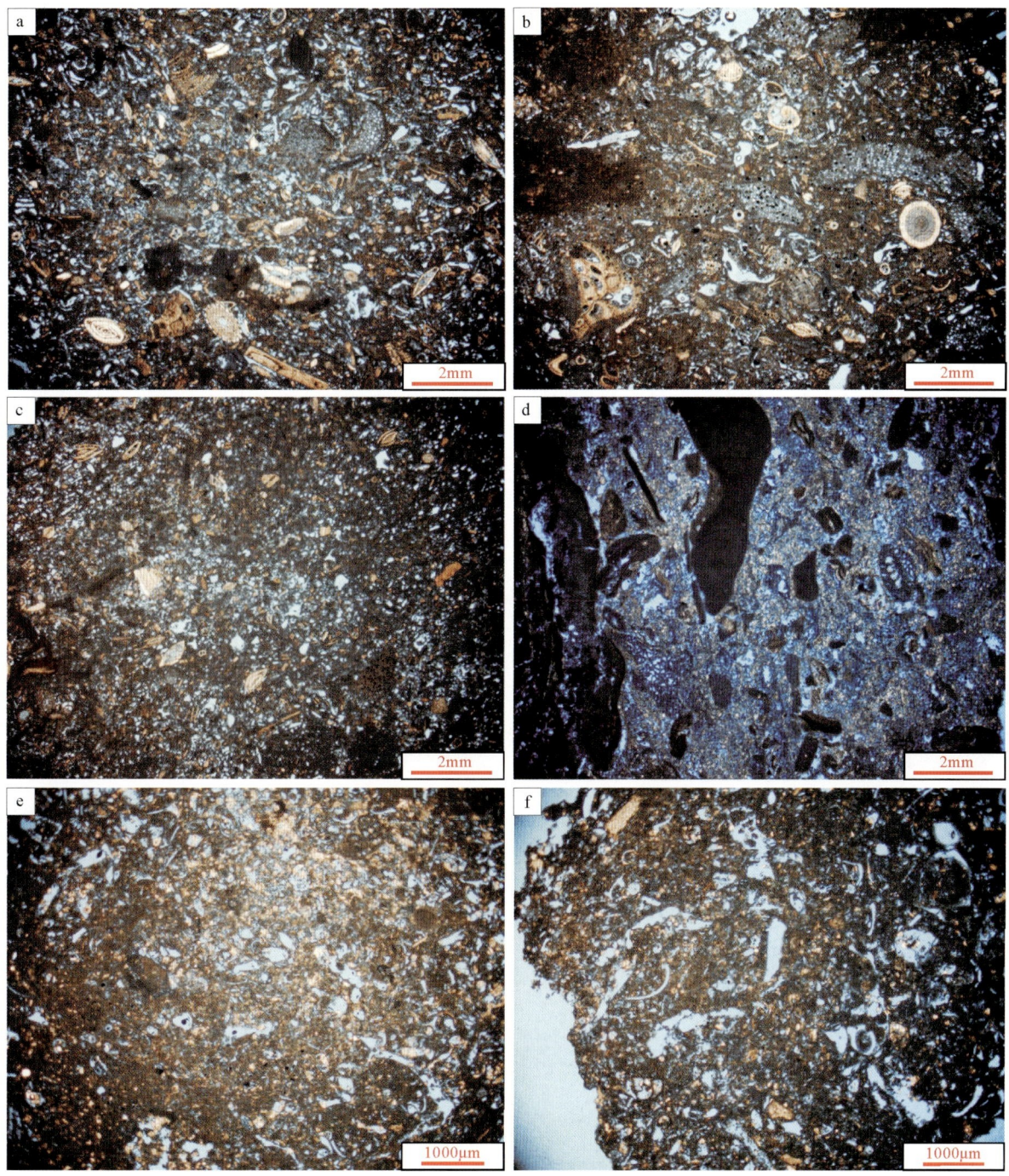

外侧滩相:a.217.44m,生屑泥晶灰岩;b.227.81m,生屑泥晶灰岩;c.282.71m,含残余红藻粉晶云岩;d.450.79m,生屑粉晶云岩;e.638.04m,泥晶灰岩;f.649.44m,生屑泥晶灰岩

图版 XIX

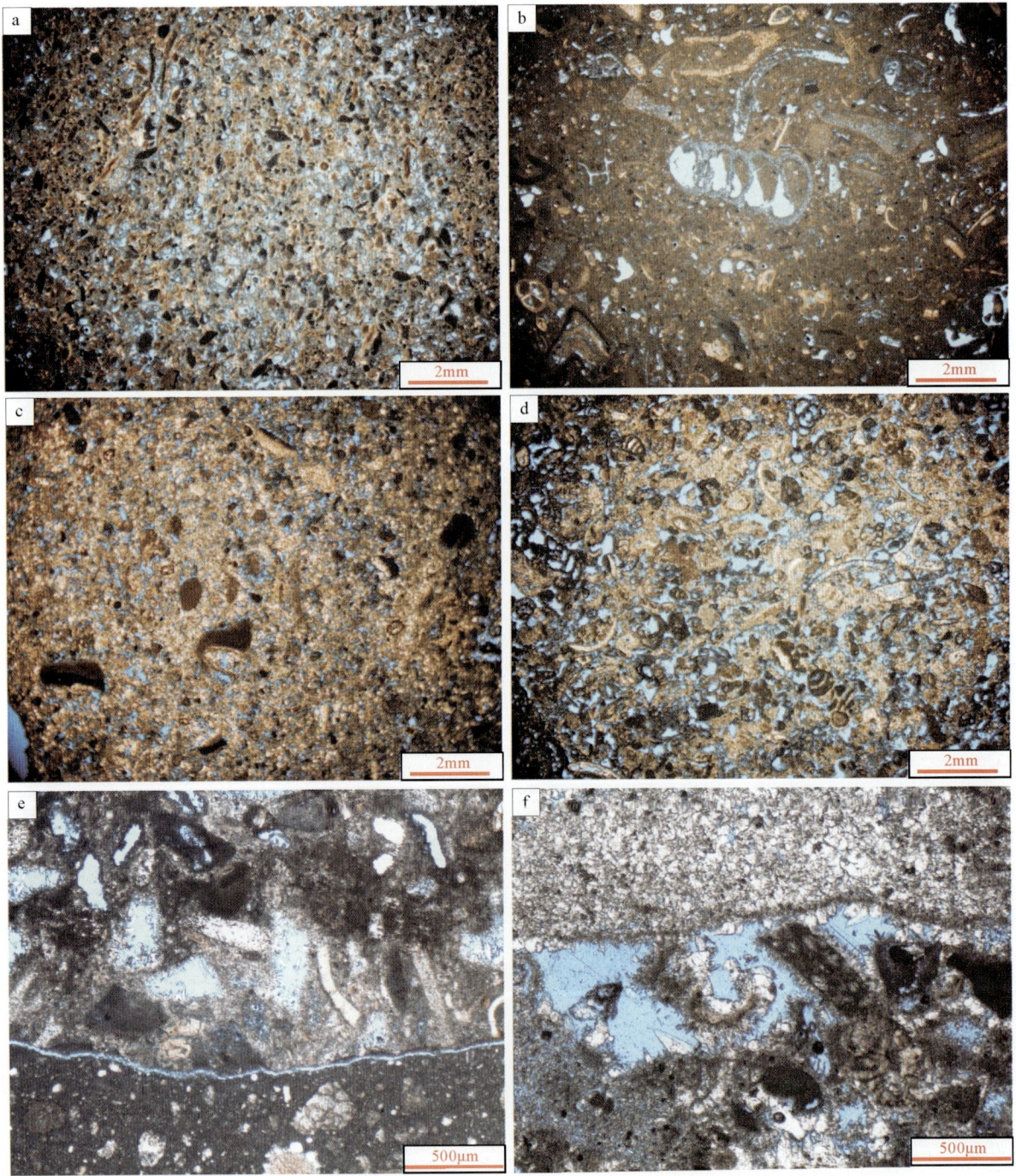

外侧滩相:a.192.49m,亮晶生屑灰岩;b.203.25m,生屑泥晶灰岩;c.554.76m,残余生屑粉晶云岩;d.569.26m,残余生屑粉晶云岩;e.196.83m,生屑灰岩,上部为内侧滩沉积的生物碎屑灰岩,下部为外侧滩沉积的泥晶生屑灰岩;f.196.46m,生屑灰岩,上部为外侧滩沉积的粉晶生屑灰岩,下部为内侧滩沉积的生物碎屑灰岩

图版 XX

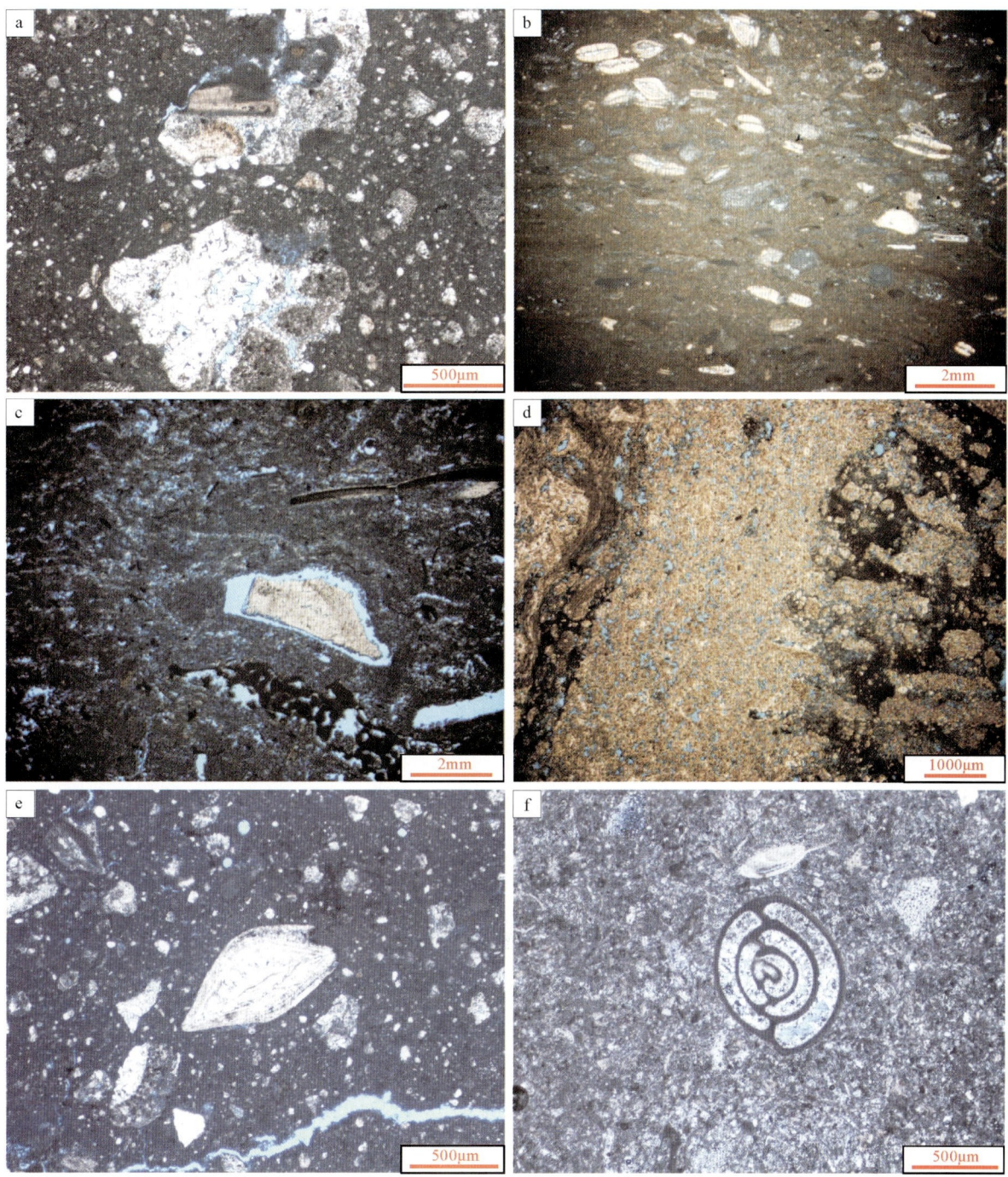

潟湖相:a.196.46m,含内碎屑泥晶灰岩;b.376.06m,生屑粉晶云岩;c.436.97m,含残余红藻粉晶云岩;d.558.16m,含残余红藻细晶粉晶云岩;e.593.23m,内碎屑泥晶灰岩,含浮游有孔虫;f.606.48m,生屑泥晶灰岩,含浮游有孔虫